高等职业教育机电类专业系列教材

S7 –1200 PLC 应用基础

主　编　赵丽君　路泽永

副主编　李长久

参　编　卢平平

主　审　蔡文轩

机 械 工 业 出 版 社

本书从教学视角出发，结合工程实际，由电气控制技术与 PLC 基本知识引入，主要讲述了西门子 S7－1200 PLC 硬件系统特性、基本组态与调试、程序设计基础、指令系统、通信与网络等内容。为突出工程实际的需要，编者结合多年实践经验，专门编排了 PLC 控制系统设计与调试、PLC 应用系统设计实例两章内容。本书内容架构清晰，力求以必需、够用为度，注重理论和工程实际相结合，浅显易懂。本书所举示例均在 CPU1215C 博途 V15 环境下进行过测试。

本书可作为高职高专电气自动化技术、机电一体化技术、计算机应用技术及应用本科电气工程及其自动化等相关专业的教材，也可供相关工程技术人员参考。

为方便教学，本书配有电子课件、习题答案以及示例程序。凡选用本书作为授课教材的教师均可登录 www.cmpedu.com 网站，注册并免费下载。

图书在版编目（CIP）数据

S7-1200 PLC 应用基础／赵丽君，路泽永主编．—北京：机械工业出版社，2020.12（2025.3 重印）
高等职业教育机电类专业系统教材
ISBN 978-7-111-67056-8

Ⅰ.①S… Ⅱ.①赵… ②路… Ⅲ.①PLC 技术-高等职业教育-教材 Ⅳ.①TM571.61

中国版本图书馆 CIP 数据核字（2019）第 251460 号

机械工业出版社（北京市百万庄大街22号　邮政编码100037）
策划编辑：于　宁　责任编辑：于　宁　柳　瑛
责任校对：王　欣　封面设计：鞠　杨
责任印制：张　博
北京雁林吉兆印刷有限公司印刷
2025 年 3 月第 1 版第 3 次印刷
184mm×260mm · 16.5 印张 · 409 千字
标准书号：ISBN 978-7-111-67056-8
定价：48.00 元

电话服务　　　　　　　　　　网络服务
客服电话：010-88361066　　机　工　官　网：www.cmpbook.com
　　　　　010-88379833　　机　工　官　博：weibo.com/cmp1952
　　　　　010-68326294　　金　书　网：www.golden-book.com
封底无防伪标均为盗版　机工教育服务网：www.cmpedu.com

前　言

PLC 是以微处理器为核心的工业自动控制通用装置,具有控制功能强、可靠性高、使用灵活方便、易于扩展、通用性强等一系列优点,尤其是现代 PLC 功能已经大大超过了逻辑控制的范围,还包括运动控制、闭环过程控制、数据处理、通信网络等。它不仅可以取代继电器控制系统,还可以进行复杂的生产过程控制和应用于工厂自动化网络。它与 CAD/CAM、机器人技术一起被称为当代工业自动化的三大支柱。而西门子 S7 系列 PLC 广泛应用于工业自动化生产中,拥有很高的市场占有率。S7 - 1200 PLC 是西门子公司推出的新一代小型控制器,代表了下一代 PLC 的发展方向。它采用模块化设计并集成了模拟量、PROFI-NET 以太网接口和很强的工艺功能,适用于多种应用场合并满足不同的自动化控制需求。编者结合自身多年控制系统设计、调试工程经验及教学经验,编写了本书,目的是使学员能方便快捷地熟悉并掌握 S7 - 1200 PLC 的应用。

全书从 PLC 应用技术的脉络出发,由浅入深、循序渐进,共分为 8 章,第 1 章电气控制与 PLC 基本知识,第 2 章 S7 - 1200 PLC 系统特性,第 3 章 S7 - 1200 PLC 的基本组态与调试,第 4 章 S7 - 1200 PLC 程序设计基础,第 5 章 S7 - 1200 PLC 指令,第 6 章 S7 - 1200 PLC 的通信与网络,第 7 章 PLC 控制系统设计与调试,每章后均附有习题。第 8 章 PLC 应用系统设计实例,选取两个实例分别介绍了工业自动化控制中常用 PLC 与变频器的综合应用以及 PLC 与伺服系统的综合应用,其中还简单介绍了人机界面的使用。

本书由承德石油高等专科学校"PLC 应用技术"信息化课程、精品在线开放课程负责人赵丽君和路泽永担任主编,"PLC 应用技术"省级精品课程负责人李长久任副主编。编写人员及具体分工如下:赵丽君(第 2 章、第 3 章、第 5 章)、路泽永(第 1 章 1.4 ~ 1.8、第 4 章、第 6 章 6.1、6.2)、李长久(第 1 章 1.1 ~ 1.3、第 7 章、第 8 章 8.1)、卢平平(第 6 章 6.3、第 8 章 8.2)。全书由李长久统稿。

本书由蔡文轩主审,他对本书的编写提出了许多宝贵的建议,在此表示衷心的感谢!

由于编者水平有限,书中难免有不足和疏漏之处,恳请读者批评指正。

编　者

目 录

第1章
电气控制与PLC基本知识

任何复杂的机械化生产过程控制最终都要落实到对生产机械各零部件动作的时间和空间控制上。而这些生产机械的运动部件大多数是由电动机驱动的，因此，对电动机的控制就成为了保证生产过程和加工工艺合乎预定要求的关键，也就进而诞生了在机械及自动控制领域里的电气控制技术。初期的电气控制技术，在对电动机的各种控制方式中，继电器-接触器控制是最传统、也是应用最广泛的一种控制技术。它是一种由有触点的继电器、接触器、熔断器、主令电器等低压电器组成的控制电路，来控制电动机运行的控制技术。随着微电子、计算机和网络技术的发展与应用，以及新型控制技术的不断发展，一种全新的电气控制技术——PLC控制技术应运而生，使电气控制系统从控制结构到控制理念均发生了根本性变化。

本章主要介绍电气控制技术的一些基础知识，包括生产实际中最常用的低压电器的结构、工作原理、主要技术参数、选择等；简单介绍电气控制系统设计的基本知识，继电器-接触器控制常用基本控制电路；介绍PLC的产生、发展、结构以及工作原理等，并与继电器-接触器控制系统作以简单的比较；最后简要介绍TIA博途软件、软件的安装及软件安装常见问题。

1.1　常用低压电器

电器是一种能根据外界的信号和要求，手动或自动地接通或断开电路，断续或连续地改变电路参数，以实现电路或非电对象的切换、控制、保护、检测、变换和调节用的电气设备。简言之，电器就是一种能控制电的工具。

电器按其工作电压等级可分成高压电器和低压电器。低压电器通常是指用于交流额定电压1200V、直流额定电压1500V及以下的电路中，起通断、保护、控制或调节作用的电器产品。常用的低压电器有开关电器、熔断器、接触器、继电器及主令电器等。

1.1.1　开关电器

开关电器广泛应用于配电系统和拖动控制系统，用作电源的隔离、电气设备的保护和控制。常用的开关电器有刀开关和低压断路器。

1. 刀开关

刀开关是低压配电电器中结构最简单、应用最广泛的手动电器，主要用在低压配电装置中，用于不频繁地手动接通和分断交、直流电路或需要进行隔离的场合，有时也用于小容量电动机不频繁起动、停止的直接控制。刀开关一般由手柄、触刀、静插座、铰链支座和绝缘底板等组成。

图1-1为HK2系列刀开关的结构和外形。其结构简单，操作方便。熔断器型刀开关的熔

丝（俗称保险丝）动作（即熔断）后，只需更换熔丝即可。刀开关根据控制回路的电流种类、电压等级和负载的额定电流（或额定功率）进行选择。图 1-2 为刀开关的图形和文字符号。

图 1-1　HK2 系列刀开关的结构和外形图

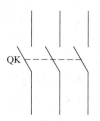

图 1-2　刀开关的图形及文字符号

2. 低压断路器

低压断路器俗称自动开关或空气开关，是一种既能实现手动开关作用又能自动进行短路、过载、欠电压、失电压保护的电器（有些系列没有欠电压、失电压保护功能）。

低压断路器有单极、双极、三极、四极 4 种，可用于电源电路、照明电路、电动机主电路的分合及保护等。图 1-3 为 DZ47－63 系列低压断路器。图 1-4 为低压断路器的图形及文字符号。

图 1-3　DZ47－63 系列低压断路器

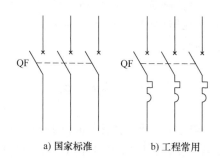

a) 国家标准　　　b) 工程常用

图 1-4　低压断路器的图形及文字符号

（1）低压断路器的工作原理　如图 1-5 所示，将低压断路器的手柄合上后，传动杆 3 被锁扣 4 勾住，主触点 2 闭合，电路接通。如果电路出现过电流现象，则过电流脱扣器 6 的衔铁吸合，顶杆将锁扣 4 顶开，主触点在分闸弹簧 1 的作用下复位，断开电路，起到保护作用。如果出现过载现象，热脱扣器 7 将锁扣 4 顶开，如果出现欠电压、失电压现象，欠电压失电压脱扣器 8 将锁扣 4 顶开。分励脱扣器 9 可由操作人员控制，使低压断路器脱扣。

（2）低压断路器的主要技术参数

1）额定电压：断路器长期工作时的允许电压。

2）额定电流：脱扣器允许长期通过的电

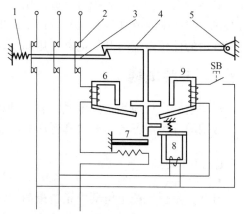

图 1-5　低压断路器工作原理

1—分闸弹簧　2—主触点　3—传动杆　4—锁扣
5—轴　6—过电流脱扣器　7—热脱扣器
8—欠电压失电压脱扣器　9—分励脱扣器

流。如果电路中流过的电流大于额定电流一定量时，脱扣器动作，断开主触点。

3）壳架等级额定电流：壳架中能安装的最大脱扣器的额定电流。

4）通断能力：能够接通和分断短路电流的能力。

5）保护特性：断路器动作时间与动作电流的关系。

低压断路器的品种繁多，各厂家型号命名方法也不尽相同。选用时一定要参照产品的主要技术参数、使用类别合理选择。典型产品有 DZ10、DZ20、DZ47 等系列。

1.1.2　熔断器

熔断器是一种应用广泛、简单有效的保护电器，其主体是由低熔点的金属丝或金属薄片制成的熔体，串联在被保护的电路中。在正常情况下，熔体相当于一根导线，当发生短路时，熔体因过热熔化而切断电路，从而保护电器设备或线路的安全。熔断器主要由熔体和绝缘底座组成。图 1-6 为 RL1、RT18 熔断器（中间图为熔体），图 1-7 为熔断器的图形及文字符号。常用熔体的安秒特性如表 1-1 所示。

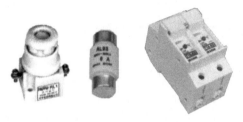

FU

图 1-6　RL1、RT18 熔断器　　　　　　图 1-7　熔断器的图形及文字符号

表 1-1　常用熔体的安秒特性

熔体通过电流	$1.25I_N$	$1.6I_N$	$1.8I_N$	$2I_N$	$2.5I_N$	$3I_N$	$4I_N$	$8I_N$
熔断时间/s	∞	3600	1200	40	8	4.5	2.5	1

表中，I_N 为熔体额定电流，通常取 $2I_N$ 为熔断器的熔断电流，其熔断时间为 30～40s。因此，熔断器对轻度过载反应迟钝，一般只能用作短路保护。

熔断器的主要技术参数包括额定电压、额定电流和极限分断能力。

1）额定电压：熔断器长期工作时能够正常工作的电压。

2）额定电流：熔断器长期工作时允许通过的最大电流。负载正常工作时，电流是基本不变的，熔断器的熔体要根据负载的额定电流进行选择，只有选择合适的熔体，才能起到保护作用。

3）极限分断能力：熔断器在规定的额定电压下能够分断的最大电流值。它取决于熔断器的灭弧能力，与熔体的额定电流无关。

1.1.3　接触器

接触器是一种用来自动地接通或断开主电路或大电流控制电路的自动控制电器，它具有控制容量大、低电压释放保护、寿命长、能远距离控制等优点，所以在电气控制系统中应用十分广泛。

根据流过接触器主触点的电流，接触器可分为直流接触器和交流接触器，本书主要介绍常用的电磁式交流接触器。图1-8所示为交流接触器结构，图1-9所示为交流接触器的图形及文字符号。

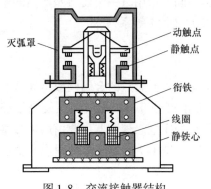

图1-8 交流接触器结构

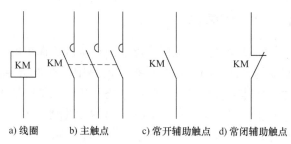

a）线圈　　b）主触点　　c）常开辅助触点　d）常闭辅助触点

图1-9 交流接触器的图形及文字符号

（1）交流接触器的结构和工作原理　交流接触器主要由以下四部分组成。

1）电磁系统：包括线圈、静铁心、动铁心（也称衔铁）。

2）触点系统：包括主触点、辅助触点。接触器主触点的作用是接通和断开主电路，辅助触点一般接在控制电路中，完成电路的自锁、互锁等控制功能。

3）灭弧罩：触点通断时产生电弧会烧坏触点，为了迅速切断触点通断时的电弧，一般容量稍大些的接触器都有灭弧罩室。

4）其他部分：包括反作用弹簧、触点压力弹簧、传动机构、短路环及接线柱等。

接触器的线圈和静铁心固定不动，当线圈得电时，铁心线圈产生电磁吸力，将动铁心吸合，由于动触点与动铁心是固定在同一根轴上的，因此动铁心带动动触点运动，与静触点接触，使电路接通。当线圈断电时，吸力消失，动铁心依靠反作用弹簧的作用而复位，动触点断开，电路被切断。

（2）接触器的主要技术参数及选择　接触器的主要技术参数有极数、电流种类、额定工作电压、额定工作电流（或额定控制功率）、线圈额定电压、线圈的起动功率和吸持功率、额定通断能力、允许操作频率、机械寿命和电寿命、使用类别等。

1）极数：即接触器主触点个数。有两极、三极和四极之分。用于三相异步电动机的控制一般选用三极接触器。

2）电流种类：分为直流接触器和交流接触器。直流接触器用于直流主电路接通与断开，交流接触器用于交流主电路的接通与断开。

3）额定工作电压：主触点之间的正常工作电压，即主触点所在电路的电源电压。接触器额定工作电压有110V、220V、380V、500V、660V等。

4）额定工作电流：主触点正常工作的电流值。接触器的额定工作电流为6~600A。

5）线圈额定电压：电磁线圈正常工作的电压值。交流线圈主要有110V、220V、380V、440V等，直流线圈主要有12V、24V、36V、48V、110V、220V、440V等。

6）机械寿命和电寿命：机械寿命为接触器在空载情况下能够正常工作的操作次数。电寿命为接触器额定负载操作次数。

7）使用类别：使用类别也称负载类别，不同的使用类别对接触器主触点的要求不同。交流负载从AC1到AC23，直流负载从DC1到DC23。

常用使用类别AC1为无感或微感负载、电阻炉；AC2为绕线转子异步电动机的起动、制动；AC3为笼型异步电动机的起动、运转中分断；AC4为笼型异步电动机的起动、反接制动、反向和点动等。交流接触器的额定工作电流标注的就是AC3情况下的电流。例如额定电压380V、额定电流40A的交流接触器，AC3负载电流就是40A，若AC1时负载能力可以达到60A，AC4时只能降容到25A使用。

8）线圈工作电压的选择：如果控制电路比较简单，所用接触器的数量较少，则交流接触器的线圈电压一般选择与电源电压相同，如220V或380V。有时为了提高接触器的最大操作频率或使电路简单，经常选择直流线圈的交流接触器。

交流接触器的品种也较多，各厂家型号命名方法也不尽相同。选用时要参照产品的主要技术参数合理选择。典型产品如CJX1、CJX2、CJ20、B、LC1－D、STB、3TF等。

1.1.4　继电器

继电器是一种根据电量（电压、电流等）或非电量（温度、时间、转速等）的变化使触点动作，接通或断开控制回路，以实现自动控制和保护的电器。继电器一般由感测机构、中间机构和执行机构三个基本部分组成。感测机构把感测到的电量或非电量传递给中间机构，将它与整定值进行比较，当达到整定值时，中间机构便令执行机构动作，从而接通或断开电路。

尽管继电器与接触器都是用来自动接通和断开电路的，但也有不同之处。首先，继电器一般用于控制回路中，控制小电流电路，触点额定电流一般不大于5A，所以不加灭弧装置；而接触器一般用于主回路中，控制大电流电路，主触点额定电流一般不小于5A，需加灭弧装置。其次，接触器一般只能对电压的变化作出反应，而各种继电器可以在相应的各种电量或非电量作用下动作。继电器的种类和型式很多，主要按以下方法分类。

1）按用途可分为控制继电器和保护继电器。

2）按工作原理可分为电磁式继电器、感应式继电器、热继电器、机械式继电器、电动式继电器和电子式继电器等。

3）按反应的参数（动作信号）可分为电流继电器、电压继电器、时间继电器、速度继电器和压力继电器等。

4）按动作时间可分为瞬时继电器和延时继电器。

5）按输出形式可分为有触点继电器和无触点继电器。

下面介绍几种在控制系统中常用的继电器。

1. 电磁式继电器

电磁式继电器是以电磁力为驱动力的继电器，是自动控制系统中用得最多的一种继电器。图1-10分别为中间继电器、电流继电器、电压继电器。图1-11为继电器的图形及文字符号。

   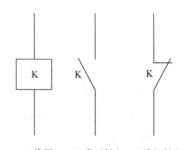

| a) 中间继电器 | b) 电流继电器 | c) 电压继电器 | | a) 线圈 | b) 常开触点 | c) 常闭触点 |

图1-10　电磁式继电器　　　　　　　图1-11　继电器的图形及文字符号

（1）电磁式继电器的工作原理　它与接触器工作原理基本相同，当线圈通电以后，铁心被磁化产生足够大的电磁力，吸动衔铁并带动簧片，使动触点和静触点闭合或分开；当线圈断电后，电磁吸力消失，衔铁依靠弹簧的反作用力返回原来的位置，动触点和静触点又恢复到原来分开或闭合的状态。应用时只要把需要控制的电路接到触点上，就可利用继电器达到控制目的。

电流继电器的线圈串联在被测量的电路中，以反映电路电流的变化。为了不影响电路的正常工作，电流继电器线圈匝数少、线径粗、阻抗小。

电压继电器的线圈并联在被测量的电路中，以反映电路电压的变化。电压继电器线圈匝数多、线径细、阻抗大。

中间继电器在结构上是一个电压继电器，但它的触点数量多、容量大，是用来转换控制信号的中间元件。其输入是线圈的通电或断电信号，输出为触点的动作。主要用途是扩大其他电器的触点数量或触点容量。

（2）电磁式继电器的选择

1）先了解必要的条件。控制电路的电源电压，能提供的最大电流；被控制电路中的电压和电流；被控电路需要几组、什么形式的触点等。选用继电器时，一般控制电路的电源电压可作为选用的依据。

2）确定使用条件后，可查找相关样本资料，确定需要继电器的具体型号和规格。

3）注意控制柜的容积，若用于一般用途，除考虑控制柜容积外，小型继电器主要考虑安装布局。

4）要注意交流与直流的区别。

2. 时间继电器

感测机构在感受外界信号后，经过一段时间才能使执行机构动作的继电器，称为时间继电器。时间继电器有通电延时和断电延时两种延时方式。

目前市场上常见的时间继电器主要有电子式、数字式和空气阻尼式三种。

电子式时间继电器利用旋转刻度盘设定时间，数字式时间继电器利用数字按键设定时间，同时可通过数码管或液晶显示屏显示计时情况。目前电子式、数字式时间继电器越来越被人们喜欢和采用，其时间精度远远高于空气阻尼式时间继电器。图1-12所示为ST3P断电延时型时间继电器的外观与底座。

空气阻尼式时间继电器是根据空气阻尼的原理制成的。这种产品过去被广泛地应用于机床的电气传动控制系统中。

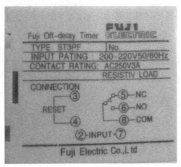

图 1-12 ST3P 断电延时型时间继电器的外观与底座

图 1-13 为时间继电器的图形及文字符号，需要注意对通电延时、断电延时两种延时方式时间继电器的图形符号的理解和记忆。

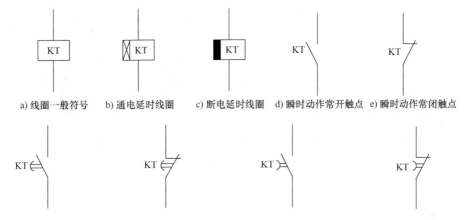

a) 线圈一般符号　b) 通电延时线圈　c) 断电延时线圈　d) 瞬时动作常开触点　e) 瞬时动作常闭触点

f) 通电延时闭合的常开触点　g) 通电延时断开的常闭触点　h) 断电延时断开的常开触点　i) 断电延时闭合的常闭触点

图 1-13 时间继电器的图形及文字符号

3. 热继电器

热继电器是一种具有反时限过载保护特性的过电流继电器，广泛用于电动机的过载保护，也可以用于其他电气设备的过载保护。

电动机工作时，正常的温升是允许的，但是如果电动机在过载情况下工作，就会过度发热造成绝缘材料迅速老化，使电动机寿命大大缩短。常采用热继电器作电动机的过载保护。图 1-14 为热继电器，图 1-15 为热继电器的图形及文字符号。

（1）热继电器的结构和工作原理　如图 1-16 所示，热继电器主要由感温元件（或称热元件）、触点系统、动作机构、复位按钮、电流调节装置及温度补偿元件等组成。感温元件由双金属片及绕在双金属片外面的电阻丝组成。双金属片是由两种膨胀系数不同的金属以机械碾压的方式结合在一起的。使用时将电阻丝串联在主电路中。当电流流过电阻丝时，双金属片受热膨胀，因为两片金属的膨胀系数不同，所以就弯向膨胀系数较小的一面，利用这种弯曲的位移动作，过载时使热继电器的触点动作，断开控制电路，使电动机停止工作，起到

图 1-14   热继电器

过载保护的作用。在过载故障排除后，要使电动机再次起动，一般需过几分钟待双金属片冷却、恢复原状后再按复位按钮，才能使热继电器的触点复位。

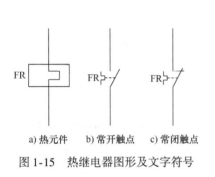

a) 热元件   b) 常开触点   c) 常闭触点

图 1-15   热继电器图形及文字符号

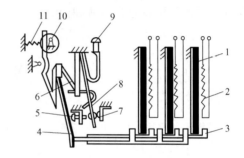

图 1-16   双金属片式热继电器结构原理图
1—主双金属片 2—电阻丝 3—导板 4—补偿双金属片
5—螺钉 6—推杆 7—静触点 8—动触点 9—复位按钮
10—调节凸轮 11—弹簧

（2）热继电器的选用

1）应按实际安装情况选择热继电器的安装方式。

2）原则上热继电器的额定电流应按电动机的额定电流选择。

3）在不频繁起动的场合，要保证热继电器在电动机起动过程中不产生误动作。

4）对于采用三角形联结的电动机，应选用带断相保护装置的热继电器。

5）当电动机工作于重复短时工作制时，要注意确定热继电器的允许操作频率。

4. 固态继电器

固态继电器（Solid State Relay，SSR）是采用固体半导体元件组装而成的一种无触点开关器件。尽管称为继电器，但经常用于主电路中，替代接触器使用。由于固态继电器的接通和断开没有机械接触部件，具有控制功率小、开关速度快、工作频率高、使用寿命长等特点，因此广泛应用于调速、调光、电机控制及电炉温度控制等。

（1）固态继电器的种类   固态继电器是四端器件，其中两端为输入端，如图 1-17a 和图 1-17b 中的 3、4 端；两端为输出端，如图 1-17a 和图 1-17b 中的 1、2 端。中间采用隔离器件，以实现输入端与输出端之间的隔离。

1）按切换负载性质分，有直流固态继电器（见图1-17a）和交流固态继电器（见图1-17b）。

2）按输入与输出之间的隔离分，有光电隔离固态继电器和磁隔离固态继电器。

3）按控制触发信号方式分，有过零型和非过零型、有源触发型和无源触发型。

（2）固态继电器使用注意事项

1）固态继电器应根据负载的类型来确定，并要采取有效的保护。

2）输出端采用 RC 浪涌吸收回路或非线性压敏电阻吸收瞬变电压。

3）过电流保护应采用专门保护半导体器件的熔断器。

4）安装时采取相应的散热方式。

5）切忌负载侧两端短路。

固态继电器与传统的继电器相比，其不足之处有剩余电流大、触点单一、使用温度范围窄、过载能力差等。

a) 直流固态继电器   b) 交流固态继电器

图 1-17   固态继电器

1.1.5   主令电器

主令电器是自动控制系统中用于发送控制指令的电器。主令电器应用广泛、种类繁多。常用的主令电器有控制按钮、行程开关、接近开关及光电开关等。

1. 控制按钮及指示灯

控制按钮是发出控制指令和信号的电器，是一种手动而且一般可以自动复位的主令电器。如图 1-18 所示，控制按钮的结构形式有多种，适用于不同的场合：普通控制按钮，用于通常的起动、停止等；旋转式控制按钮用于选择工作方式；钥匙式控制按钮，为了安全起见，需用钥匙插入方可操作；紧急式控制按钮装有突出的蘑菇形钮帽，以便于紧急操作；还有指示灯式控制按钮，在透明的按钮内装入指示灯，用作信号指示等。

a) 普通控制按钮   b) 旋转式控制按钮   c) 钥匙式控制按钮   d) 紧急式控制按钮   e) 指示灯式控制按钮

图 1-18   控制按钮

控制按钮的结构如图 1-19 所示，它由钮帽、复位弹簧、动触点、常闭静触点、常开静触点和外壳等组成。为了表明按钮的作用，避免误操作，通常将钮帽做成不同的颜色以示区别，其颜色一般有红、绿、黄、蓝、白、黑等。

工业控制中使用指示灯来指示系统工作的状态，以达到警示的作用，分为一般指示灯和柱灯。为了表明指示灯的功能，同样将指示灯做成不同的颜色，颜色一般也是有红、绿、黄、蓝、白等。控制按钮、指示灯图形及文字符号如图1-20所示。

按钮的选用主要是考虑钮帽型式、颜色、触点对数、大小等，而指示灯的选用主要是考虑电源电压和颜色。

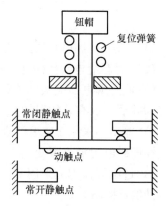

2. 行程开关

依据生产机械的行程发出命令，以控制其运行方向或行程长短的主令电器，称为行程开关。若将行程开关安装于生产机械行程终点处，以限制其行程，则称为限位开关或终端开关。行程开关广泛应用于各类机床和起重机械中以控制其行程。

图1-19 控制按钮结构示意图

行程开关的种类很多，其主要区别在于传动操作方式和传动头形式的变化。图1-21所示为直动式、滚轮式和微动式三种开关。

行程开关的工作原理与控制按钮类似，只是它是用运动部件上的撞块碰撞行程开关的推杆来检测位置，而控制按钮是用人发出控制指令。行程开关的图形及文字符号如图1-22所示。

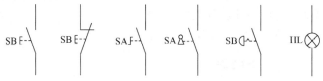

a) 常开触点　b) 常闭触点　c) 旋钮　d) 钥匙钮　e) 蘑菇头自锁钮　f) 指示灯

图1-20 控制按钮和指示灯图形及文字符号

a) 直动式开关　　b) 滚轮式开关　　c) 微动式开关

图1-21 行程开关

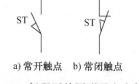

a) 常开触点　b) 常闭触点

图1-22 行程开关图形及文字符号

行程开关在选用时，主要依据生产机械运行方式、开关安装位置确定传动头形式；依据开关安装环境确定是否有防水、高温、防爆等其他条件。

3. 接近开关

接近开关是一种无接触式物体检测装置，又称为无触点行程开关。当被测物接近其工作面并达到一定距离时，不论被检测物体是运动的还是静止的，接近开关都会自动地发出物体接近而"动作"的信号，而不像机械式行程开关那样需施以机械力。其典型外形结构如图1-23所示，图形及文字符号如图1-24所示。

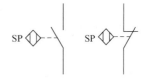

a) 常开触点　　　b) 常闭触点

图1-23　接近开关典型外形结构　　　图1-24　接近开关的图形及文字符号

接近开关是一种开关型传感器，它既有行程开关、微动开关的特性，同时又具有传感器的性能，且动作可靠、性能稳定、频率响应快、使用寿命长、抗干扰能力强，并具有防水、防振、耐腐蚀等特点。它不但可以应用于行程控制，而且根据其特点，还可以用于计数、测速、零件尺寸检测、金属和非金属的探测、无触点按钮、液面控制等电量与非电量检测的自动控制系统中。

接近开关的种类很多，但不论何种类型，其基本组成都是由信号发生机构（感测机构）、振荡器、检测器、鉴幅器和输出电路组成。信号发生机构的作用是将物理量变换成电量，实现由非电量向电量的转换。

接近开关的选择，主要考虑以下几点。

1）外形结构：方形、圆柱形、槽形等。

2）种类：电感式、电容式、霍尔式等。

3）检测距离：几毫米 ~ 几十毫米。

4）电源：直流、交流。

5）输出形式：NPN、PNP、两线、三线等。

6）输出状态：常开、常闭、一常开一常闭等。

例如型号为E2E－X18ME1的接近开关，具体规格：M30圆柱形、电感式（检测磁性材料物体）、检测距离18mm、10~30V直流电源、三线、NPN、常开输出。

4. 光电开关

光电开关又称为无接触检测和控制开关。它是利用物质对光束的遮蔽、吸收或反射等作用，对物体的位置、形状、标志、符号等进行检测。

光电开关能非接触、无损伤地检测各种固体、液体、透明体、烟雾等。它具有体积小、功能多、寿命长、功耗低、精度高、响应速度快、检测距离远等优点，广泛应用于各种生产设备中，作为物体检测、液位检测、行程控制、产品计数、速度监测、产品精度检测、尺寸控制、宽度鉴别、色斑与标记识别、人体接近和防盗警戒等，成为自动控制系统和生产线中不可缺少的部分。

在光电开关中最重要的是光电器件，是把光照强弱的变化转换为电信号的传感元件。光电器件主要有发光二极管、光敏电阻、光电晶体管、光电耦合器等，它们构成了光电开关的传感系统。

光电开关一般是由投光器和受光器组成。传感系统根据需要，有的是投光器和受光器互相分离（对射式），有的是投光器和受光器组成一体（反射式），如图1-25所示。

光电开关的选择，主要考虑以下几点。

1) 外形结构：方形、圆柱形、槽形等。

2) 检出方式：扩散反射式、镜片反射式、对射式等。

3) 检测距离：几厘米~几十米。

4) 电源：直流、交流。

5) 输出形式：NPN、PNP、继电器等。

6) 输出状态：常开、常闭、一常开一常闭等。

a) 反射式   b) 对射式

图 1-25　光电开关

例如型号为 E3JK－DR12－C 的光电开关，具体规格：方形、扩散反射式、检测距离300mm、红色光、24~240V 交流/直流电源、继电器一常开一常闭输出。

1.2　电气控制系统的设计

电气控制系统是由各种电气元器件按照一定的要求连接而成的。为了表达电气控制系统的组成结构、设计意图，方便分析系统工作原理及安装、调试和检修控制系统等技术要求，需要采用统一的工程语言（图形符号和文字符号），即工程图的形式来表达，这种工程图就是电气控制系统图。

由于电气控制系统图描述的对象复杂，应用领域广泛，表达形式多种多样，因此表示一项电气工程或一种电器装置的电气控制系统图也有多种，它们以不同的表达方式反映工程问题的不同侧面，但彼此间又有一定的对应关系，有时需要对照起来阅读。

电气控制系统的设计，主要包括原理设计和工艺设计。原理设计是为满足生产机械和生产工艺对电气控制系统的要求而设计绘制的图样，如电气系统图和系统框图、电气原理图。工艺设计是为满足电气控制装置本身的制造、使用、运行及维修的需要设计绘制的图样或表格，如电气元器件布置图、电气安装接线图、电气元器件明细表等。原理设计决定了控制系统的合理性与先进性；工艺设计决定了控制系统制造生产的可行性、使用维修的方便性，以及设备布局、外观的美观性等，所以电气控制系统设计要全面考虑这两方面的内容。

电气控制系统图是根据国家电气制图标准，用规定的图形符号、文字符号以及规定的画法绘制而成的。

1.2.1　电气控制系统图中的图形符号和文字符号

电气图样是进行电气技术交流的主要媒介，而电气图形符号和文字符号是绘制各类电气图的依据，是电气技术的工程语言。

通常将用于图样或其他文件，以表示一个设备或概念的图形、标记或字符统称为图形符号。它们由一般符号、符号要素、限定符号以及常用的非电操作控制的动作符号（如机械控制符号）等组成。国家标准中除给出各类电气元器件的符号要素、限定符号和一般符号外，还给出了部分常用图形符号及组合图形符号的实例。

文字符号用于电气技术领域中技术文件的编制，以标明电气设备、装置和元器件的名称、功能、状态和特征。国家标准规定了电气图中的文字符号，分为基本文字符号和辅助文字符号。

　　国际电工委员会（International Electrotechnical Commission，IEC）是由各成员国国家电工委员会组成的世界性标准化组织。IEC 的目标是增进电工和电子领域一切标准化问题上的国际合作，是世界上成立最早的非政府性国际电工标准化机构。国家标准 GB/T 等同采用 IEC，如 GB/T 4728—2005 等同采用 IEC60617，GB/T 6988.1—2008 等同采用 IEC61082—1：2006。

1.2.2　电气原理图

　　电气原理图是根据电气控制系统的工作原理，采用电气元器件展开的形式，利用图形符号和项目代号表示电路各电气元器件导电部件的连接关系和工作原理的图样。电气原理图并不按电器元件实际布置来绘制，而是根据它在电路中所起的作用画在不同的部位上。电气原理图具有结构简单、层次分明的特点，适于研究和分析电路工作原理，在设计研发和生产现场等各方面得到广泛的应用。下面以图 1-26 所示的三相笼型感应电动机可逆运行电气原理图为例介绍电气原理图的绘制原则。

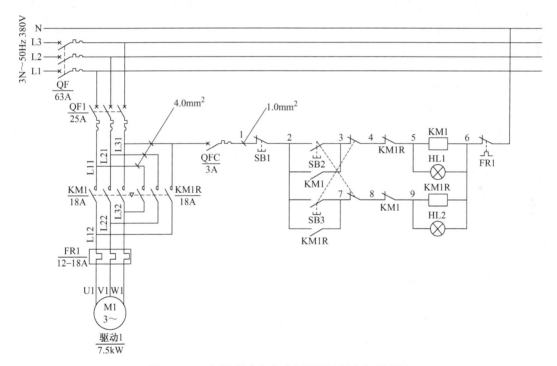

图 1-26　三相笼型感应电动机可逆运行电气原理图

　　1）电气原理图一般分主电路和辅助电路两部分。主电路是从电源到电动机大电流通过的路径，包括从电源到电动机之间相连的电气元器件，一般由电源、断路器、接触器主触点、热继电器的热元件和电动机等组成，三相交流电源引入线相线采用 L1、L2、L3 标记，中性线采用 N 标记，如图 1-26 中的左侧部分所示。辅助电路是控制电路中除主电路以外的电路，其流过的电流比较小，包括控制电路、照明电路、指示电路和保护电路等，由继电器和接触器的线圈、继电器的触点、按钮、照明灯、指示灯、控制变压器等电气元器件组成，如图1-26中的右侧部分所示。辅助电路线号按"等电位"原则进行，标号顺序一般由上而下编号，凡是被线圈、绕组、触点或电阻、电容等元器件所间隔的线段，都应标以不同的线号。

2）原理图中各电气元器件不画实际的外形图，而采用国家标准中统一规定的图形符号和文字符号表示。电气元器件的主要技术参数，一般用小号字体标注在文字符号下面。如图1-26中KM1下面的数据"18A"表示所选接触器的额定电流；"4.0mm²、1.0mm²"字样表明所用导线的规格。

3）控制系统内的全部电机、电器和其他机械的带电部件，都应在原理图中表示出来。

4）原理图中，各个电气元器件和部件在控制线路中的位置，应根据便于阅读的原则安排。同一电器元件的各个部件可以不画在一起，但为了表示是同一元件，要在电器元件的不同部件处标注统一的文字符号。例如图1-26中的接触器的主触点和线圈、辅助触点处都标记KM1；热继电器的热元件和常闭触点处都标记FR1。对于同类元器件，要在其文字符号后加数字序号来区别，如图1-26中有两个接触器，采用KM1和KM1R文字符号区别。

5）原理图中，所有电器元件的可动部分，均按没有通电和没有外力作用时的状态画出。例如，继电器、接触器的触点，按吸引线圈不通电时的状态画；主令电器、转换开关按手柄处于零位时的状态画；按钮、行程开关的触点按不受外力作用时的状态画等。

6）原理图的绘制应布局合理，可以水平布置，也可以垂直布置。一般逆时针方向旋转90°，但文字符号不可倒置。

7）原理图中的元器件应按功能布置，并尽可能按工作顺序排列，其布局顺序应该是从上到下，从左到右。电路垂直布置时，类似项目宜横向对齐；水平布置时，类似项目应纵向对齐，如图1-26中的两个接触器的主触点及线圈分别在主电路和辅助电路中对齐。

8）原理图中，应尽量减少导线和导线之间的交叉。有直接联系的交叉导线连接点，要用黑圆点表示。

1.2.3 电气元器件布置图

在完成电气原理图的设计及电气元器件的选择之后，即可以进行电气元器件布置图及电气安装接线图的设计。

电气元器件布置图主要是用来详细表明电气原理图中所有电气元器件的实际安装位置，为电气设备的制作、安装及维护提供必要的资料。图中各元器件代号应与有关电路图和元器件清单上所有元器件代号相同。电器设备、元器件的布置应注意以下几方面。

1）体积大和较重的电器设备、元器件应安装在电器安装板的下方，如图1-27a下侧L1~L4电抗器，而发热元器件应安装在电器安装板的上面。

2）强电、弱电应分开，弱电应加屏蔽，防止干扰。

3）需要经常调整、维护、检修的电气元器件安装位置不宜过高或过低。如图1-27a中变频器VVVF1~VVVF7需要设定参数。

4）电气元器件的布置应考虑整齐、美观、对称。外形尺寸与结构类似的元器件安装在一起，以利安装和配线。

5）电气元器件布置不宜过密，应留有一定间距。

6）留有一定的备用元器件和位置，以利修改，如图 1-27a VVVF7 右侧空位，以及图 1-27b PLC 扩展模块右侧，已预留导轨。

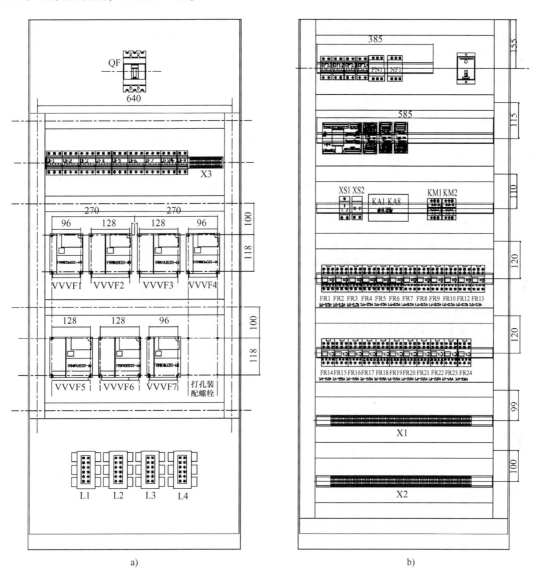

a)　　　　　　　　　　b)

图 1-27　电气元器件布置图（示意）

1.2.4　电气安装接线图

电气安装接线图是根据电气原理图和电气元器件布置图，用规定的符号进行绘制，用来表明电气设备或装置之间的接线关系的图样。

电气安装接线图是为安装电气设备和对电气元器件进行配线或检修电器故障服务的。它清楚地表示了各电气元器件的相对位置和它们之间的电路连接，所以安装接线图不仅要把同一电器的各个部件画在一起，而且各个部件的位置要尽可能符合这个电器的实际情况，但对比例和尺寸没有严格要求。例如它不但要画出控制柜内部电器之间的连接，还要画出柜外电器的连接。电气安装接线图中的回路标号是电器设备之间、电器元件之间、导线与导线之间的连接标记，它的文字符号和数字符号应与原理图中的标号一致。电气安装接线图的绘制有如下原则。

1）各电器元件均按实际安装位置绘出，元件所占图面按实际尺寸以统一比例绘制，尽可能符合实际情况。

2）各电器元件的所有带电部件均画在一起，并用点画线框起来，即采用集中表示法。

3）各电器元件的图形符号和文字符号必须与电气原理图一致，并符合国家标准。

4）各电器元件上凡是需接线的部件端子都应绘出，并予以编号，各接线端子的编号必须与电气原理图上的导线编号相一致。

5）电气安装接线图一律采用细实线。成束的接线可用一条实线表示。接线很少时，可直接画出电器元件间的接线方式；接线很多时，接线方式用符号标注在电器元件的接线端，表明接线的线号和走向，可以不画出两个元件间的接线。

6）在接线图中应当标明配线用的电线型号、规格、标称截面积。穿管或成束的接线还应标明穿管的种类、内径、长度及接线根数、接线编号等。

7）安装底板内外的电器元件之间的连线需要通过接线端子板连接。

8）注明有关接线安装的技术条件。

图 1-28 为图 1-27b 第 3 排器件的电气安装接线图。

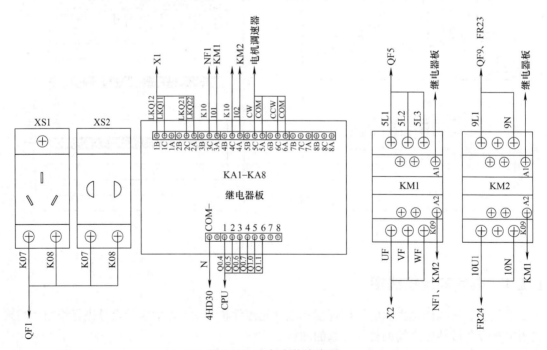

图 1-28　电气安装接线图

1.3 基本控制电路

电气控制电路类型很多,有的初看上去电气元器件繁多、结构复杂,但实际上大多数电路都由一些基本控制电路组成。

1.3.1 自锁与互锁控制电路

在自动控制系统中,联锁控制的应用非常广泛。下面以三相笼型感应电动机单向运行和三相笼型感应电动机的正、反转控制电路为例分析自锁控制与互锁控制。

1. 自锁控制

图 1-29 是三相笼型感应电动机单向运行电气控制电路。主电路中断路器 QF 起手动开关和短路保护作用,接触器 KM 控制电动机起动、停止,热继电器 FR 用作过载保护。控制电路中的 FU1 用作控制电路的短路保护,SB1 为停止按钮,SB2 为起动按钮。

电路的工作情况如下:

起动前,合上断路器 QF 引入三相电源(同时引入控制电路电源)。按下起动按钮 SB2,其常开触点闭合,KM 线圈得电,KM 主触点闭合使电动机接通电源起动运转;与 SB2 并联的 KM 常开辅助触点闭合,KM 线圈经两条线路供电。这样,当手松开,SB2 自动复

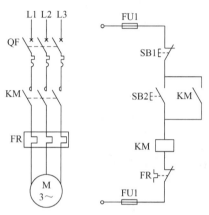

图 1-29 三相笼型感应电动机
单向运行电气控制电路

位时,KM 线圈仍可通过其自身常开辅助触点继续供电,从而保证电动机的连续运行。这种依靠接触器自身辅助触点而使其本身线圈保持通电的现象,称为自锁或保持。这个起自锁作用的辅助触点,称为自锁触点。

停车时,按下停止按钮 SB1,这时接触器 KM 线圈断电,主触点和自锁触点均恢复到断开状态,电动机脱离电源停止运转。当手松开停止按钮 SB1 后,SB1 在复位弹簧的作用下恢复闭合状态,但此时控制电路已经断开,只有再按下起动按钮 SB2,电动机才能重新起动运转。

在电动机运行过程中,当电动机出现长时间过载而使热继电器 FR 动作时,其常闭触点断开,KM 线圈断电,电动机停止运转,实现电动机的过载保护。

实际上,上述所说的自锁控制并不局限在接触器上,电磁式中间继电器也常用到自锁控制。自锁控制的另一个作用是实现失电压和欠电压保护。当电网电压消失(如停电)后又重新恢复供电时,电动机及其拖动的机构不能自行起动,因为不重新按起动按钮,接触器线圈就不能重新得电,电动机就不能起动,这就构成了失电压保护,它可防止在电源电压恢复时,电动机突然起动而造成设备和人身事故。另外,当电网电压较低时,达到释放电压,接触器的衔铁释放,主触点和辅助触点均断开,电动机停止运行,它可以防止电动机在低压下运行,实现欠电压保护。

2. 互锁控制

各种生产机械常常需要上升/下降、向左/向右、前进/后退等方向可逆的运动,可以用

电动机正、反方向运转对应控制生产机械的可逆运动。图1-30为三相笼型感应电动机实现正、反转的控制电路。图中，KM、KMR为实现正、反转控制的接触器，它们的主触点接线的相序不同，KM按1—2—3相序接线，KMR按3—2—1相序接线，即将1、3两相对调，所以两个接触器分别工作时，电动机的旋转方向不一样，实现电动机的可逆运转。

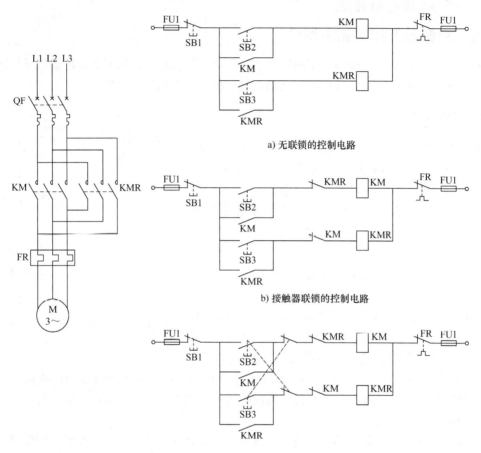

a) 无联锁的控制电路

b) 接触器联锁的控制电路

c) 复合联锁的控制电路

图1-30　三相笼型感应电动机正、反转控制电路

如图1-30a所示控制电路虽然可以完成正、反转的控制任务，但这个电路是有致命缺点的，在按下正转按钮SB2时，KM线圈通电并且自锁，接通正序电源，电动机正转。若发生错误操作，在KM线圈通电情况下又按下反转按钮SB3，KMR的线圈通电，此时在主电路中将发生1、3两相电源短路事故。

为了避免上述事故的发生，就要保证两个接触器不能同时工作。这种在同一时间里两个接触器只允许一个工作的控制作用称为互锁或联锁。图1-30b为带接触器联锁保护的正、反转控制电路。在正、反转控制的两个接触器线圈支路中互串一个对方的常闭触点，这对常闭触点称为互锁触点或联锁触点。这样当按下正转按钮SB2时，正转接触器KM线圈通电，主触点闭合，电动机正转，与此同时，由于KM的常闭辅助触点断开而切断了反转接触器KMR的线圈电路。因此，即使按下反转按钮SB3，也不会使反转接触器KMR的线圈通电。同理，在反转接触器KMR动作后，也保证了正转接触器KM的线圈电路不能再通电。

由以上的分析可以得出如下规律：

1）当要求甲接触器工作时，乙接触器就不能工作，此时应在乙接触器的线圈回路中串入甲接触器的常闭触点。

2）当要求甲接触器工作时乙接触器不能工作，而乙接触器工作时甲接触器也不能工作，此时要在两个接触器线圈回路中互串对方的常闭触点。

但是，图1-30b所示的接触器联锁正、反转控制电路也有个缺点，即在正转过程中要求反转时必须先按下停止按钮SB1，让KM线圈断电，联锁触点闭合，这样才能按反转按钮使电动机反转，给操作带来了不方便。为了解决这个问题，在生产上常采用复式按钮和接触器触点复合联锁的控制线路，如图1-30c所示。

图1-30c中保留了由接触器常闭触点组成的电气联锁，并添加了由按钮SB2和SB3的常闭触点组成的联锁。这样，当电动机由正转变为反转时，只需按下反转按钮SB3，便会通过SB3的常闭触点断开KM电路，KM起互锁作用的触点闭合，接通KMR线圈控制电路，实现电动机反转。

这里需注意一点，复式按钮不能代替接触器联锁触点的作用。例如，当主电路中正转接触器KM的触点发生熔焊（即静触点和动触点烧蚀在一起）现象时，由于相同的机械连接，KM的触点在线圈断电时不复位，KM的动断触点处于断开状态，可防止反转接触器KMR通电使主触点闭合而造成电源短路事故，这种保护作用仅采用复式按钮是做不到的。

1.3.2　顺序控制电路

在生产实践中，常要求各种运动部件之间或生产机械之间能够按顺序工作。例如车床主轴转动时，要求油泵先给润滑油，主轴停止后，油泵方可停止润滑，即要求油泵电动机先起动，主轴电动机后起动，主轴电动机停止后，才允许油泵电动机停止。实现该过程的控制电路如图1-31所示。

图1-31中，油泵电动机M1和主轴电动机M2，分别由KM1、KM2控制。SB1、SB2为M1的停止、起动按钮，SB3、SB4为M2的停止、起动按钮。由图可见，将接触器KM1的常开辅助触点串入接触器KM2的线圈电路中，只有当接触器KM1线圈通电，常开触点闭合后，才允许KM2线圈通电，即油泵电动机M1先起动后才允许主轴电动机M2起动。将主轴电动机接触器KM2的常开触点并联接在油泵电动机的停止按钮SB1两端，即当主轴电动机M2起动后，SB1被KM2的常开触点短路，不起作用，直到主轴电动机接触器KM2断电，油泵电动机的停止按钮SB1才能起到断

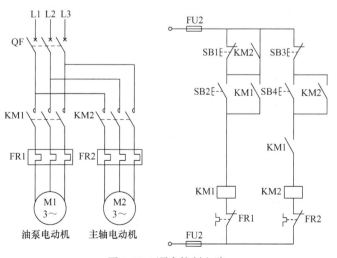

图1-31　顺序控制电路

开 KM1 线圈电路的作用，油泵电动机才能停止。这样就实现了顺序起动、逆序停止的联锁控制。

总结上述关系，可以得到如下的控制规律：

1）当要求甲接触器工作后方允许乙接触器工作，则在乙接触器线圈电路中串入甲接触器的动合触点。

2）当要求乙接触器线圈断电后方允许甲接触器线圈断电，则将乙接触器的动合触点并联在甲接触器的停止按钮两端。

1.3.3　点动与连续控制电路

有些生产机械常常要求既能连续工作，又能实现调整时的点动工作。图 1-32 所示为能实现点动的几种控制电路。

图 1-32a 为最基本的点动控制电路。当按下点动按钮 SB 时，接触器 KM 吸合。当松开按钮时，接触器 KM 断电释放。接触器吸合的时间是由按钮按下的时间决定的。

图 1-32b 将点动按钮 SB3 的常闭触点作为联锁触点串联在接触器 KM 的自锁触点电路中，当正常起动时按下起动按钮 SB2，接触器 KM 通电吸合并自锁。当点动工作时，按下点动按钮 SB3，其常开触点闭合，接触器 KM 通电，但 SB3 的常闭触

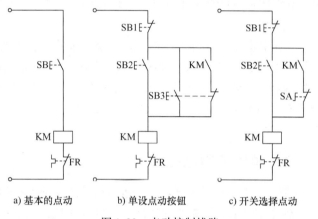

a) 基本的点动　　　b) 单设点动按钮　　　c) 开关选择点动

图 1-32　点动控制线路

点将 KM 的自锁电路切断，按钮一松开，接触器 KM 断电，从而实现了点动控制。

图 1-32c 中增加了一个"连续/点动"模式选择开关 SA，"连续"时 SA 的常闭触点闭合，按下起动按钮 SB2，接触器 KM 通电吸合并自锁，电动机正常起动运转。当需要点动时，旋转 SA 选择"点动"模式，SA 常闭触点断开，按下起动按钮 SB2，因为不能自锁，则松开按钮 SB2，KM 便断电，从而实现了连续工作与点动工作的切换控制。

1.3.4　多地控制电路

为了操作方便，在不影响安全前提下，有时要求能在多个地点对设备进行控制。图 1-33 所示为电动机两地控制电路。

在图 1-33 中，各起动按钮 SB2 和 SB4 是并联的，即当任一处按下起动按钮，接触器线圈都能通电并自锁；各停止按钮（SB1 和 SB3）是串联的，即当任一处按下停止按钮后，都能使接触器线圈断

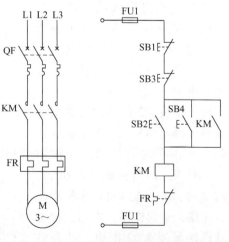

图 1-33　电动机两地控制线路

电，电动机停转。由此可以得出普遍结论：

1）欲使几个电器都能控制某接触器通电，则几个电器的常开触点应并联后接到接触器的线圈电路中。

2）欲使几个电器都能控制某接触器断电，则几个电器的常闭触点应串联后接到接触器的线圈电路中。

1.3.5 往复循环控制电路

在工业生产中，有些机械的工作需要自动往复运动，例如钻床的刀架、铣床的工作台等。为了实现对这些生产机械的自动控制，就要确定运动过程中的变化参量，一般情况下为行程和时间，最直接的方法是采用行程控制。

图 1-34 所示为最基本的自动往复的工作示意图，它是利用行程开关 ST1、ST2 来实现的。将 ST1 安装在左端需要进行反向的位置 A 处，ST2 安装在右端需要进行反向的位置 B 处，机械挡块安装在工作台的运动部件上，工作台由电动机 M 拖动。

图 1-34 自动往复运动工作示意图

图 1-35 是有 "自动/点动" 模式选择的自动往复循环控制电路，KM、KMR 分别控制电动机的前进和后退。"自动" 模式，按下前进按钮 SB2，KM 线圈通电并自锁，主触点接通主电路，电动机带动工作台前进。当工作台运动到左端的位置 A 时，机械挡块碰到 ST1，其常闭触点断开，切断 KM 线圈电路，使其主、辅触点复位，KM 的常闭触点闭合，同时 ST1 的常开触点使 KMR 线圈通电并自锁，电动机定子绕组电源相序改变，电动机首先反接制动，转速迅速下降，然后反向起动，带动工作台反向后退运动。当工作台运动到右端位置 B 时，其上的挡块撞压行程开关 ST2，ST2 的常闭触点断开使 KMR 线圈断电，ST2 的常开触点闭合使 KM 线圈电路接通，电动机先进行反接制动再反向起动，带动工作台前进。这样，工作台自动进行往复运动。当按下停止按钮 SB1 时，电动机停车。"点动" 模式，按住前进后退按钮，工作台点动前进后退。

在实际工程中，往往还需要在 A、B 位置的外侧加装两只行程开关分别作左、右极限保护。在控制电路中，将左、右极限开关的常闭触点分别串联在 KM、KMR 线圈电路中，如图 1-35 中的 ST3、ST4，这样就可以实现限位保护了。

由上述工作过程可见，工作台每往返一次，电动机就要经受两次反接制动过程，将出现较大的反接制动电流和机械冲击力。因此，这种电路只适用于循环周期较长的生产机械。在选择接触器容量时，按 AC4 使用类别进行选择。也可以在工作台到两端后，停止一段时间然后再自动返回。

由于机械式的行程开关容易损坏，也可采用接近开关或光电开关代替行程开关实现行程控制。当接近开关或光电开关触点容量或数量不够时，可采用中间继电器扩充。

安装接线完毕，要检查工作台的运行方向与各检测开关是否协调。首先，选择 "点动" 模式，按下前进按钮，KM 吸合，观察工作台运行方向，若运行方向错误，调整电动机电源线的任意两相。运行方向正确后，按住前进按钮使工作台前进到 ST1、ST3 附近，细调开

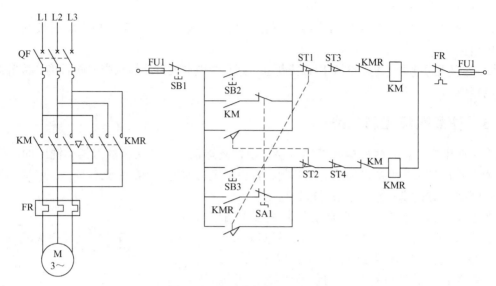

图1-35　自动往复循环控制电路

关，使之符合生产实际。按同样方法，按住后退按钮使工作台后退，调整 ST2、ST4。调整完毕选择"自动"模式。

1.4　PLC 概述

　　自 1969 年美国数字设备公司（DEC）研制出了世界上第一台 PLC，并应用于美国通用汽车公司（GM）的汽车生产线。这 50 多年来，PLC 在工业界产生了巨大影响，并在世界各地迅速发展起来。PLC 已成为当前通用的工业装置，并与 CAD/CAM、机器人技术一起被称为当代工业自动化的三大支柱。

1.4.1　PLC 的产生和发展

　　20 世纪 60 年代，美国的汽车生产技术相对成熟，汽车制造业竞争激烈，导致汽车产品不断更新，生产线也随之频繁改变。而当时的自动控制装置是继电器–接触器控制系统，要改变工艺十分困难，这不仅阻碍了产品更新换代的周期，而且可靠性不高。1968 年，美国通用汽车公司（GM）为适应这种工艺不断更新的需求，提出一种设想，即 10 条招标指标：

　　1）编程方便，可现场修改程序。

　　2）维修方便，采用模块化结构。

　　3）可靠性高于继电器控制装置。

　　4）体积小于继电器控制装置。

　　5）数据可直接送入管理计算机。

　　6）成本可与继电器控制装置竞争。

　　7）可直接输入市电。

　　8）输出可为市电，电流 2A 以上，能直接驱动电磁阀、接触器等。

9）通用性强，易于扩展。

10）用户程序存储器容量可扩展到4K。

根据GM公司提出的要求，1969年，美国数字设备公司（DEC）研制出了世界上第一台可编程序控制器PDP-14，应用于GM的汽车自动化生产线，获得了极大的成功，在工业界产生了巨大影响。

这一新型工业控制器的出现，也受到了其他国家的高度重视。同年，莫迪康公司也开发出Modicon084控制器；1971年日本从美国引进了这项新技术并开始生产；1973～1974年，德国和法国也研制出了自己的控制器。

到现在，世界各国的一些著名电气公司几乎都在生产PLC，常见的国际品牌有西门子、A-B、ABB、Modicon、三菱、欧姆龙等；国内品牌有和利时、台达、永宏、信捷、浙大中控、南大傲拓等。

1.4.2 PLC的定义

PLC在早期是一种开关逻辑控制装置，被称为可编程序逻辑控制器（Programmable Logic Controller，简称PLC）。随着计算机技术和通信技术的发展，PLC采用微处理器作为其控制核心，它的功能已不再局限于逻辑控制的范畴。因此，1980年美国电气制造协会（NEMA)将其命名为Programmable Controller（PC），但为避免与个人计算机（Personal Computer）的简称PC混淆，习惯上仍将其称为PLC。

IEC曾于1982年11月颁发了可编程序控制器标准草案第一稿，1985年1月又颁发了第二稿，1987年2月颁发了第三稿。第三稿中对可编程序控制器的定义为：可编程序控制器是一种数字运算操作的电子系统，专为在工业环境下的应用而设计。它采用了可编程序的存储器，用来在其内部存储执行逻辑运算、顺序控制、定时、计数和算术运算等操作的指令，并通过数字式和模拟式的输入和输出，控制各种类型的机械或生产过程。而有关的外围设备，都应按易于与工业系统联成一个整体、易于扩充其功能的原则进行设计。

1.4.3 PLC的特点

（1）可靠性高、抗干扰能力强　各PLC的生产厂商在硬件和软件方面都采取了多种措施，使PLC除了本身具有较强的自诊断能力，能及时给出出错信息，停止运行等待修复外，还使PLC具有了很强的抗干扰能力。

1）硬件方面：主要模块均采用大规模或超大规模集成电路，大量开关动作由无触点的电子存储器完成，I/O系统设计有完善的通道保护和信号调理电路。

2）软件方面：有极强的自检及保护功能。软件定期地检测外界环境，如掉电、欠电压、电池电压过低及强干扰信号等，以便及时进行处理。设置警戒时钟WDT（看门狗），如果程序循环执行时间超过了WDT规定的时间，预示程序将进入死循环，立即报警。

（2）功能强、应用面广　现代PLC不仅有逻辑运算、定时、计数、顺序控制等功能，还具有数字量和模拟量的输入输出、功率驱动、通信、人机对话、自检、记录显示等功能。既可控制一台生产机械、一条生产线，又可控制一个生产过程。

（3）使用方便、适应性强　PLC品种齐全的各种硬件装置，可以组成满足各种要求的控制系统。用户在硬件确定以后，在生产工艺流程改变或生产设备更新的情况下，不必改变PLC的硬件设备，只需改变程序就可以满足要求。因此，PLC除应用于单机控制外，在工厂自动化中也被大量采用。

（4）编程方便易学　目前，大多数PLC都支持梯形图语言。梯形图清晰直观，适合大多数工厂企业电气技术人员的读图习惯及编程水平，所以非常容易接受和掌握。梯形图语言编程元件的符号和表达方式与继电器-接触器控制电路电气原理图相当接近，通过阅读PLC的用户手册或短期培训，电气技术人员和技术工人很快就能学会用梯形图编制控制程序。

（5）系统设计、安装、调试工作量少　由于PLC采用了软件来取代继电器-接触器控制系统中大量的中间继电器、时间继电器、计数器等器件，控制柜设计安装接线的工作量大为减少。同时，PLC的用户程序可以在实验室模拟调试，更减少了现场调试的工作量。

（6）维修方便　由于PLC具有很强的自检功能，且结构模块化，维修极为方便。

（7）体积小、重量轻、能耗低　对于复杂的控制系统，使用PLC后，可以减少大量的中间继电器和时间继电器。小型PLC的体积仅相当于几个继电器的大小，因此可大大减小控制柜的体积；PLC的配线比继电器-接触器控制系统少得多，可省下大量的配线和附件，减少安装接线工时，从而节省大量的人工费用。

1.4.4　PLC的应用

随着微电子技术的快速发展，PLC的制造成本不断下降，而功能却大大增强。其应用大致可归纳为以下几类。

（1）开关量逻辑控制　这是PLC最基本、最广泛的应用。在开关量逻辑控制中，它取代传统的继电器-接触器控制系统，实现逻辑控制、顺序控制。例如机床电气控制、电梯运行控制、冶金系统的高炉上料、汽车装配线及啤酒灌装生产线等。

（2）运动控制　目前，很多PLC提供了拖动步进电动机或伺服电动机的单轴或多轴位置控制模块。即把描述目标位置的数据送给模块，模块移动一轴或多轴到目标位置。当每个轴运动时，位置控制模块保持适当的速度和加速度，确保运动平滑。

（3）闭环过程控制　PLC通过模拟量模块实现A-D、D-A转换，可实现对温度、压力、流量、液位等连续变化的模拟量的PID或其他复杂控制。如锅炉、中央空调、反应堆、水处理及酿酒等。

（4）数据处理　大部分PLC都有数据处理功能，可实现算术运算、数据比较、数据传递、数据移位、数制转换及解码编码等操作。现在一些新型的PLC数据处理功能更加齐全，可以完成二次方、开方、三角函数、指数PID、浮点数等运算，还可以和显示器、打印机连接，实现程序、数据的显示和打印。

（5）联网通信　PLC的通信包括PLC与PLC之间、PLC与上位计算机之间、PLC与其他的智能设备之间的通信。还可以构成"集中管理，分散控制"的分布控制系统。联网后可增加系统的控制规模，甚至可以使整个工厂实现工厂自动化。

需要注意的是，并不是所有的PLC都具有上述的全部功能，有的小型PLC只具有上述部分功能,但价格相对便宜。

1.4.5 PLC 的分类

PLC 通常以输入输出点(I/O)总数多少进行分类。小型机的控制点一般在 256 点之内,中型机的控制点一般不大于 2048 点,大型机的控制点一般多于 2048 点。PLC 点数越多,其存储容量也越大。PLC 其他分类方法还有按 PLC 性能高低分为低档机、中档机和高档机;按 PLC 的结构形式分为整体式、模块式等。

(1)整体式结构 整体式结构的特点是将 PLC 的基本部件,如 CPU、输入、输出、电源等紧凑地安装在一个标准的机壳内,构成一个整体,组成 PLC 的一个基本单元(CPU 单元)或扩展单元。基本单元上设有扩展接口,通过扩展电缆连接扩展单元,扩展单元也称扩展模块,如数字输入/输出模块、模拟量输入/输出模块、热电偶模块、热电阻模块、通信模块等。小型 PLC 一般采用这种结构。本书介绍的西门子 S7 – 1200、三菱的 F 系列、欧姆龙的 CP 系列都是整体式结构。

(2)模块式结构 模块式结构是把 PLC 系统的各个组成部分按功能分成若干个模块,如电源模块、CPU 模块、输入模块、输出模块和各种功能模块等,将这些模块插在框架上或基板上通过内部总线相连。各个模块功能是独立的,外形尺寸是统一的,可根据需要灵活配置。大、中型 PLC 一般采用这种结构。西门子 S7 – 300/400、S7 – 1500、三菱的 Q 系列、欧姆龙的 CJ2 系列都是模块式结构。

1.5 PLC 的硬件组成

PLC 主要由 CPU、电源、输入/输出、外部设备、I/O 扩展接口、通信接口等模块组成,如图 1-36 所示。

1.5.1 CPU 模块

CPU 模块主要由微处理器(CPU 芯片)和存储器组成。它相当于人的大脑,不断地采集输入信号、执行用户程序、刷新系统的输出。常采用的 CPU 芯片有通用微处理器、单片微处理器和位片式微处理器等。

存储器主要用于存放系统程序、用户程序和工作状态数据。系统程序相当于个人计算机的操作系统,由 PLC 生产厂家设计并固化在只读存储器(ROM)中。用户程序和工作状态数据,用于存放用户的应用程序和各种数据,用户程序由用户设计,完成用户要求的特定功能。常使用的物理存储器有随机

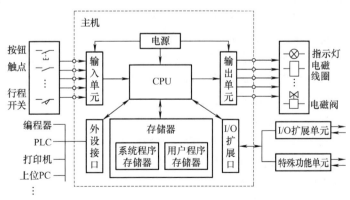

图 1-36 PLC 结构示意图

存取存储器（RAM）、只读存储器（ROM）和电可擦除只读存储器（EEPROM）等。

1.5.2 电源模块

电源模块将交流或直流电源转换成可供 CPU、存储器以及所有扩展模块使用的直流电源。PLC 一般采用高质量的开关电源，工作稳定性好，抗干扰能力比较强。电源模块的选择和使用应先计算所需电流的总和，核实电源的负载能力，还需留有适当的余量。

1.5.3 输入/输出模块

输入/输出模块简称 I/O 模块，是 CPU 与现场输入输出设备或其他外部设备之间沟通的桥梁。

1. 数字量输入模块

输入电路中设有光电隔离、滤波电路，以防止由于输入触点抖动或外部干扰脉冲引起错误的输入信号。每路输入信号均经过光电隔离、滤波，然后送入输入缓冲器等待 CPU 采样，每路输入信号均有发光二极管（LED）显示，指示输入信号状态。输入模块的种类有：直流输入模块和交流输入模块。

（1）直流输入模块　直流输入模块电路如图 1-37 所示，虚线框内为模块内部电路。有些小型 PLC 输入模块内部光电耦合器中有两个反并联发光二极管，任意一个二极管发光均可以使光电晶体管导通，用于显示的两个 LED 也是反并联的。图中，VLC 为一个光电耦合器，发光二极管和光电晶体管封装在一个管壳中。当二极管中有电流时发光，可使光电晶体管导通。R_1 为限流电阻，R_2 和 C 构成滤波电路，可滤除输入信号中的高频干扰，LED 显示该输入点状态。

工作原理如下：当外部开关 S 闭合时，光电耦合器的二极管有电流流过而发光，使光电晶体管导通，此时 A 点为高电平，该电平经滤波器送到内部电路中，LED 点亮，表示输入点为接通状态。当在 CPU 循环的输入阶段锁入该路信号时，将该输入点对应的映像寄存器状态置 1。当 S 断开时，光电晶体管截止，此时 A 点为低电平，该电平经滤波器送到内部电路中，LED 不亮，表示输入点为断开状态。当 CPU 在输入阶段锁入该路信号时，将该输入点对应的映像寄存器状态置 0。

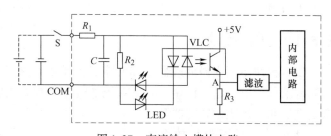

图 1-37　直流输入模块电路

（2）交流输入模块　交流输入模块电路如图 1-38 所示，虚线框内为模块内部电路。图中只画出对应于一个输入点的输入电路，而各个输入点对应的输入电路均相同。图中，C 为隔直电容，对交流信号相当于短路，电阻 R_1 和 R_2 构成

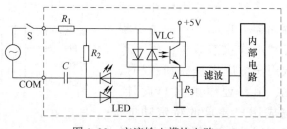

图 1-38　交流输入模块电路

分压电路。这里光电耦合器中的两个反并联发光二极管，任意一个二极管发光均可以使光电晶体管导通，用于显示的两个 LED 也是反并联的，该电路可以接受外部的交流输入电压，其工作原理与直流输入电路基本相同。

PLC 的输入电路分为汇点式、分组式、隔离式三种。输入单元只有一个公共端子（COM）的称为汇点式，外部输入的元器件均有一个端子与 COM 相接；分组式是指将输入端子分为若干组，每组分别共用一个公共端子；隔离式是指具有公共端子的各组输入点之间互相隔离，可各自使用独立的电源。

2. 数字量输出模块

输出模块的作用是将内部的电平信号转换为外部所需要的电平等级输出信号，并传给外部负载。每个输出点的输出电路可以等效成一个输出继电器。按负载使用电源的不同，可分为直流输出、交流输出和交直流输出三种；按输出电路所用的开关器件不同，可分为继电器输出、晶体管输出和晶闸管输出。它们所能驱动的负载类型、负载的大小和响应时间是不一样的。

（1）继电器输出模块 如图 1-39 所示，通过继电器线圈通断来控制其触点输出，为无源触点输出方式，用于接通或断开开关频率较低的交直流负载电路。图中，K 为一小型继电器，当输出锁存器的对应位为 1 时，K 得电吸合，其常开触点闭合，负载得电，LED 点亮，表示该输出点状态为 1；当输出锁存器的对应位为 0

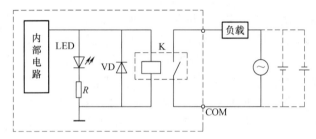

图 1-39 继电器输出电路

时，K 失电，其常开触点断开，负载失电，LED 熄灭，表示该输出点状态为 0。

继电器输出模块的负载电源可以是交流也可以是直流，且为有触点开关，带负载能力比较强，一般在 2A 左右，但寿命比无触点开关要短一些，开关动作频率也相应低一些。

（2）晶体管输出模块 也叫直流输出模块。如图 1-40 所示为 NPN 输出接口电路，它的输出电路采用晶体管驱动，但实际使用中，晶体管输出模块也不一定全采用的是晶体管，而是其他晶体管，例如 S7－1200 晶体管输出模块采用的就是 MOSFET 场效应晶体管。此处讲解的是晶体管输出基本知识，其他直流输出类型详见产品样

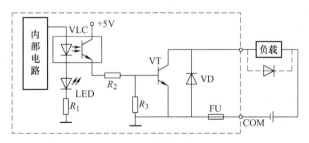

图 1-40 直流输出电路

本。图中，VLC 是光电耦合器，LED 用于指示输出点的状态，VT 为输出晶体管，VD 为保护二极管，可防止负载电压极性接反或高电压、交流电压损坏晶体管，FU 为熔断器，可防止负载短路时损坏模块。

其工作原理是：当输出锁存器的对应位为1时，通过内部电路使光电耦合器导通，从而使晶体管 VT 饱和导通，使负载得电，同时点亮 LED，以表示该路输出点状态为1。当输出锁存器的对应位为0时，光电耦合器不导通，晶体管 VT 截止，使负载失电，此时 LED 不亮，表示该输出点状态为0。如果负载是感性的，则须给负载并接续流二极管，如图1-40中虚线所示，负载关断时，可通过续流二极管释放能量，保护输出晶体管 VT 免受高电压的冲击。

直流输出模块的输出方式一般为集电极输出，外加直流负载电源。其带负载的能力一般每一个输出点为零点几安培。因晶体管输出模块为无触点输出模块，所以使用寿命比较长、响应速度快、可关断次数多。

(3) 晶闸管输出模块　也叫交流输出模块。如图1-41所示，它的输出电路采用光控双向晶闸管驱动。图中，VLC 为光控双向晶闸管，R_2 和 C 构成阻容吸收保护电路。其工作原理是：当输出锁存器的对应位为1时，发光二极管导通发光，使双向晶闸管导通，从而使负载得电，同时输出指示灯 LED 亮，表示该输出点状态为1；当输出锁存器的对应位为0时，双向晶闸管不导通，负载失电，输出指示灯 LED 灭，表示该输出点状态为0。

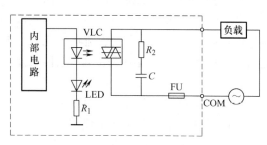

图1-41　交流输出电路

交流输出模块需要外加交流电源，带负载能力一般为 1A 左右，不同型号的外加电压和带负载的能力有所不同。双向晶闸管为无触点开关，使用寿命较长，反应速度快，可靠性高。

PLC 的输出电路也有汇点式、分组式和隔离式几种。

3. 模拟量输入模块

模拟量输入模块是把模拟信号转换成 CPU 可以接收的数字量，又称为 A-D 模块，一般输入模拟信号都为标准的传感器信号。模拟量输入模块把模拟信号转换成数字信号，一般为10位以上二进制数，数字量位数越多，分辨率就越高。

4. 模拟量输出模块

模拟量输出模块是把 CPU 要输出的数字量信号转换成外部设备可以接收的模拟量（电压或电流）信号，又称为 D-A 模块，一般输出的模拟信号都为标准的传感器信号。模拟量输出模块把数字信号转换成模拟信号，数字信号一般为10位以上二进制数，数字量位数越多，分辨率就越高。

1.5.4　外部设备

PLC 的外部设备主要有编程器、人机界面、打印机、条形码扫码器等。

1.5.5 I/O 扩展接口

扩展接口用于扩展输入/输出单元，它使 PLC 的控制规模配置得更加灵活。这种扩展接口实际上为总线形式，可以配置开关量的 I/O 单元，也可配置如模拟量、高速计数等特殊 I/O 单元及通信适配器等。

1.5.6 通信接口模块

通信接口模块是计算机和 PLC 之间、PLC 和 PLC 之间的通信接口。随着科学技术的发展，PLC 的功能也在不断地增强。在一些控制工程中，一台计算机和一台 PLC 组成点对点通信是不少小型控制工程采取的策略，也有一台计算机和多台 PLC 组成的多点通信网络。而当今的大型控制工程，更多采用的是现场总线控制系统（Fieldbus Control System，FCS）。

1.6 PLC 的工作原理

S7 - 1200 PLC 的 CPU 中运行着操作系统和用户程序。操作系统处理底层系统级任务，并执行用户程序的调用，其固化在 CPU 模块中，用于执行与用户程序无关的 CPU 功能，以及组织 CPU 所有任务的执行顺序。操作系统的任务包括：

1）启动。

2）更新输入和输出过程映像。

3）调用用户程序。

4）检测中断并调用中断 OB（组织块）。

5）检测并处理错误。

6）管理存储区。

7）与编程设备和其他设备通信。

用户程序工作在操作系统平台，完成特定的自动化任务。用户程序是下载到 CPU 的数据块和程序块。用户程序的任务包括：

1）启动的初始化工作。

2）进行数据处理，I/O 数据交换和工艺相关的控制。

3）对中断的响应。

4）对异常和错误的处理。

1.6.1 CPU 的工作模式

S7 - 1200 CPU 有三种工作模式：STOP、STARTUP、RUN，各模式执行的任务如表 1-2 所示。

表 1-2 CPU 的工作模式

工作模式	描　　述
STOP	不执行用户程序，可以下载项目，可以强制变量
STARTUP	执行一次启动 OB（如果存在）及其他相关任务
RUN	CPU 重复执行程序循环 OB，响应中断事件

1. CPU 的启动操作

CPU 从 STOP 切换到 RUN 时，初始化过程映像，执行启动 OB 及其相关任务。CPU 启动和运行的机制如图 1-42 所示。具体执行以下操作：

A 将物理输入的状态复制到过程映像 I（输入）区。

B 根据组态情况将过程映像 Q（输出）区初始化为零、上一值或替换值，并将 PB（Profibus）、PN（Profinet）和 AS-i（Actuator sensor interface）输出设为零。

C 初始化非保持性的 M（内部）存储器和数据块，并启用组态的循环中断事件和时钟事件，执行启动 OB。

D 将所有中断事件存储到进入 RUN 模式后需要处理的队列中。

E 将过程映像 Q 区写入到物理输出。

需要注意的是：循环时间监视在启动 OB 完成后开始。在启动过程中，不更新过程映像，可以直接访问模块的物理输入，但不能访问物理输出，可以更改 HSC（高速计数器）、PWM（脉冲宽度调制）以及 PtP（点对点）通信模块的组态。

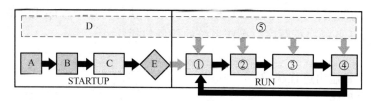

图 1-42　CPU 启动和运行机制

2. 在 RUN 模式下处理扫描周期

执行完启动 OB 后，CPU 进入 RUN 模式。CPU 周而复始地执行一系列任务，任务循环执行一次为一个扫描周期。CPU 在 RUN 模式时执行以下任务：

① 将过程映像 Q 区写入物理输出。

② 将物理输入的状态复制到过程映像 I 区。

③ 执行程序循环 OB。

④ 执行自检诊断。

⑤ 在扫描周期的任何阶段，处理中断和通信。

1.6.2　过程映像

过程映像是 CPU 提供的一个内部存储器，用于同步更新物理输入输出点的状态。过程映像对 I/O 点的更新可组态在每个扫描周期或发生特定事件触发中断时。

1.6.3　存储器机制

S7-1200 CPU 提供了用于存储用户程序、数据和组态的存储器。存储器的类型和特性如表 1-3 所示。

表 1-3 存储器介绍

类 型	特 性
装载存储器	是非易失性存储器,用于存储用户程序数据和组态等 也可以使用外部存储卡作为装载存储器
工作存储器	是易失性存储器,用于存储与程序执行有关的内容 无法扩展工作存储器 CPU 将与运行相关的程序内容从装载存储器复制到工作存储器中
保持性存储器	是非易失性存储器 如果发生断电现象或停机时,CPU 使用保持性存储器存储一定数量的工作存储器数据,在启动运行时恢复这些保持性数据

1.6.4 优先级与中断

CPU 按照 OB 的优先级对其进行处理,高优先级的 OB 可以中断低优先级的 OB,最低优先级为 1(主程序循环),最高优先级为 26。

当中断事件出现时,调用与该事件相关的中断 OB。当中断程序执行完成后返回至产生中断处继续运行程序。

1.6.5 输入/输出的处理过程

一般来说,PLC 一个扫描周期工作过程主要包括两部分内容,一个是处理系统级问题,一个是处理用户程序。对于用户编程来说,没有必要十分了解 PLC 处理系统问题的过程,但对 PLC 处理用户程序过程需要了解。图 1-43 描述了信号从输入端子到输出端子的传递过程。

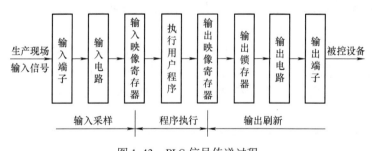

图 1-43 PLC 信号传递过程

1.7 PLC 控制系统与继电器-接触器控制系统的比较

继电器-接触器控制系统一般由主令电器、接触器、继电器等部分组成,其结构简单易懂,成本低,在工业控制领域中被长期广泛使用。但复杂的继电器-接触器控制系统设备体积大、动作速度慢、功能单一、接线复杂、通用性和灵活性差,不能满足现代生产中生产过程及工艺复杂多变的控制要求。

PLC控制系统由软硬件两部分组成，具有通用性强、软硬件设计简便、维护方便、适应面广、可靠性高、抗干扰能力强、编程简单等特点。

继电器-接触器控制系统和PLC控制系统相同点都是由输入部分、输出部分和控制部分组成，两者的不同点主要有以下几点：

（1）控制方法　继电器-接触器控制系统由继电器等低压电器组成具有一定逻辑的控制电路，采用硬件接线实现，连线多而复杂，体积较大，一旦控制系统想改变或增加功能都很困难。同时，由于继电器触点数目有限，所以继电器-接触器控制系统的灵活性和可扩展性受到很大限制。

PLC控制系统采用了计算机技术，系统由软件和硬件组成，通过编程来实现所要求的功能，要改变控制功能，只需改变程序即可，故也称"软接线"。控制系统连线少、体积小、功耗低，而且PLC控制系统中所谓"软继电器"实质上是存储器单元的状态，所以"软继电器"的触点数量是无限的，因此其灵活性和扩展性极佳。

（2）工作方式　在继电器-接触器控制电路中，当电源接通时，电路中所有继电器都处于受制约状态，即该吸合的继电器都同时吸合，不该吸合的继电器受某种条件限制而不能吸合，这种工作方式称为并行工作方式。

PLC控制系统的用户程序是按一定顺序循环执行，所以各"软继电器"都处于周期性循环扫描接通状态，受同一条件制约的各个继电器的动作次序决定于程序扫描顺序，这种工作方式称为串行工作方式。

（3）控制速度　继电器-接触器控制系统是依靠机械触点的动作实现控制，工作频率低，触点的动作一般在几十毫秒，偶尔还会出现抖动问题。

PLC控制系统是通过程序指令控制半导体电路来实现控制的，速度快，一般一条程序指令执行时间在微秒级，且PLC内部有严格的同步不会出现触点抖动问题。

（4）定时控制　继电器-接触器控制系统利用时间继电器的滞后动作实现定时控制，精度不高，易受环境温度和湿度的影响，调整时间困难。有些特殊的时间继电器结构复杂，不便于维护。

PLC控制系统的定时器，时钟脉冲由晶体振荡器产生，定时范围宽，用户可根据需要在程序中设定定时值，修改方便，定时精度高，且PLC定时时间不受环境的影响。

（5）计数控制　继电器-接触器控制系统一般不具备计数控制功能，而PLC控制系统具有计数控制功能。

（6）设计与施工　构建继电器-接触器控制系统，其设计、施工、调试必须依次进行，周期长，而且修改困难。工程越大，这一点就越突出。

构建PLC控制系统，在系统设计完成以后，现场施工与控制程序的设计可以同步进行，周期短，调试和修改都很方便。

（7）可靠性和可维护性　由于继电器-接触器控制系统使用了大量的机械触点，触点会因电弧而损坏并有机械磨损，接线多，寿命短，可靠性和可维护性差。

PLC控制系统大量的"触点动作"由程序完成，寿命长，可靠性高。并且控制系统具有自检和监测功能，能检查出自身的故障，随时反馈给操作人员，还能动态地监视控制程序的执行情况，方便现场的调试和维护。

1.8 TIA 博途软件

1.8.1 TIA 博途软件简介

TIA 博途（Totally Integrated Automation Portal）软件为全集成自动化的实现提供了统一的工程平台，是软件开发领域的一个里程碑，是工业领域第一个带有"组态设计环境"的自动化软件。TIA 博途 V15 软件架构主要包含：SIMATIC STEP 7 V15、SIMATIC WinCC V15、Startdrive V15、Scout TIA V4.5 及全新数字化软件选件等。

使用 TIA 博途不仅可以组态应用于控制器及外部设备程序编辑的 STEP7，可以组态应用于安全控制器的 Safety，也可以组态应用于设备可视化的 WinCC，同时 TIA 博途还集成了应用于驱动装置的 Startdrive、应用于运动控制的 SCOUT 等，如图 1-44 所示。

图 1-44 TIA 博途软件平台概览

1. TIA 博途 STEP 7

TIA 博途 STEP 7 是用于组态 SIMATIC S7 – 1200（F）、S7 – 1500（F）、S7 – 300（F）/400（F）和 WinAC 控制器系列的工程组态软件，如图 1-45 所示。TIA 博途 STEP 7 包含两个版本：

1）TIA 博途 STEP 7 Basic 基本版用于组态 S7 – 1200 控制器。

2）TIA 博途 STEP 7 Professional 专业版用于组态 S7 – 1200、S7 – 1500、S7 – 300/400 和 WinAC。

2. TIA 博途 WinCC

TIA 博途 WinCC 工程组态版是应用于组态 SIMATIC 面板、SIMATIC 工业 PC、标准 PC 及 SCADA 系统的工程组态软件。其配套的可视化运行软件为 WinCC Runtime 高级版或 SCADA 系统的 WinCC Runtime 专业版。

1）WinCC Basic 基本版用于组态精简系列面板，包含在 STEP 7 基本版或 STEP 7 专业版产品中。

2）WinCC Comfort 精智版用于组态所有面板（包括精简面板、精智面板和移动面板）。

3）WinCC Advanced 高级版用于通过 WinCC Runtime Advanced 高级版可视化软件组态所有面板和 PC。

4）WinCC Professional 专业版用于组态 SCADA 系统，配套 WinCC Runtime 专业版使用。

WinCC 专业版也可以组态面板和基于 PC 系统的可视化工作。WinCC Runtime 专业版是一种用于运行单站系统或多站系统（包括标准客户端或 Web 客户端）的 SCADA 系统，如图 1-46 所示。

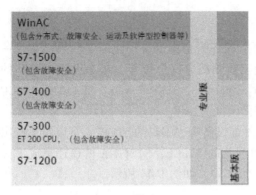

图 1-45　TIA 博途 STEP 7

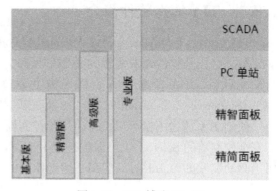

图 1-46　TIA 博途 WinCC

3. TIA 博途 Startdrive

适用于所有驱动装置和控制器的工程组态平台，能够直观地将 SINAMICS 变频器集成到自动化环境中。由于具有相同操作概念，消除了接口瓶颈，并且具有较高的用户友好性。

1.8.2　TIA 博途软件的安装

1. 硬件要求

安装 TIA 博途 V15 的计算机至少满足以下需求。

1）处理器：Core i5‐6440EQ 3.4GHz 或者相当。

2）内存：16GB 或者更多。

3）硬盘：最好 SSD，配备至少 50GB 的存储空间。

4）图形分辨率：最小 1920×1080。

5）显示器：15.6" 宽屏显示（1920×1080）。

当然，对于计算机配置较低又想使用 TIA 博途的用户来说，也不是绝对不可以用。例如在 G620CPU/4G 内存/64 位 WIN7 一体机上也能使用博途 V15。

2. 支持的操作系统

TIA 博途 V15 可以安装于以下操作系统。

（1）Windows 7 操作系统（64 位）

1）MS Windows 7 Home Premium SP1（仅适用于基本版）。

2）MS Windows 7 Professional SP1。

3）MS Windows 7 Enterprise SP1。

4）MS Windows 7 Ultimate SP1。

（2）Windows 10 操作系统（64 位）

1）Windows 10 Home Version 1703（仅适用于基本版）。

2）Windows 10 Professional Version 1703。

3）Windows 10 Enterprise Version 1703。

4）Windows 10 Enterprise 2016 LTSB。

5）Windows 10 IoT Enterprise 2015 LTSB。

6）Windows 10 IoT Enterprise 2016 LTSB。

（3）Windows Server（64 位）

1）Windows Server 2012 R2 StDE（完全安装）。

2）Windows Server 2016 Standard（完全安装）。

安装 TIA 博途 V15 需要管理员权限。

3. 软件安装顺序

1）首先 STEP7 Professional V15。

2）安装 WINCC Professional V15。

3）安装 SIMATIC STEP7_PLCSIM V15。

4）工具授权。

5）Startdrive_V15 如果不使用可以忽略。

1.8.3 TIA 博图软件安装常见问题

1）安装前一定要关闭杀毒软件。除西门子软件兼容性列表中兼容的病毒扫描软件外，切记不能开杀毒软件，否则无法保证安装能够成功，或者安装完成后能够正常使用。

2）TIA 博图安装提示需要安全更新程序 KB3033929。微软官网下载"基于 x64 的 Windows 7 系统安全更新程序（KB3033929）"，安装即可。

3）TIA 博途安装反复要求重新启动计算机问题。在安装某些西门子软件的时候，经常提示要重启，而且重启之后依然提示重启，这个问题多数是由以下原因引起的：一般系统文件无法删除时，比如其他程序正在占用等，系统会把这些文件保存在注册表该键值下面，以便下次重启后直接删除，有时候有一些未知的原因导致这些文件在重启后无法删除，这些文件记录还在，西门子软件安装时检测到后就会提示重启计算机。所以这个时候，手动删除这个键值基本就能解决这个问题。

在 Windows 系统下，按下组合键："WIN + R"，输入"regedit"，打开注册表编辑器，找到 HKEY_LOCAL_MACHINE \ SYSTEM \ CurrentControlSet \ Control \ Session Manager \ 下的 Pending-FileRenameOperations 键，直接删除该键值。不需要重新启动计算机，继续软件安装即可。

习 题

一、填空题

1. 低压电器通常是指用于交流额定电压_____、直流额定电压_____及以下的电路中。

2. 低压电器在电路中起_____、_____、_____或_____作用。

3. 常用的开关电器有_____和_____。

4. 低压断路器有_____、_____、_____、_____四种。

5. 热继电器是一种具有_____保护特性的过电流继电器。

6. 接近开关是一种_____物体检测装置,又称为_____行程开关。

7. 电气原理图是根据电气控制系统的工作原理,采用电气元器件展开的形式,利用_____和_____表示电路各电气元器件导电部件的连接关系和_____的图。

8. 三相交流电源引入线相线采用_____、_____、_____标记,中性线采用_____标记。

9. 辅助电路线号按_____原则进行,标号顺序一般由上而下编号。

10. PLC 通常以输入/输出点(I/O)总数多少进行分类,小型机的控制点一般在_____点之内,中型机的控制点一般不大于_____点,大型机的控制点一般多于 2048 点。

11. PLC 主要由_____、_____、_____、_____和_____等组成。

12. PLC 的数字量输入分为_____、_____。

13. PLC 输出模块按输出电路所用的开关器件不同,可分为_____、_____和_____。

14. S7-1200 CPU 工作模式:_____、_____。

15. PLC 一个扫描周期工作过程主要包括两部分内容,一个是处理_____,一个是处理_____。

二、简答题

1. 低压断路器有哪些主要技术参数?

2. 热继电器和熔断器都是保护器件,有何区别?

3. 继电器与接触器有何区别和联系?

4. 电气安装接线图的绘制有哪些原则?

5. 试设计一个可实现两地操作的电动机点动与连续运行的控制系统,并画出电气原理图。

6. 设计一个加热和通风控制电路,按下起动按钮,风机运行 20s 后,自动开始加热;按下停止按钮,停止加热,5min 后风机自动停止。

7. 设计一个小车自动运行的电气原理图,控制要求:小车由 A 点开始向 B 点前进,到 B 点后自动停止。小车在 B 点停留 10s 后返回 A 点,在 A 点停留 10s 后又向 B 点运动,如此往复。要求可以在任意位置使小车停止并再次继续运行。

8. 简述 PLC 的定义。

9. PLC 有哪些特点?

10. PLC 与一般的计算机控制比较有哪些优点?

11. PLC 与继电器-接触器控制比较有哪些优点?

12. PLC 主要由哪几部分组成?各部分的作用是什么?

13. 何谓 PLC 的扫描周期?

14. 简述 PLC 的扫描工作过程。

15. PLC 的输入(输出)映像寄存器的作用是什么?

16. 数字量输出模块有哪几种类型?各有什么特点?

17. 整体式与模块式结构的 PLC 各有什么特点?分别适用于什么场合?

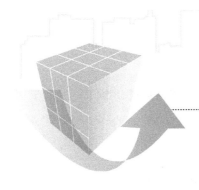

第2章

S7-1200 PLC系统特性

SIMATIC S7-1200 是 SIMATIC S7 可编程序控制器系列中的新型 PLC, 具有丰富的常规扩展模块和智能模块, 如连接 RFID 的读卡器模块 RF120C、IO-Link 主站模块 SM1278、静态及动态称重模块 WP231/WP241/WP251、电能测量模块 SM1238 等。

2.1 概述

S7-1200 PLC 具有模块化、结构紧凑、功能全面等特点, 适用于多种应用。由于该控制器具有可扩展的灵活设计, 符合工业通信最高标准的通信接口, 以及全面的集成工艺功能, 因此它可以作为一个组件集成在完整的综合自动化解决方案中。西门子系列化的控制器家族产品能满足不同的应用及需求, 可根据具体应用需求及预算, 灵活组合、定制, 如图 2-1 所示。

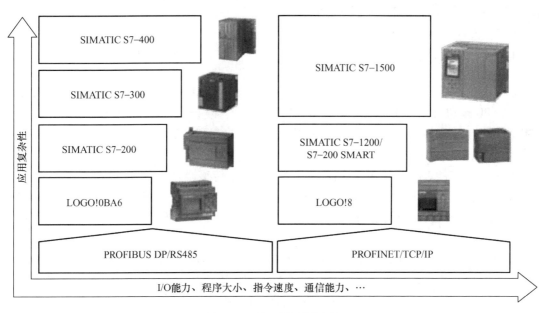

图 2-1 西门子控制器家族

2.1.1 CPU 特性

CPU 采用了模块化和紧凑型设计, 将处理器、传感器电源、数字量输入/输出、高速输入/输出、模拟量输入/输出组合到一起, 形成了功能强大的控制器。它具有以下特性:

1）集成的以太网接口。

2）以宽电压范围 AC 或 DC 电源形式集成的电源（AC85～264V 或 DC24V）。

3）集成 DC24V 数字量输入/DC24V 或继电器数字量输出。

4）集成模拟量输入 0～10V/模拟量输出 0～20mA。

5）频率高达 100kHz 的高速计数器（HSC）。

6）频率高达 100kHz 的脉冲序列输出（PTO）/脉宽调制（PWM）输出。

7）通过信号板直接在 CPU 上扩展模拟量或数字量信号（保持 CPU 原有空间）。

8）可选的存储器（SIMATIC 存储卡）。

9）PLCopen 运动控制，用于简单的运动控制。

10）带自整定功能的 PID 控制器。

11）集成实时时钟。

12）密码保护。

13）时间中断。

14）硬件中断。

15）库功能。

16）在线/离线诊断。

17）所有模块上的端子都可拆卸。

2.1.2　CPU 模块结构和技术指标

1. CPU 模块结构

S7-1200 现有 CPU1211C、CPU1212C、CPU1214C、CPU1215C 和 CPU1217C 五种不同配置的 CPU 模块，此外还有故障安全性 CPU。CPU 本体可以扩展 1 块信号板，左侧可以扩展 3 块通信模块，而所有信号模块都要配置在 CPU 的右侧，最多 8 块。CPU 模块的外部结构大体相同，如图 2-2 所示。

模块上面左侧 X10 端子用于连接 PLC 供电电源、传感器电源和数字量输入 DI。数字量输入的状态由一排 LED 指示灯显示，正常工作时对应指示灯被点亮。上面右侧 X11 端子用于连接模拟量输入 AI 和模拟量输出 AQ（1211、1212、1214 无模拟量输出）。右上角 X50 为存储卡插槽。

模块下面左侧是 PROFINET（LAN）接口用于连接 RJ45 连接器，网络状态由 LINK 和 Rx/Tx 2 个 LED 指示灯显示。下面右侧端子 X12 用于连接数字量输出 DQ，数字量输出的状态由一排 LED 指示灯显示，正常工作时对应指示灯被点亮。

位于模块中部左侧的 3 个 LED 指示灯 RUN/STOP、ERROR、MAINT 用于显示 CPU 所处的运行状态。

2. CPU 技术指标

不同型号 CPU 单元主要技术参数如表 2-1 所示。

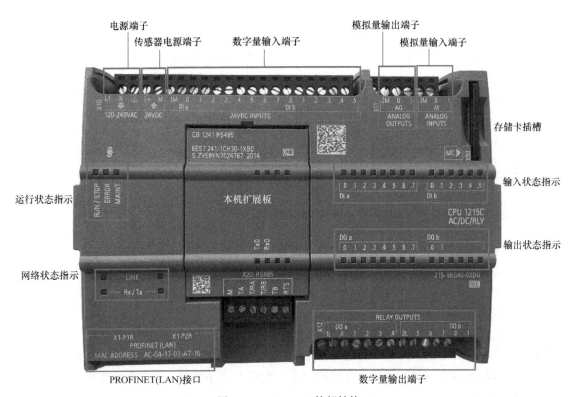

图 2-2　CPU1215C 外部结构

表 2-1　不同型号 CPU 技术参数

特性	CPU1211C	CPU1212C	CPU1214C	CPU1215C	CPU1217C
物理尺寸（长×宽×深）mm	90×100×75		110×100×75	130×100×75	150×100×75
本机数字量 I/O 点数	6 入/4 出	8 入/6 出	14 入/10 出		
本机模拟量 I/O 点数	2 入		2 入/2 出		
工作存储器	50KB	75KB	100KB	125KB	150KB
装载存储器	1MB	2MB	4MB		
掉电保持存储器	10KB				
位存储器（M）	4096 个字节		8192 个字节		
过程映像大小	1024 字节输入（I）和 1024 字节输出（Q）				
信号模块（SM）扩展数量	无	2 个	8 个		
信号板（SB）、通信板（CB）或电池板（BB）扩展数量	1 个				
通信模块（CM）扩展数量	3 个				
高速计数器	最多可以组态 6 个使用任意内置或信号板输入的高速计数器				
脉冲输出	最多 4 路，CPU 本体 100kHz，通过信号板可输出 200kHz（CPU1217 最多支持 1MHz）				
PROFINET 以太网通信口	1 个			2 个	

（续）

特性	CPU1211C	CPU1212C	CPU1214C	CPU1215C	CPU1217C
布尔指令执行时间	0.04ms/1000 条指令				
实数指令执行时间	2.3μs/条指令				
上升沿/下降沿中断点数	6/6	8/8	12/12		
脉冲捕捉输入点数	6	8	14		
DC24V 传感器电源	300mA		400mA		
DC5V SM/CM 总线电源	750mA	1000mA	1600mA		

3. 集成的数字量输入滤波器和脉冲捕捉功能

根据应用的不同，可能需要较短的滤波时间来检测和响应快速传感器的输入，例如编码器，或需要较长的滤波时间来防止触点跳变以及脉冲噪声。默认滤波时间为 6.4ms，表示输入信号从 "0" 变为 "1"，或从 "1" 变为 "0" 时必须持续 6.4ms 才能被检测到，而短于 6.4ms 的信号不会被检测到。

脉冲捕捉功能可以捕捉高电平脉冲或低电平脉冲。当脉冲出现的时间极短，CPU 在扫描周期开始读取数字量输入时，可能无法始终读取到这个脉冲。为某一个输入点启用脉冲捕捉时，输入状态的改变会被锁存，并保持至下一次输入循环更新。这样可确保捕捉到持续时间很短的脉冲。

由于脉冲捕捉功能是在输入信号通过输入滤波器后进行操作，所以必须调整输入滤波时间，以防滤波器过滤掉脉冲。脉冲捕捉输出如图 2-3 所示。

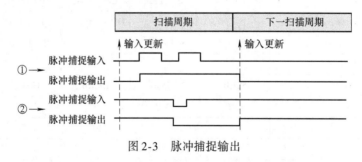

图 2-3　脉冲捕捉输出

图 2-3 中，①在某一扫描周期中存在多个脉冲，仅锁存第一个脉冲。如果需响应在一个扫描周期中的多个脉冲，则应当使用上升沿/下降沿中断事件。②CPU 也可以捕捉低电平脉冲。

4. 集成的 PROFINET 通信接口

S7－1200 具有非常强大的通信功能，可提供 I-Device（智能设备）、PROFINET、PROFI-BUS、远距离控制通信、点对点（PtP）通信、USS 通信、Modbus RTU、AS-i、I/O Link MASTER 等通信选项。S7－1200 最多可以增加 3 个通信模块（CM），它们安装在 CPU 模块的左侧。

实时工业以太网是现场总线发展的趋势，PROFINET 是基于工业以太网的现场总线

（IEC61158 现场总线标准的类型 10），是开放式的工业以太网标准，它使工业以太网的应用扩展到了控制网络最底层的现场设备。

S7－1200 CPU 集成的 PROFINET 接口可以与下列设备通信：计算机、其他 S7CPU、PROFINET I/O 设备（例如 ET200 远程和 SINAMICS 驱动设备），以及使用标准的 TCP/IP 通信协议的设备。它支持 TCP/IP、ISO-on-TCP、UDP 和 S7 通信协议。

该接口使用具有自动交叉网线（Auto-Cross-Over）功能的 RJ45 连接器，用直通网线或者交叉网线都可以连接 CPU 和其他以太网设备或交换机，数据传输速率为 10M/100Mbit/s。支持最多 23 个以太网连接，其中 3 个连接用于与 HMI 的通信；1 个连接用于与编程设备（PG）的通信；8 个连接用于开放式用户通信；3 个连接用于使用 GET/PUT 指令的 S7 通信的服务器；8 个连接用于使用 GET/PUT 指令的 S7 通信的客户端。

2.2 信号模块与信号板

信号模块（SM）和信号板（SB）是 CPU 与控制设备之间的接口，输入/输出模块统称为信号模块。信号模块主要分为两类：

1）数字量模块：数字量输入、数字量输出、数字量输入/输出模块。

2）模拟量模块：模拟量输入、模拟量输出、模拟量输入/输出模块。

信号模块作为 CPU 集成 I/O 的补充，连接到 CPU 右侧可以与除 CPU1211C 以外的所有 CPU 一起使用，用来扩展数字或模拟输入/输出能力。

信号板（SB）可以直接插到 CPU 前面的插座上，扩展数字量或模拟量输入/输出，而不必改变 CPU 体积。

信号板（SB）或通信板（CB）、通信模块（CM）、信号模块（SM）与 CPU 连接示意如图 2-4 所示。

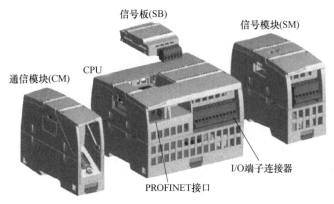

图 2-4 模板和模块与 CPU 示意图

2.2.1 数字信号模块（SM）

数字信号模块是为解决 CPU 本机集成的数字量输入/输出点不足而使用的。S7－1200 PLC 目前有 8 输入、16 输入的数字量输入模块，8 输出、16 输出的数字量输出模块以及 8 输入/8 输出、16 输入/16 输出混合模块。具体型号如表 2-2 所示。

表 2-2　数字信号模块

型　　号	订货号
SM1221 8×24V DC 输入	6ES7 221-1BF32-0XB0
SM1221 16×24V DC 输入	6ES7 221-1BH32-0XB0
SM1222 DQ8×继电器输出	6ES7 222-1HF32-0XB0
SM1222 8×继电器双态输出	6ES7 222-1XF32-0XB0
SM1222 8×24V DC 输出	6ES7 222-1BF32-0XB0
SM1222 16×继电器输出	6ES7 222-1HH32-0XB0
SM1222 16×24V DC 输出	6ES7 222-1BH32-0XB0
SM1223 8×24V DC 输入/8×继电器输出	6ES7 223-1PH32-0XB0
SM1223 8×24V DC 输入/8×24V DC 输出	6ES7 223-1BH32-0XB0
SM1223 16×24V DC 输入/16×继电器输出	6ES7 223-1PL32-0XB0
SM1223 16×24V DC 输入/16×24V DC 输出	6ES7 223-1BL32-0XB0
SM1223 8×120/230V AC 输入/8×继电器输出	6ES7 223-1QH32-0XB0

1. SM1221 数字量输入技术规范

SM1221 数字量输入技术规范如表 2-3 所示。

表 2-3　SM1221 数字量输入技术规范

型号	SM1221 8×24V DC 输入	SM1221 16×24V DC 输入
订货号	6ES7 221-1BF32-0XB0	6ES7 221-1BH32-0XB0
尺寸 W×H×D/mm	45×100×75	
功耗	1.5W	2.5W
电流消耗（SM 总线）	105mA	130mA
电流消耗（DC24V）	所用的每点输入 4mA	
输入点数	8	16
类型	漏型/源型	
额定电压	4mA 时 DC24V，额定值	
允许的连续电压	最大 DC30V	
浪涌电压	DC35V，持续 0.5s	
逻辑 1 信号（最小）	2.5mA 时 DC15V	
逻辑 0 信号（最大）	1mA 时 DC5V	
隔离（现场侧与逻辑侧）	AC500V，持续 1min	
隔离组	2	4
滤波时间/ms	0.2、0.4、0.8、1.6、3.2、6.4 和 12.8（可选择 4 个为一组）	
电缆长度/m	500（屏蔽），300（非屏蔽）	

2. SM1222 数字量输出技术规范

SM1222 8×继电器和 SM1222 8×24V DC 数字量输出信号模块技术规范如表 2-4 所示。

表 2-4　SM1222 数字量输出技术规范

型号	SM1222 8 × 继电器输出	SM1222 8 × 24V DC 输出
订货号	6ES7 222 – 1HF32 – 0XB0	6ES7 222 – 1BF32 – 0XB0
尺寸 W × H × D/mm	45 × 100 × 75	
功耗	4.5W	1.5W
电流消耗（SM 总线）	120mA	120mA
电流消耗（DC24V）	所用的每个继电器线圈 11mA	—
输出点数	8	8
类型	继电器，干接点	固态，MOSFET
电压范围	DC5 ~ 30V 或 AC5 ~ 250V	DC20.4 ~ 28.8V
最大电流时的逻辑 1 信号	—	最小 DC20V
具有 10kΩ 负载时的逻辑 0 信号	—	最大 DC0.1V
电流（最大）	2.0A	0.5A
灯负载	DC30W/AC200W	5W
通态触点电阻	最大为 0.2Ω	最大 0.6Ω
每点的漏泄电流最大	—	10μA
浪涌电流	触点闭合时为 7A	8A，最长持续 100ms
过载保护	无	
隔离（现场侧与逻辑侧）	AC1500V，持续 1min（线圈与触点）；无（线圈与逻辑侧）	AC500V，持续 1min
隔离组	2	1
每个公共端的电流（最大）	10A	4A
开关延迟	最长 10ms	断开到接通最大为 50μs 接通到断开最长为 200μs
额定负载下的触点寿命	100,000 个断开/闭合周期	—
RUN 到 STOP 时的行为	上一个值或替换值（默认值为 0）	
同时接通的输出数	8	
电缆长度/m	500（屏蔽），150（非屏蔽）	

2.2.2　数字信号板（SB）

　　S7 – 1200 各种 CPU 的正面都可以增加一块信号板，并且不会增加安装的空间，目前有 4 输入、4 输出、2 输入/2 输出 7 种信号板，具体型号如表 2-5 所示。

表 2-5　数字信号板

型　　号	订货号
SB1221 200kHz，4 × 24V DC 输入[①]	6ES7 221 – 3BD30 – 0XB0
SB1221 200kHz，4 × 5V DC 输入[①]	6ES7 221 – 3AD30 – 0XB0

（续）

型　　号	订货号
SB1222 200kHz，4×24V DC 输出，0.1A[2]	6ES7 222－1BD30－0XB0
SB1222 200kHz，4×5V DC 输出，0.1A[2]	6ES7 222－1AD30－0XB0
SB1223 2×24V DC 输入/2×24V DC 输出[1][2]	6ES7 223－0BD30－0XB0
SB1223 200kHz，2×24V DC 输入/2×24V DC 输出，0.1A[1][2]	6ES7 223－3BD30－0XB0
SB1223 200kHz，2×5V DC 输入/2×5V DC 输出，0.1A[3]	6ES7 223－3AD30－0XB0

① 支持源型输入。

② 支持源型和漏型输出。

③ 支持漏型输入和源型输出。

1. SB1221 数字量输入技术规范

SB1221 200kHz，4×24V DC 数字量输入信号板的技术规范如表 2-6 所示。

表 2-6　SB1221 数字量输入技术规范

型号	SB1221 200kHz，4×24V DC 输入
订货号	6ES7 221－3BD30－0XB0
输入点数	4
功耗	1.5W
电流消耗（SM 总线）	40mA
电流消耗（DC24V）	74mA/通道 +20mA
类型	源型
额定电压	7mA 时 DC24V，额定值
允许的连续电压	DC28.8V
浪涌电压	DC35V，持续 0.5s
逻辑 1 信号（最小）	2.9mA 时 L ± DC10V
逻辑 0 信号（最大）	1.4mA 时 L ± DC5V
HSC 时钟输入频率（最大）	单相：200kHz　正交相位：160kHz
隔离（现场侧与逻辑侧）	AC500V，持续 1min
隔离组	1
滤波时间/ms	0.2、0.4、0.8、1.6、3.2、6.4 和 12.8（可选择 4 个为一组）
同时接通的输入数	4
电缆长度/m	50（屏蔽双绞线）

2. SB1222 数字量输出技术规范

SB1222 200kHz，4×24V DC 数字量输出信号模块技术规范如表 2-7 所示。

表 2-7　SB1222 数字量输出技术规范

型号	SB1222 200kHz，4×24V DC 输出
订货号	6ES7 222－1BD30－0XB0
功耗	0.5W

（续）

电流消耗（SM 总线）	35mA
电流消耗（DC24V）	15mA
输出点数	4
类型	固态，MOSFET（源型和漏型）
电压范围	DC20.4～28.8V
最大电流时的逻辑 1 信号	L±1.5V
最大电流时的逻辑 0 信号	最大 DC1.0V
电流（最大）	0.1A
灯负载	—
通态触点电阻	最大 11Ω
关态电阻	最大 6Ω
每点的漏泄电流最大	—
脉冲串输出频率	最大 200kHz，最小 2Hz
浪涌电流	0.11A
过载保护	无
隔离（现场侧与逻辑侧）	AC500V，持续 1min
隔离组	1
每个公共端的电流（最大）	0.4A
开关延迟	断开到接通 1.5μs＋300ns 接通到断开 1.5μs＋300ns
RUN 到 STOP 时的行为	上一个值或替换值（默认值为 0）
同时接通的输出数	4
电缆长度/m	50（屏蔽双绞线）

2.2.3 模拟量概述

　　模拟量是区别于数字量的连续变化的过程量，如温度、压力、流量、转速等，通过变送器可将传感器提供的电量或非电量转换为标准的电流或电压信号，如 4～20mA、1～5V、0～10V 等，然后再经过 A－D 转换器将其转换成数字量进行处理。D－A 转换器将数字量转换为模拟电压或电流，再去控制执行机构。模拟量模块的主要任务就是实现 A－D 转换（模拟量输入）和 D－A 转换（模拟量输出）。

　　变送器分为电流输出型和电压输出型。电压输出型变送器具有恒压源的性质，如果变送器距离 PLC 较远，则通过电路间的分布电容和分布电感感应到的干扰信号，将会在模块上产生较高的干扰电压，所以在远程传送模拟量电压信号时，抗干扰能力很差。电流输出型变送器具有恒流源的性质，不易受到干扰，所以模拟量电流信号适用于远程传送。另外，并非所有模拟量模块都需要专门的变送器。

1. 转换分辨率/精度

模拟量转换的二进制位数反映了它们的分辨率，位数越多，分辨率越高。模拟量转换的另一个重要指标是转换的精度（误差），误差是 A－D 转换的实际值与真实值的接近程度。除了取决于 A－D 转换的分辨率，还受转换芯片外围电路的影响。在实际应用中，输入的模拟量信号会有波动、噪声和干扰，内部模拟电路也会产生噪声、漂移，这些都会对转换的最后精度造成影响。这些因素造成的误差要大于 A－D 芯片的转换误差。高分辨率不代表高精度，但为达到高精度必须具备一定的分辨率。

S7－1200 模拟量模块提供的转换分辨率有 13 位（12 位＋符号位）和 16 位（15 位＋符号位）两种。当分辨率小于 16 位时，模拟值以左侧对齐的方式存储，未使用的低位补 0。13 位分辨率的模块从第四位 bit3 开始变化，其最小变化单位 $2^3 = 8$，bit0 ~ bit2 补 0，如表 2-8 所示。

表 2-8　数字化模拟值的数据字格式及示例

分辨率	位															
位	15	14	13	12	11	10	9	8	7	6	5	4	3	2	1	0
位值	2^{15}	2^{14}	2^{13}	2^{12}	2^{11}	2^{10}	2^9	2^8	2^7	2^6	2^5	2^4	2^3	2^2	2^1	2^0
16 位	0	1	0	0	0	1	1	0	0	1	0	1	1	1	1	1
13 位	0	1	0	0	0	1	1	0	0	1	0	1	1	0	0	0

模块分辨率为 13 位（12 位＋符号位）时，单极性测量值有 $2^{12} = 4096$ 个增量。测量范围为 0 ~ 10V 时，能够达到的上溢值为 11.852V，0 ~ 10V 的测量范围如表 2-9 所示。最小增量值为上溢值 11.852V/4096 = 2.89mV。分辨率每增加 1 位，增量数将增加 1 倍。如果分辨率从 13 位增加到 16 位（15 位＋符号位），那么增量数将增加 $2^3 = 8$ 倍，从 4096 增加到 32768，最小增量为 11.852V/32768 = 0.36mV。

表 2-9　0 ~ 10V 电压 0/4 ~ 20mA 电流测量范围

增量值	电压测量范围	电流测量范围		
十进制	0 ~ 10V	0 ~ 20mA	4 ~ 20mA	范围
32767	11.852V	>23.52mA	>22.81mA	上溢
32512				
32511	11.759V	23.52mA	22.81mA	超出范围
27649				
27648	10.0V	20mA	20mA	额定范围
20736	7.5V	15mA	16mA	
1	361.7μV	723.4nA	4mA + 578.7nA	
0	0V	0mA	4mA	

模拟量输入模块的转换精度如表 2-10 所示。

表 2-10　模拟量输入模块的转换精度

型　号	SM 1231 4×13 位输入	SM 1231 8×13 位输入	SM 1231 4×16 位输入
精度（25℃/0～55℃）	满量程的 ±0.1% / ±0.2%		满量程的 ±0.1% / ±0.3%

2. 滤波

在工业现场中，来自控制现场的模拟量信号，常常会因为现场的瞬时干扰而产生较大的波动，使得 PLC 所采集到的信号出现不真实。如果仅仅用瞬时采样值来进行控制计算，就会产生较大的误差，因此有时需要对输入信号进行数字滤波，来获得一个较为准确的输入值，即在程序设计中利用软件的方法来消除干扰所带来的随机误差。常用的数字滤波方法有惯性滤波法、平均值滤波法、中间值滤波法等。

S7-1200 PLC 通过参数配置可以设置模拟量输入的积分时间、滤波属性等，方便用户对模拟量输入数据的处理，如图 2-5 所示。

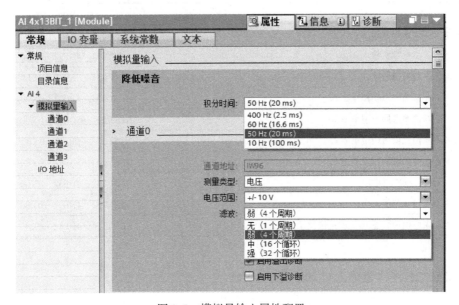

图 2-5　模拟量输入属性配置

积分时间：模拟量输入模块使用干扰频率抑制功能抑制由交流电源频率产生的噪声。交流电源频率可能会对测量值产生不利影响，尤其在低电压测量范围以及使用热电偶的时候。转换时间根据干扰频率抑制的设定不同而变化，设置的频率越高，转换时间越短。

滤波：滤波对于处理变化缓慢的信号时非常有用，可以为滤波分配四个级别（无、弱、中、强）。

1）无：模拟量输入模块通常会保持 4 个输入采样值（抑制频率设置为 400Hz 时的 8 输入模拟量模块采样数量为 2 个），当模拟量输入模块采样到一个新值时，将丢弃最早的采样值，并将新值加上剩下的 3 个采样值然后计算平均值，得到的结果就是模拟量输入值。

2）弱：当模拟量输入模块采样到一个新值时，将当前采样值的总和减去当前 4 个采样值的平均值，然后加上新值，之后计算新的平均值作为模拟量输入模块输入值。

例如：当前的 4 个采样值为 0、10、10、10，第 5 个采样值为 10。滤波级别为无时，模拟量输入模块将丢弃最早的采样值 0，之后加上新值 10，再取平均值，那么模拟量输入值将由 7.5 变为 10；滤波级别为弱时，将减去之前 4 个采样值的平均值 7.5，然后加上新值 10 后再取平均值，得到的模拟量输入新值为 8.125。

3）中、强：与选择滤波级别为弱时的算法类似，区别为选择滤波级别为中时，采样个数为 16；选择滤波级别为强时，采样个数为 32。滤波级别越高，经滤波处理的模拟值就越稳定，但无法反应快速变化的实际信号。

2.2.4　模拟信号模块（SM）

S7 - 1200 PLC 有 4 输入或 8 输入模拟量输入模块，2 输出或 4 输出模拟量输出模块以及 4 输入/2 输出模拟量混合模块，另外还有专门用于温度测量的热电偶（TC）模块和热电阻（RTD）模块，如表 2-11 所示。

表 2-11　模拟量信号模块

型　　号	订货号
SM1231 4×13 位模拟量输入	6ES7 231 - 4HD32 - 0XB0
SM1231 8×13 位模拟量输入	6ES7 231 - 4HF32 - 0XB0
SM1231 4×16 位模拟量输入	6ES7 231 - 5ND32 - 0XB0
SM1231 4×16 位热电阻模拟量输入	6ES7 231 - 5PD32 - 0XB0
SM1231 4×16 位热电偶模拟量输入	6ES7 231 - 5QD32 - 0XB0
SM1231 8×16 位热电阻模拟量输入	6ES7 231 - 5PF32 - 0XB0
SM1231 8×16 位热电偶模拟量输入	6ES7 231 - 5QF32 - 0XB0
SM1232 2×14 位模拟量输出	6ES7 232 - 4HB32 - 0XB0
SM1232 4×14 位模拟量输出	6ES7 232 - 4HD32 - 0XB0
SM1234 4×13 位模拟量输入/2×14 位模拟量输出	6ES7 234 - 4HE32 - 0XB0

1. SM1231 模拟量输入技术规范

以 SM1231 4×13 位模拟量输入为例，介绍模拟量输入的技术规范，如表 2-12 所示。

表 2-12　SM1231 模拟量输入技术规范

型号	SM1231 4×13 位模拟量输入
订货号	6ES7 231 - 4HD32 - 0XB0
功耗	2.2W
电流消耗（SM 总线）	80mA
电流消耗（DC24V）	45mA
输入路数	4
类型	电压或电流（差动）；可 2 个选为一组
范围	±10V、±5V、±2.5V 或 0/4 ~20mA
满量程范围（数据字）	-27,648 ~27,648

（续）

过冲/下冲范围（数据字）	电压：32,511 ~ 27,649/ -27,649 ~ -32,512
	电流：32,511 ~ 27,649/0 ~ -4864
上溢/下溢（数据字）	电压：32,767 ~ 32,512/ -32,513 ~ -32,768
	电流：32,767 ~ 32,512/ -4865 ~ -32,768
最大耐压/耐流	±35V/ ±40mA
平滑	无、弱、中或强
噪声抑制	400、60、50 或 10Hz
阻抗	≥9MΩ（电压）/250Ω（电流）
精度（25℃/0 ~ 55℃）	满量程的 ±0.1% / ±0.2%
工作信号范围	信号加共模电压必须小于 +12V 且大于 -12V
隔离（现场侧与逻辑侧）	无
电缆长度/m	50（屏蔽双绞线）
诊断	上溢/下溢、DC24V 低压、开路诊断（仅限 4 ~ 20mA 范围）

2. SM1232 模拟量输出技术规范

以 SM1232 2 × 14 位模拟量输出为例，介绍模拟量输出的技术规范，如表 2-13 所示。

表 2-13　SM1232 模拟量输出技术规范

型号	SM1232 2 × 14 位模拟量输出
订货号	6ES7 232 - 4HB32 - 0XB0
功耗	1.5W
电流消耗（SM 总线）	80mA
电流消耗（DC24V）	45mA（无负载）
输出路数	2
类型	电压或电流
范围	±10V 或 0/4 ~ 20mA
满量程范围（数据字）	电压：-27,648 ~ 27,648，电流：0 ~ 27,648
精度（25℃/0 ~ 55℃）	满量程的 ±0.3% / ±0.6%
稳定时间（新值的 95%）	电压：300μs（R）、750μs（1μF）；电流：600μs（1mH）、2ms（10mH）
负载阻抗	电压：≥1000Ω；电流：≤600Ω
RUN 到 STOP 时的行为	上一个值或替换值（默认值为 0）
隔离（现场侧与逻辑侧）	无
电缆长度/m	100（屏蔽双绞线）
诊断	上溢/下溢、对地短路（仅限电压模式）、断路（仅限电流模式）、DC24V 低压

3. 模拟量输入模块的阶跃响应

模拟量输入模块在不同抑制频率和滤波等级下，测量 0 ~ 10V 阶跃信号达到 95% 时所需的时间，如表 2-14 所示。滤波等级越低，抑制频率越高，测量的时间越短。

表 2-14　模拟量输入模块的阶跃响应

平滑化（采样平均）选项	抑制频率（积分时间选项）			
	400Hz（2.5ms）	60Hz（16.6ms）	50Hz（20ms）	10Hz（100ms）
无（1 个周期）	4ms	18ms	22ms	100ms
弱（4 个周期）	9ms	52ms	63ms	320ms
中（16 个周期）	32ms	203ms	241ms	1200ms
强（32 个周期）	61ms	400ms	483ms	2410ms

4. 模拟量输入模块的采样时间和更新时间

模拟量输入模块在不同抑制频率下的采样时间和更新时间如表 2-15 所示。

表 2-15　模拟量输入模块的采样时间和更新时间

抑制频率（积分时间）选项	采样时间	更新时间
400Hz（2.5ms）	4 通道×13 位 SM：0.625ms， 8 通道×13 位 SM：1.25ms	4 通道：0.625ms， 8 通道：1.25ms
60Hz（16.6ms）	4.17ms	4.17ms
50Hz（20ms）	5ms	5ms
10Hz（100ms）	25ms	25ms

2.2.5　模拟信号板（SB）

S7-1200 有 1 路模拟量输入以及 1 路模拟量输出的模拟量信号板，如表 2-16 所示。

表 2-16　模拟信号板

型　号	订货号
SB 1231 1×12 位模拟量输入	6ES7 231-4HA30-0XB0
SB 1232 1×12 位模拟量输出	6ES7 232-4HA30-0XB0

1. 模拟量输入信号板的阶跃响应

模拟量输入信号板在不同抑制频率和滤波等级下，测量 0~10V 阶跃信号达到 95% 时所需的时间，如表 2-17 所示。

表 2-17　模拟量输入信号板的阶跃响应

平滑化（采样平均）选项	抑制频率（积分时间选项）			
	400Hz（2.5ms）	60Hz（16.6ms）	50Hz（20ms）	10Hz（100ms）
无（1 个周期）	4.5ms	18.7ms	22ms	102ms
弱（4 个周期）	10.6ms	59.3ms	70.8ms	346ms
中（16 个周期）	33ms	208ms	250ms	1240ms
强（32 个周期）	63ms	408ms	490ms	2440ms

2. 模拟量输入信号板的采样时间和更新时间

模拟量输入信号板在不同抑制频率下的采样时间和更新时间如表 2-18 所示。

表 2-18　模拟量输入信号板的采样时间和更新时间

抑制频率（积分时间）选项	采样时间	更新时间
400Hz（2.5ms）	0.156ms	0.156ms
60Hz（16.6ms）	1.042ms	1.042ms
50Hz（20ms）	1.25ms	1.25ms
10Hz（100ms）	6.25ms	6.25ms

2.2.6　热电偶（TC）和热电阻（RTD）概述

1. 热电偶的测温原理

把两种不同的 A、B 导体或半导体连接成如图 2-6 所示的闭合回路，当两个连接点处于不同温度为 T 和 T_0 时，则在回路内就会产生热电势，这种现象称为热电效应。A、B 导体或半导体所形成的闭合回路称为热电偶，如图 2-6a 所示。A 和 B 导体或半导体称为热电偶的热电极或热偶丝。常用的热电偶的一端焊接在一起叫做测量端，又称工作端或热端；放入到被测介质中，不连接的两个自由端叫做参考端，又称自由端或冷端，与测量仪表引出的

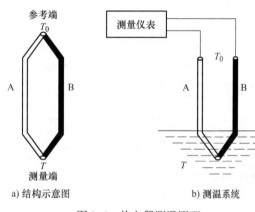

a) 结构示意图　　b) 测温系统

图 2-6　热电偶测温原理

导线相连接，如图 2-6b 所示。当测量端与参考端有温差时，测量仪表便能测出该介质的温度。

从热电效应的原理可知，热电偶产生的热电动势与两端的温度有关，只有将参考端的温度保持恒定，热电动势才是测量端温度的单值函数，为此必须采取一些相应的措施进行补偿或修正。S7-1200 热电偶模块和信号板有两种方式用于温度补偿，可在 TIA 博途模块属性中设置测量类型、源参考温度等，如图 2-7 所示。

1）"内部参考"。指使用模块的内部温度进行比较，测量元件位于模块内部，可以测量端子处的温度，将模块端子作为参考点，模块端子处的温度就是参考点的温度。"内部参考"适用于热电偶直接或通过补偿导线连接到模拟量输入模块端子的情况。

2）"参数设置"。如果参考点的温度固定，可以设定固定的补偿温度。参数设置的补偿温度可以为 0℃ 或者 50℃。

测量类型可以是"热电偶"或"电压"。如果组态为"热电偶"，测量值除以 10 即为实际温度值，如测量值为 234，实际温度则为 23.4℃。组态为"电压"，额定范围的满量程值为十进制数 27648。

2. 热电阻的测温原理

热电阻是利用导体或半导体电阻值随温度变化而变化的原理实现温度的测量，一般用于

中低温区。

S7－1200 热电阻模块和信号板有"电阻"和"热敏电阻"两种测量类型，每种类型都支持"4 线制""3 线制""2 线制"三种接线方式，如图 2-8 所示。

图 2-7　热电偶温度补偿设置

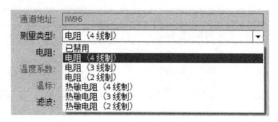

图 2-8　热电阻测量类型设置

若测量类型组态为"电阻"，则只有"150Ω""300Ω""600Ω"三个选择，额定范围的满量程值将是十进制数 27648；若测量类型组态为"热敏电阻"，需要组态热电阻类型、温度系数等参数，如图 2-9 所示。如果热电阻类型组态为气候型，测量值除以 100 即为实际温度值，如测量值为 2340，实际温度为 23.4℃；如果热电阻类型组态为标准型，测量值除以 10 即为实际温度值，如测量值为 234，实际温度则为 23.4℃。

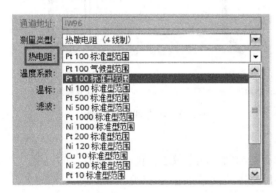

图 2-9　热电阻类型和温度系数设置

2.2.7　热电偶（TC）和热电阻（RTD）模块技术规范

1. SM 1231 热电偶和热电阻模块技术规范

热电偶、热电阻模块的技术规范如表 2-19 所示。

表 2-19　热电偶、热电阻模块技术规范

型号	SM1231 AI 4×16 位热电偶模拟量输入	SM1231 AI 4×16 位热电阻模拟量输入
订货号	6ES7 231－5QD32－0XB0	6ES7 231－5PD32－0XB0
功耗	1.5W	
电流消耗（SM 总线）	80mA	
电流消耗（DC24V）	40mA	

（续）

输入路数	4	
类型	热电偶	模块参考接地的热电阻
范围	J、K、T、E、R、S、N、C、TXK/XK（L），电压范围：+/－80 mv	铂（Pt）、铜（Cu）、镍（Ni）、LG-Ni 或电阻
最大耐压	±35V	
噪声抑制	400、60、50 或 10Hz 时 85db	
共模抑制	AC120V 时 >120dB	
阻抗	≥10MΩ	
隔离：现场侧与逻辑侧、现场侧与 DC24V 侧、DC24V 侧与逻辑侧	AC500V	
通道间隔离	AC120V	无
重复性	±0.05% FS	
测量原理	积分	
冷端误差	±1.5℃	
电缆长度/m	100	
电缆电阻	最大 100Ω	20Ω，对于 10ΩRTD，最大为 2.7Ω，
支持的诊断	上溢/下溢[1][3]、DC24V 低压[2]、断路[3]	

① 如果在模块组态时未使能报警，上溢、下溢和低电压诊断报警信息会以模拟量数值形式显示。

② 如果断线报警未使能，在传感器接线断开时会显示随机值。

③ 对于电阻量程不做下溢检测。

2. 热电偶、热电阻输入模块的抑制频率和更新时间

热电偶、热电阻输入模块在不同抑制频率下的更新时间，如表 2-20 所示。

表 2-20　热电偶、热电阻输入模块不同抑制频率下的更新时间

抑制频率选项	积分时间	4 通道模块更新时间	8 通道模块更新时间
400Hz（2.5ms）	10ms[1]	0.143ms	0.285ms
60Hz（16.6ms）	16.6ms	0.223ms	0.445ms
50Hz（20ms）	20ms	0.263ms	0.525ms
10Hz（100ms）	100ms	1.225ms	2.45ms

① 在选择 400Hz 抑制频率时，要维持模块的分辨率和精度，积分时间应为 10ms，该选择还可抑制 100Hz 和 200Hz 的噪声。

2.3　CPU 本体最大 I/O 扩展能力与电源计算

2.3.1　CPU 本体最大 I/O 扩展能力

S7-1200 CPU 本体最大 I/O 能力取决于以下几个因素，这些因素之间互相影响、制约，

必须综合考虑。

1）CPU 输入/输出过程映像区大小。

2）CPU 本体的 I/O 点数。

3）CPU 带扩展模块的数目（CPU 可扩展模块的数量见表 2-1）。

4）CPU 的 DC5V 背板总线电源容量是否满足所有扩展模块的需要。

CPU 本体 I/O 不满足使用要求时，可以通过 PROFINET 或者 PROFIBUS 网络连接分布式 I/O 方式扩展。

CPU 通过背板总线为扩展模块提供 DC5V 电源，所有扩展模块的 DC5V 电源消耗之和不能超过该 CPU 提供的电源额定值。

每个 CPU 都有一个 DC24V 传感器电源，它可为本机输入点和扩展模块输入点及扩展模块继电器线圈提供 DC24V 电源。如果所需电流超出了 CPU 模块的电源额定值，需要外加一台 DC24V 电源。

不同型号 CPU 提供的 DC5V 和 DC24V 能力如表 2-1 所示。

2.3.2　扩展模块电流消耗计算

CPU 及扩展模块上的每个数字量输入消耗 4mA 的 DC24V 电流，每个继电器输出消耗 11mA。

1. 数字信号模块消耗电流

数字信号模块所消耗的电流如表 2-21 所示。

表 2-21　数字信号模块所消耗的电流

数字信号模块型号	订货号	电流消耗/mA	
		DC5V	DC24V
SM1221 8×24V DC 输入	6ES7 221-1BF32-0XB0	105	
SM1221 16×24V DC 输入	6ES7 221-1BH32-0XB0	130	
SM1222 DQ8×继电器输出	6ES7 222-1HF32-0XB0	120	
SM1222 8×继电器双态输出	6ES7 222-1XF32-0XB0	140	
SM1222 8×24V DC 输出	6ES7 222-1BF32-0XB0	120	
SM1222 16×继电器输出	6ES7 222-1HH32-0XB0	135	4/输入
SM1222 16×24V DC 输出	6ES7 222-1BH32-0XB0	140	11/继电器
SM1223 8×24V DC 输入/8×继电器输出	6ES7 223-1PH32-0XB0	145	
SM1223 8×24V DC 输入/8×24V DC 输出	6ES7 223-1BH32-0XB0	145	
SM1223 16×24V DC 输入/16×继电器输出	6ES7 223-1PL32-0XB0	180	
SM1223 16×24V DC 输入/16×24V DC 输出	6ES7 223-1BL32-0XB0	185	
SM1223 8×120/230V AC 输入/8×继电器输出	6ES7 223-1QH32-0XB0	120	

2. 模拟信号模块消耗电流

模拟信号模块所消耗的电流如表 2-22 所示。

表 2-22　模拟信号模块所消耗的电流

模拟信号模块型号	订货号	电流消耗/mA	
		DC5V	DC24V
SM1231 4×13 位模拟量输入	6ES7 231 − 4HD32 − 0XB0	80	45
SM1231 8×13 位模拟量输入	6ES7 231 − 4HF32 − 0XB0	90	45
SM1231 4×16 位模拟量输入	6ES7 231 − 5ND32 − 0XB0	80	65
SM1231 4×16 位热电阻模拟量输入	6ES7 231 − 5PD32 − 0XB0	80	40
SM1231 4×16 位热电偶模拟量输入	6ES7 231 − 5QD32 − 0XB0	80	40
SM1231 8×16 位热电阻模拟量输入	6ES7 231 − 5PF32 − 0XB0	80	40
SM1231 8×16 位热电偶模拟量输入	6ES7 231 − 5QF32 − 0XB0	80	40
SM1232 2×14 位模拟量输出	6ES7 232 − 4HB32 − 0XB0	80	45（无负载）
SM1232 4×14 位模拟量输出	6ES7 232 − 4HD32 − 0XB0	80	45（无负载）
SM1234 4×13 位模拟量输入/2×14 位模拟量输出	6ES7 234 − 4HE32 − 0XB0	80	60（无负载）

3. 信号板消耗电流

信号板所消耗的电流如表 2-23 所示。

表 2-23　信号板所消耗的电流

信号板型号	订货号	电流消耗/mA	
		DC5V	DC24V
SB1221 DI 4×24V DC, 200 kHz	6ES7 221 − 3BD30 − 0XB0	40	7mA /通道 + 20mA
SB1221 DI 4×5V DC, 200 kHz	6ES7 221 − 3AD30 − 0XB0	40	15mA /通道 + 15mA
SB1222 DQ 4×24V DC, 200 kHz	6ES7 222 − 1BD30 − 0XB0	35	15mA
SB1222 DQ 4×5V DC, 00 kHz	6ES7 222 − 1AD30 − 0XB0	35	15mA
SB1223 DI 2×24V DC, DQ 2×24V DC	6ES7 223 − 0BD30 − 0XB0	50	4mA /输入
SB1223 DI 2×24V DC/DQ 2×24V DC, 200kHz	6ES7 223 − 3BD30 − 0XB0	35	7mA /通道 + 30mA
SB1223 DI 2×5V DC/DQ 2×5V DC, 200kHz	6ES7 223 − 3AD30 − 0XB0	35	15mA /通道 + 15mA
SB1231 AI 1×12 位	6ES7 231 − 4HA30 − 0XB0	55	无
SB1232 AQ 1×12 位	6ES7 232 − 4HA30 − 0XB0	15	40mA（无负载）
SB1231 AI 1×16 位 热电偶	6ES7 231 − 5QA30 − 0XB0	5	20
SB1231 AI 1×16 位 热电阻	6ES7 231 − 5PA30 − 0XB0	5	25

4. 通信模块、通信板消耗电流

通信模块和通信板所消耗的电流如表 2-24 所示。

表 2-24　通信模块、通信板所消耗的电流

通信模块、通信板型号	订货号	电流消耗/mA	
		DC5V	DC24V
CM1241RS − 232	6ES7 241 − 1AH32 − 0XB0	220	
CM1241RS − 485/422	6ES7 241 − 1CH32 − 0XB0	240	
CB1241RS − 485	6ES7 241 − 1CH30 − 1XB0	最大 50	最大 80
CM1243 − 5PROFIBUS DP 主站通信	6GK7 243 − 5DX30 − 0XE0		100
CM1242 − 5PROFIBUS DP 从站通信模块	6GK7 242 − 5DX30 − 0XE0	150	

5. 电源消耗计算实例

计划采用 CPU1214C AC/DC/继电器、1 块 CM1242 – 5PROFIBUS DP 从站通信模块、1 块 SM1221 16 × 24V DC 输入、2 块 SM1223 16 × 24V DC 输入/16 × 继电器输出、1 块 SM 1231 8 × 16 位热电阻模拟量输入，通信模块、通信板所消耗的电流如表 2-25 所示。

表 2-25　通信模块、通信板所消耗的电流

设备型号	DC5V	DC24V
CPU1214CAC/DC/继电器	提供 1600mA	提供 400mA
	—	14 × 4mA = 56mA
CM1242 – 5PROFIBUS DP 从站通信模块	150mA	—
SM1221 16 × 24V DC 输入	130mA	16 × 4mA = 64mA
SM1223 16 × DC24V 输入/16 × 继电器输出	2 × 180mA = 360mA	16 × 4mA + 16 × 11mA = 240mA，2 块 480mA
SM1231 8 × 16 位热电阻模拟量输入	80mA	40
合计	720mA	640mA
结论	小于 1600mA，满足	大于 400mA，需另配 DC24V 电源

2.4　接线

2.4.1　CPU 供电电源接线及传感器电源接线

每种 CPU 都有 DC24V 或 AC120 ~ 240V 两种电源供电模式。分别有 DC/DC/DC、DC/DC/RLY、AC/DC/RLY 三种具有不同电源电压、输入电压、输出电压的版本。例如，CPU1212C DC/DC/DC，其中第 1 个 DC 表示 CPU 电源电压为 DC24V，第 2 个 DC 表示输入信号控制电压为 DC24V，第 3 个 DC 表示输出控制电压（负载的工作电源）为 DC24V。CPU 直流供电如图 2-10a 所示。CPU1215C AC/DC/RLY，其中第 1 个 AC 表示 CPU 电源电压为 AC120 ~ 240V，第 2 个 DC 表示输入信号控制电压为 DC24V，第 3 个 RLY 表示继电器输出，其触点控制的负载既可以为交流也可以为直流。CPU 交流供电如图 2-10b 所示。

无论哪种电源供电模式，每一个 CPU 单元内部都集成有一个 DC24V 传感器电源，它为传感器、本机的输入点、输出线圈或扩展模块提供电源。如果要求的负载电流大于该电源的额定值，应增加一个 DC24V 电源，但集成的 DC24V 传感器电源不能与其并联，这种并联可能会使一个或两个电源失效，并使 CPU 产生不正确的操作。CPU 单元还为扩展信号模块（SM）、通信模块（CM）提供 DC5V 总线电源，如果扩展模块对电源的需求超过其额定值，必须更换 CPU 或减少扩展模块。

CPU 单元可提供的 DC24V 及 DC5V 电源请参照表 2-1，扩展模块对 DC24V 及 DC5V 电源的需求参照表 2-21 ~ 表 2-25，更详细内容参考 S7 – 1200 可编程序控制器系统手册或产品样本的模块规范。

2.4.2　传感器与数字量输入接线

PLC 是通过 I/O 点与外界建立联系的，用户必须灵活掌握 I/O 点与外部设备的连接

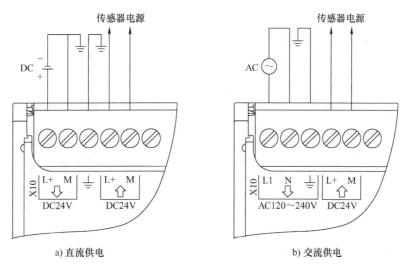

传感器电源   传感器电源

a) 直流供电   b) 交流供电

图 2-10   S7-1200 CPU 供电电源

关系。

　　对于 S7-1200 所有型号的直流输入端口，既可以公共端 1M 接负作为源型输入；也可以公共端 1M 接正作为漏型输入。下面首先介绍什么是源型输入和漏型输入。

　　1）源型（SOURCE）：源型输入就是高电平有效，意思是电流从输入点流入（灌电流）时，信号变为 ON。

　　2）漏型（SINK）：漏型输入就是低电平有效，意思是电流从输入点流出（拉电流）时，信号变为 ON。

　　从接线的角度上来讲，源型输入需要把公共端 1M 接成 M（就是 24V 的负极），这样电流就通过 L+（就是 24V 的正极）进入传感器，再进入 PLC 的 Ix.x 接线端子，通过内部电路最后和公共端连接，如图 2-11a 所示。漏型输入需要把公共端 1M 接成 L+，这样电流就先通过公共端和内部电路，再从 PLC 的 Ix.x 接线端子流出，然后进入传感器，最后回到 M，如图 2-11b 所示。

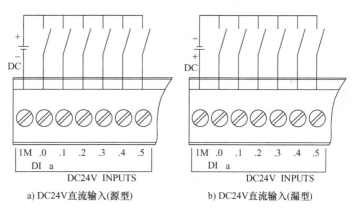

a) DC24V直流输入(源型)   b) DC24V直流输入(漏型)

图 2-11   直流输入接线图

　　从传感器的输出型式角度上讲，PNP 输出传感器为源型（SOURCE）输入接法，如图 2-12a 所示；NPN 输出传感器为漏型（SINK）输入接法，如图 2-12b 所示。

　　从图 2-12 也可以看出，不是所有 PLC 直流输入既可以公共端接负，也可以公共端接正。需要根据传感器的输出型式选择 PLC 直流输入模块，或根据 PLC 直流输入模块选择传感器的输出型式。

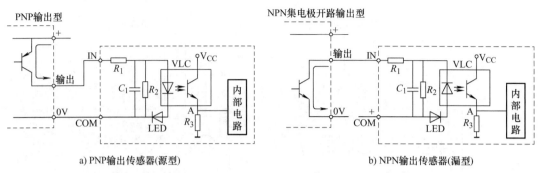

a) PNP输出传感器(源型)　　　　　　　　　　b) NPN输出传感器(漏型)

图 2-12　传感器输出型式不同的直流输入接线图

2.4.3　数字量输出接线

1. 直流（晶体管）输出接线

对于 S7-1200 PLC，只有 200kHz 的信号板既支持源型输出又支持漏型输出，其他信号板、信号模块和 CPU 集成的晶体管输出都只支持源型输出。接线如图 2-13 所示。

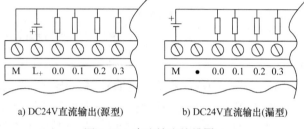

a) DC24V直流输出(源型)　　b) DC24V直流输出(漏型)

图 2-13　直流输出接线图

2. 继电器输出接线

继电器输出将 PLC 与外部负载实现电路上的完全隔离，每一个继电器通过其机械常开触点实现外部电源对负载供电。因此，继电器输出可以驱动 250V/2A 以下交直流负载。图 2-14 中的 1L 是输出电路若干输出点的公共端。

2.4.4　传感器与模拟量输入接线

1. 传感器与电压电流型模拟量输入接线

以 SM1231 4×13 位模拟量输入 6ES7 231-4HD32-0XB0 为例，图 2-15 给出了模块电

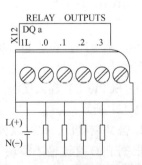

图 2-14　继电器输出接线图

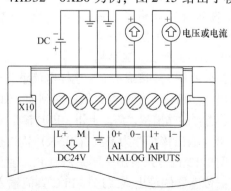

图 2-15　电压电流型模拟量输入接线图

源和其中两路接线。

2. 传感器与热电阻 RTD 模拟量输入接线

以 SM1231 4×16 位热电阻 RTD 模拟量输入 6ES7 231-5ND32-0XB0 为例，图 2-16 给出了模块电源和其中未使用输入、二线制、三线制、四线制接线。

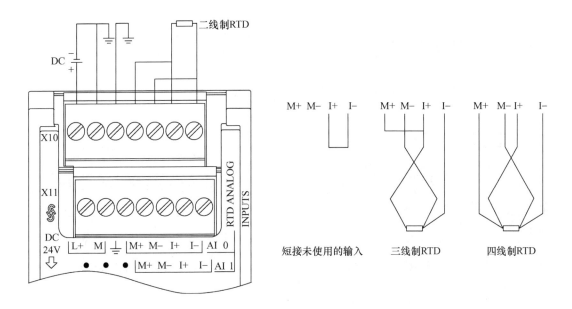

图 2-16 RTD 模拟量输入接线图

3. 传感器与热电偶 TC 模拟量输入接线

以 SM1231 4×16 位热电偶 TC 模拟量输入 6ES7 231-5QD32-0XB0 为例，图 2-17 给出了模块电源和其中两路接线。

2.4.5 模拟量输出接线

以 SM1232 2×14 位模拟量输出 6ES7 232-4HB32-0XB0 为例，图 2-18 给出了模块电源和接线。

2.4.6 CPU 外部接线举例

图 2-19~图 2-24 给出了 DC24V 源型直流输入/DC24V 直流输出，DC24V 源型直流输入/继电器输出的 CPU1211C 和 CPU1215C 的 I/O 与外部设备接线，其他型号 CPU 接线请参考产品样本。实际工作中，根据所选择传感器的输出型式，确定 DC24V 直流输入是采用源型接法还是漏型接法。

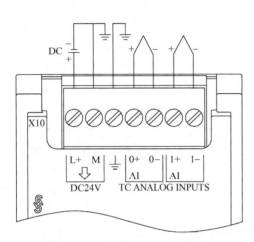

图 2-17　TC 模拟量输入接线图

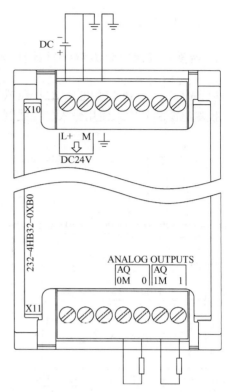

图 2-18　模拟量输出接线图

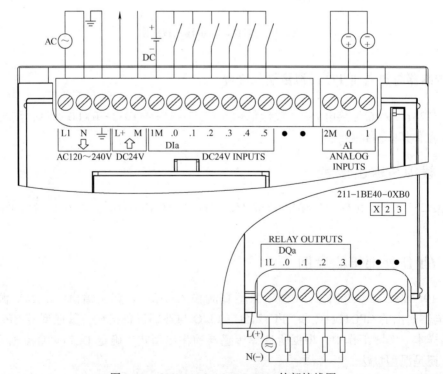

图 2-19　CPU1211C AC/DC/RLY 外部接线图

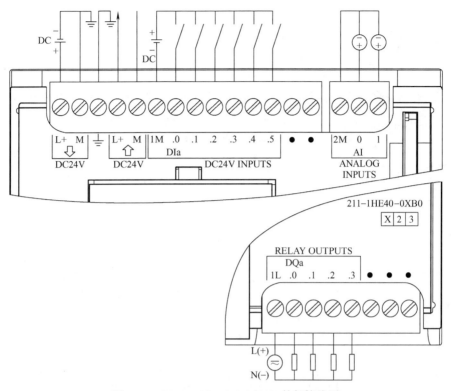

图 2-20　CPU1211C DC/DC/RLY 外部接线图

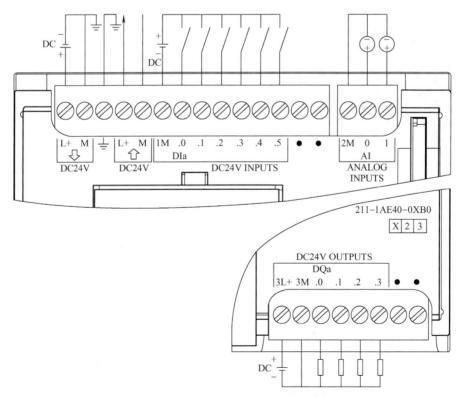

图 2-21　CPU1211C DC/DC/DC 外部接线图

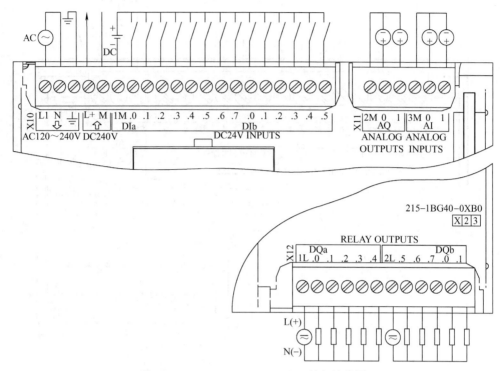

图 2-22　CPU1215C AC/DC/RLY 外部接线图

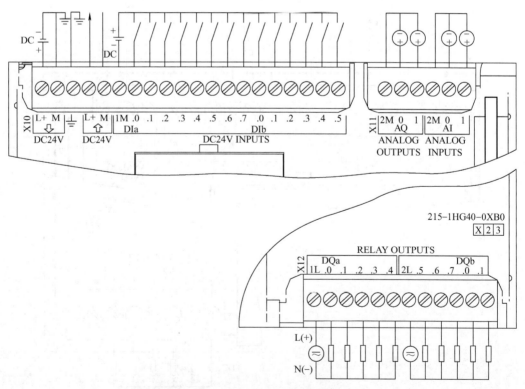

图 2-23　CPU1215C DC/DC/RLY 外部接线图

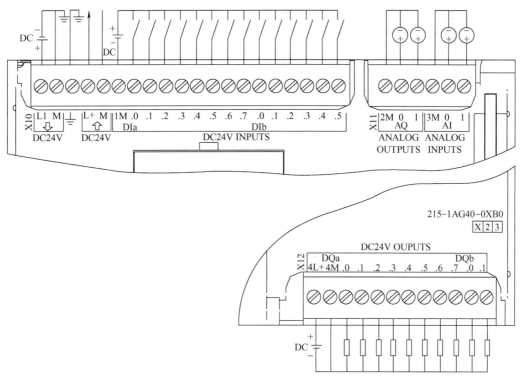

图 2-24 CPU1215C DC/DC/DC 外部接线图

习 题

一、填空题

1. S7-1200 现有_____、_____、_____、_____和_____五种不同配置的 CPU 模块。

2. 位于 CPU1215C 模块中部左侧的三个 LED 指示灯_____、_____、_____用于显示 CPU 所处的运行状态。

3. S7-1200 最多可以增加_____个通信模块（CM），它们安装在 CPU 模块的_____侧。

4. S7-1200 PLC 目前有 8 输入、16 输入的_____输入模块，8 输出、16 输出的_____输出模块以及 8 输入/8 输出、16 输入/16_____。

5. S7-1200 模拟量模块提供的转换分辨率有_____和_____两种。

6. 模拟量输入模块滤波等级越低，抑制频率_____，测量的时间_____。

7. S7-1200 热电阻模块和信号板支持_____、_____、_____三种接线方式。

8. 继电器输出将 PLC 与外部负载实现电路上的完全隔离，每一个继电器通过其_____实现外部电源对负载供电。

9. CPU 本体 I/O 不满足使用要求时，可以通过_____或者_____连接分布式 I/O方式扩展。

S7-1200 PLC应用基础

二、简答题

1. S7 – 1200 的硬件主要由哪些部件组成?

2. S7 – 1200 的 CPU 模块由哪些组成?

3. S7 – 1200 的信号模块是哪些模块的总称?

4. 简述 S7 – 1200 系列 PLC 数字量模块的类型。

5. 简述 S7 – 1200 系列 PLC 模拟量模块的类型。

6. S7 – 1200 CPU 本体最大 I/O 能力取决于哪几个因素?

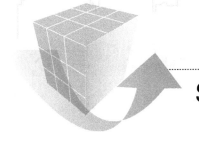

第3章

S7-1200 PLC的基本组态与调试

在 TIA 博途项目中，系统存储了用户创建的自动化解决方案所生成的数据和程序，构成项目的数据，包括以下几项。

1）硬件结构的组态数据和模块的参数分配数据。

2）用于网络通信的项目工程数据。

3）用于设备的项目工程数据。

4）项目生命周期中重要事件的日志等。

3.1 新建项目和硬件组态

3.1.1 新建项目

在桌面上，双击"TIA Portal V15"图标，启动软件，软件界面包括 Portal 视图和项目视图，两个视图界面都可以新建项目。

在 Portal 视图中，单击"创建新项目"，并输入项目名称、路径和作者等信息，如图 3-1 所示，然后单击"创建"，即可生成新项目，并跳转到"新手上路"，如图 3-2 所示。

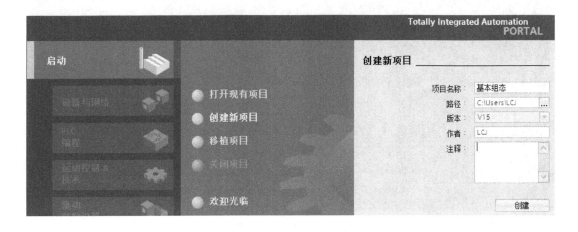

图 3-1　创建新项目

在项目视图中创建新项目，只需在"项目"菜单中选择"新建"命令后，"创建新项目"对话框随即弹出，之后创建过程与 Portal 视图中创建新项目一致。

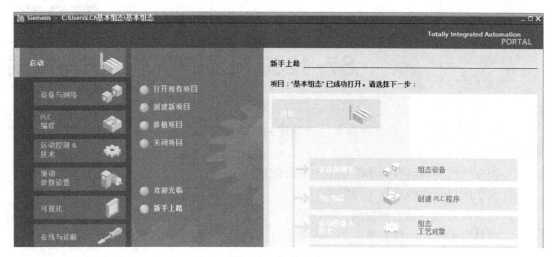

图 3-2　新手上路

3.1.2　硬件组态

S7-1200 PLC 自动化系统需要对各硬件进行组态、参数设置和通信互联。项目中的组态要与实际系统一致，系统启动时，CPU 会自动监测软件的预设组态与系统实际组态是否一致，如果不一致会报错，此时 CPU 能否启动取决于启动设置（参考第 3.4.7 节启动）。

下面将介绍在 Portal 视图中如何进行项目硬件组态，单击图 3-2 中的"组态设备"，软件弹出"显示所有设备"界面，如图 3-3 所示。

图 3-3　显示所有设备

单击"添加新设备"，弹出"添加新设备"界面，选择"控制器"，选择 SIMATIC S7-1200 CPU 如 6ES7 215-1BG40-0XB0，选择 CPU 的版本如 V4.2，设置设备名称如 PLC_1，单击"添加"，即可完成新设备添加，如图 3-4 所示。

在添加完新设备后，与该设备匹配的机架（Rack_0）也会随之生成。S7-1200 PLC 的

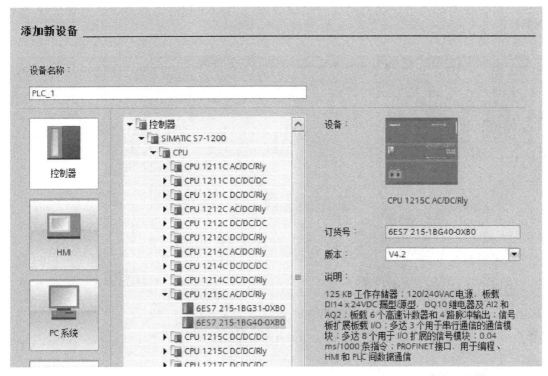

图3-4　选择新设备

所有通信模块都配置在 CPU 左侧，最多 3 块，而所有信号模块都配置在 CPU 的右侧，最多 8 块，在 CPU 本体上可以配置最多一块信号板、通信板或电池板。如图 3-5 所示，CPU 本体上配置了一块 CB1241，左侧配置一块 CM1241，右侧配置一块 DI16/DQ16 × 24VDC 信号模块。

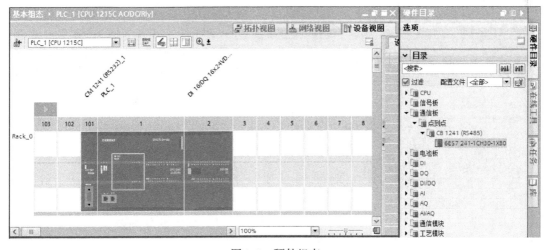

图3-5　硬件组态

为了调试方便，可以先将硬件配置好，然后再将模块"拔出"，如图 3-6 所示。单击 按钮选择显示/隐藏"拔出的模块"。这种情况一般用在调试程序时，有时硬件只

有 CPU，缺少其他扩展模块。若按工程实际下载，硬件配置与实际不符时，CPU 会报错。

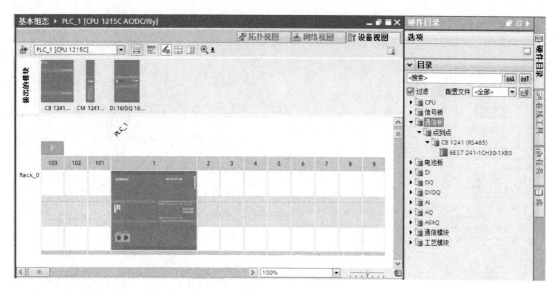

图 3-6　硬件组态–拔出的模块

3.1.3　网络组态

　　组态好 PLC 硬件后，可以在网络视图中组态 PROFIBUS、PROFINET 网络，创建以太网的 S7 连接或 HMI 连接等，如图 3-7 所示。在网络视图的以太网连接中，虽然有多种连接选项，但对于 S7 – 1200 PLC 只能在此创建 S7 或 HMI 连接，对于其他 TCP、UDP、ISO 等连接，只能通过编程创建。

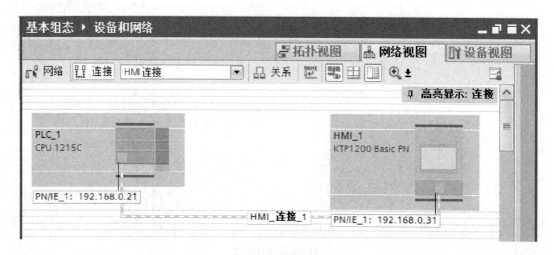

图 3-7　网络组态

3.2　建立 TIA 博途 STEP 7 与 PLC 的连接

TIA 博途 STEP 7 与 PLC 之间的在线连接可用于对 S7-1200 PLC 下载或上传组态数据、用户程序及如下其他操作：调试用户程序、显示和改变 PLC 工作模式、显示和改变 PLC 时钟、重置为出厂设置、比较在线和离线程序块、诊断硬件、更新固件等。

3.2.1　设置或修改以太网通信接口

S7-1200 CPU 集成的以太网接口和通信模块 CM1243-5 都支持 PG 功能，在编程 PC 上选择适配器、通信处理器或以太网卡，设置 PG/PC 接口，建立与 PLC 的连接。

1. 以太网设备地址

（1）MAC 地址　MAC（Media Access Control，媒体访问控制）地址是以太网接口设备的物理地址。通常由设备生产厂家将 MAC 地址写入 EEPROM 或闪存芯片。在网络底层的物理传输过程中，通过 MAC 地址来识别发送和接收数据的主机。MAC 地址是 48 位二进制数，分为 6 个字节，一般用十六进制数表示，例如 00-05-BA-CE-07-0C。其中的前 3 个字节是网络硬件制造商的编号，它由 IEEE（国际电气与电子工程师协会）分配，后 3 个字节是该制造商生产的某个网络产品（例如网卡）的序列号。MAC 地址就像我们的身份证号码，具有全球唯一性。

S7-1200 CPU 的每个 PN 接口在出厂时都有一个永久的唯一的 MAC 地址，可以在模块上看到它的地址。

（2）IP 地址　为了使信息能在以太网上快捷准确地传送到目的地，连接到以太网的每台计算机必须拥有一个唯一的 IP（Internet Protocol，网际协议）地址。IP 地址由 32 位二进制数（4 字节）组成。在控制系统中，一般使用固定的 IP 地址，IP 地址通常用十进制数表示，用小数点分隔。S7-1200 CPU 默认的 IP 地址为 192.168.0.1。

（3）子网掩码　子网是连接在网络上的设备的逻辑组合。同一个子网中的节点彼此之间的物理位置通常相对较近。子网掩码（Subnet mask）是一个 32 位二进制数，用于将 IP 地址划分为子网地址和子网内节点的地址。二进制子网掩码的高位应该是连续的 1，低位应该是连续的 0。以常用的子网掩码 225.255.255.0 为例，其高 24 位二进制数（前 3 个字节）为 1，表示 IP 地址中的子网掩码（类似于长途电话的地区号）为 24 位；低 8 位二进制数（最后一个字节）为 0，表示子网内节点的地址（类似于长途电话的电话号）为 8 位。

（4）IP 路由器　用于连接子网，如果 IP 报文发送给别的子网，首先将它发送给路由器。在组态时子网内所有的节点都应输入路由器的地址。路由器通过 IP 地址发送和接收数据包。路由器的子网地址与子网内节点的子网地址相同，其区别仅在于子网内的节点地址不同。

2. 设置计算机网卡的 IP 地址

以 Windows 7 操作系统为例，打开"控制面板"，单击"查看网络状态和任务"，再单击"更改适配器设置"，选择与 CPU 连接的网卡，右键选择"属性"按钮，打开"本地连接属性"对话框,如图3-8a所示。在"本地连接属性"对话框中,双击"此连接使用下列项目"列表框中的"Internet 协议版本 4 (TCP/IPv4)",打开"Internet 协议版本 4 (TCP/IPv4) 属性"对话框,选中"使用下面的 IP 地址",键入"192.168.0.11",如图3-8b所示,IP 地址的第 4 个字节是子网内设备的地址,可以取 0~255 中的某个值,但不能与子网中其他设备的 IP 地址重叠。单击"子网掩码"输入框,自动出现默认的子网掩码"255.255.255.0"。一般不用设置网关的 IP 地址。

使用宽带上互联网时,一般只需要选中图3-8b中的"自动获得 IP 地址"即可。设置结束后,单击各级对话框中的"确定"按钮,最后关闭"网络连接"对话框。

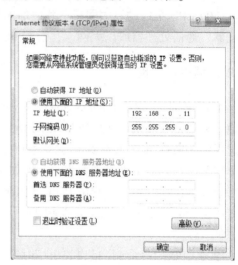

a)   b)

图 3-8　设置计算机网卡的 IP 地址

3. 组态 CPU 的 PROFINET 接口

打开 TIA 博途,生成一个项目,在项目中添加一个 PLC 设备,其 CPU 的型号和订货号应与实际的硬件相同。

双击项目树中 PLC 文件夹内的"设备组态",打开该 PLC 的设备视图,如图3-5所示。双击 CPU 的以太网接口,打开该接口的巡视窗口,选中左栏的"以太网地址",设置右栏的 IP 地址为"192.168.0.21"和子网掩码"255.255.255.0",如图3-9所示,设置的地址在下载后才起作用。

计算机、PLC、HMI 等的一对一通信不需要交换机,当两台以上的设备进行通信时,需要使用交换机实现网络连接(CPU1215C 和 CPU1217C 内置双端口交换机)。既可以使用直连也可以使用交叉网线。

3.2.2　下载项目到新出厂的 CPU

做好上述的准备工作后,接通 PLC 电源。新出厂的 CPU 还没有 IP 地址,只有厂家设置的 MAC 地址。此时选中项目树中的 PLC_1,单击工具栏上的下载按钮 ![下载图标],打开"扩展的下载到设备"对话框,如图3-10所示。

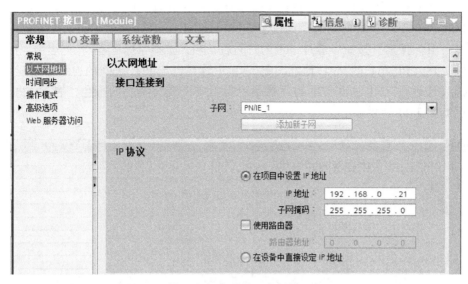

图 3-9 设置 CPU 集成的以太网接口的地址

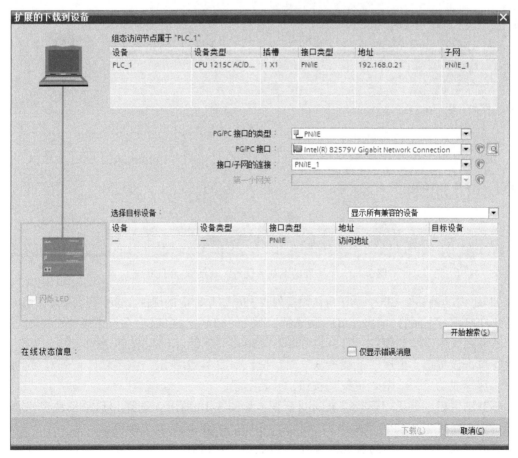

图 3-10 "扩展的下载到设备"对话框-离线状态

有的计算机有多块以太网卡，例如笔记本计算机一般有一块有线网卡和一块无线网卡，用"PG/PC接口"下拉式列表选择实际连接到 PLC 的网卡。

单击"开始搜索"按钮，经过一定的时间后，在"选择目标设备:"列表中，出现网络上的 S7–1200 CPU 和它的 MAC 地址，图 3-10 中计算机与 PLC 之间的连线由断开（灰色）变为接通（绿色），CPU 所在方框的背景颜色也由空框变为实心的橙色，表示 CPU 进入在线状态，如图 3-11 所示。

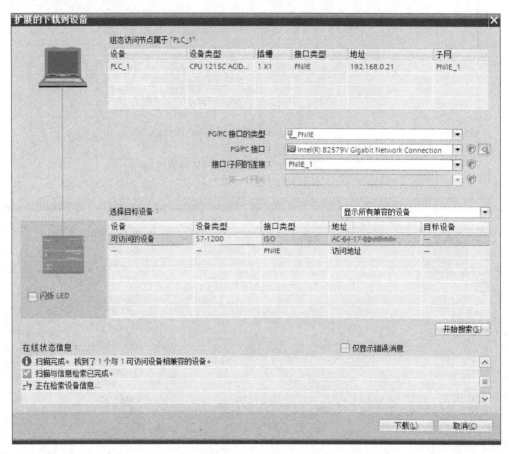

图 3-11 "扩展的下载到设备"对话框-在线状态

如果网络上有多个 CPU，为了确认设备列表中的 CPU 对应的硬件，选中列表中的某个 CPU，勾选此 CPU 图标下面的"闪烁 LED"复选框，对应的 CPU 上的 LED（发光二极管）将会闪烁。

选中列表中对应的硬件，图 3-11 的 S7–1200，"下载（L）"按钮上的字符由灰色变为黑色，单击该按钮，出现"下载预览"对话框，如图 3-12 所示。编程软件首先对项目进行编译，编译成功后，单击"装载"按钮，开始下载。

下载结束后，出现"下载结果"对话框，如图 3-13 所示，选择"启动模块"选择框，单击"完成"按钮，CPU 切换到 RUN 模式，RUN/STOP LED 变为绿色。

打开以太网接口上面的盖板，通信正常时，LINK LED（绿色）亮，Rx/Tx LED（橙色）闪烁。打开项目树中的"在线访问"文件夹，如图 3-14 所示，可以看到组态的 IP 地址192.168.0.21 已经下载给 CPU。

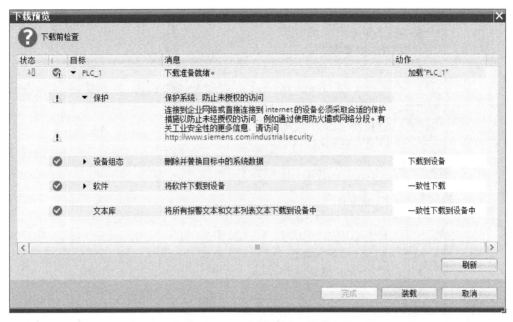

图 3-12 "下载预览"对话框

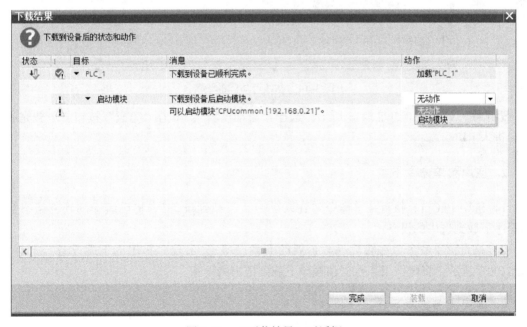

图 3-13 "下载结果"对话框

3.2.3 下载项目的方法

1. 使用工具栏下载

下面是将 IP 地址下载到 CPU 以后下载项目的过程。选中项目树中的 PLC_1,单击工具栏上的下载按钮，图 3-12 所示的出现"下载预览"对话框，单击"装载"按钮，出现

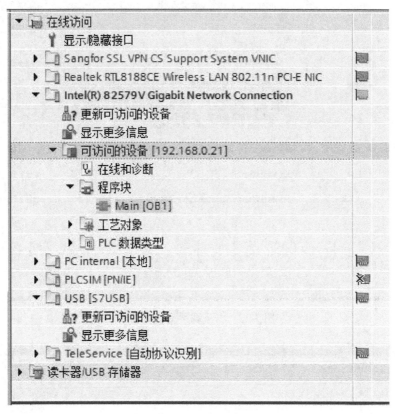

图 3-14　在线可访问的设备

"下载结果"对话框，如图 3-13 所示，选择"启动模块"，单击"完成"按钮，下载完成后
CPU 进入 RUN 模式。

2. 使用菜单命令下载

1）选中 PLC_1，执行菜单命令"在线"→"下载到设备"，将已编译的硬件组态数据
和程序下载到选中的设备。

2）执行菜单命令"在线"→"扩展的下载设备"，出现"扩展的下载设备"对话框，
如图 3-10 所示，将硬件组态数据和程序下载到选中的设备。

3. 使用快捷菜单下载部分内容

用鼠标右键单击项目树中的 PLC_1，选中快捷菜单中的"下载到设备"和其中的子选
项"硬件和软件""硬件设置"或"软件"，执行相应的操作。

也可以在打开某个代码块时，单击工具栏上的下载按钮 ，下载该代码块。

3.2.4　下载时找不到连接的 CPU 的处理方法

假设 CPU 原来的 IP 地址为 192.168.0.1，在组态以太网接口时将它改为 192.168.0.21，
下载时将打开"扩展的下载到设备"对话框，如图 3-10 所示，单击"开始搜索"按钮，找

不到可访问的设备，不能下载，如图 3-15 所示。此时应选择"显示所有兼容的设备"选择栏，单击"开始搜索"按钮，在"选择目标设备"列表中显示出 IP 地址为 192.168.0.1 的 CPU，选中它以后，单击"下载"按钮，下载后 CPU 的 IP 地址就被修改为"192.168.0.21"了。

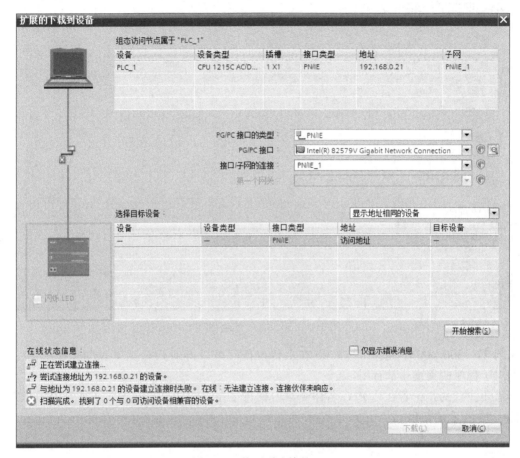

图 3-15　找不到连接的 CPU

3.2.5　上传设备作为新站

CPU 固件版本 V4.0 及以上、TIA 博途 V13 及以上版本新增了"上传设备作为新站"功能。做好计算机与 PLC 通信的准备工作后，首先生成一个新项目，选中项目树中的项目名称，执行菜单命令"在线"→"将设备作为新站上传（硬件和软件）"，出现"将设备上传至 PG/PC"对话框，如图 3-16 所示，用"PG/PC 接口"下拉式列表选择实际使用的网卡。

单击"开始搜索"按钮，经过一定的时间后，在"所选接口的可访问节点"列表中，出现连接的 PLC 和它的 IP 地址，计算机与 PLC 之间的连接由断开变为接通（背景色变为实心橙色），表示 PLC 进入在线状态。

选中可访问节点列表中的 PLC，单击对话框下面的"从设备上传"按钮，上传成功后，可以获得 PLC 完整的硬件设置和用户程序。

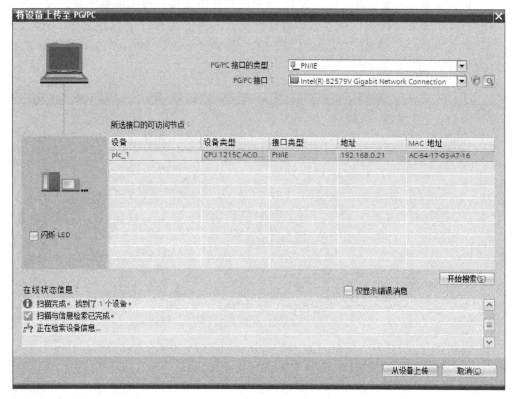

图 3-16　将设备上传至 PG/PC

与 S7－300/400 不同，S7－1200 在上传设备时可以得到 PLC 变量表和程序中的注释，它们对于程序的阅读非常有用。

需要注意的是，若在线 PLC 名称或站名称与正在组态的 PLC 名称或站名称相同，将出现图 3-17 所示的错误。

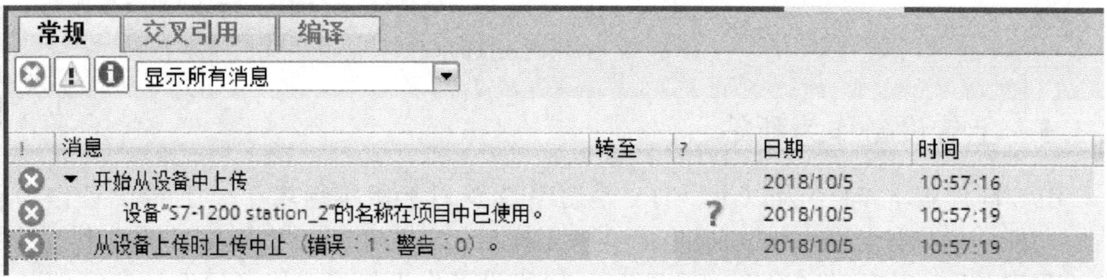

	常规	交叉引用	编译				
❌ ⚠ ℹ	显示所有消息		▾				
!	消息			转至	?	日期	时间
❌	▾ 开始从设备中上传					2018/10/5	10:57:16
❌	设备"S7-1200 station_2"的名称在项目中已使用。				?	2018/10/5	10:57:19
❌	从设备上传时上传中止（错误：1；警告：0）。					2018/10/5	10:57:19

图 3-17　将设备作为新站上传错误

首先修改 PLC 名称，然后单击"网络视图"，选中本地已组态的 PLC，将"S7－1200 station_2"修改为"S7－1200 station_1"，使之与上传设备站名称不同。

对于初学者，尤其在现场修改调试已运行的系统时，最好首先新建一个项目，然后利用"将设备作为新站上传（硬件和软件）"功能，获得 PLC 完整的硬件配置和用户程序，在备份的基础上进行修改，如图 3-18 所示。

图 3-18　修改 PLC 站地址

3.3　用 TIA 博途 STEP 7 调试程序

对于使用 TIA 博途软件的用户来说，程序的调试比较方便，既可以采用硬件的实物调试，还可以仿真调试。不管实物还是仿真，都可以采用 STEP 7 的程序状态监视、监控与强制表调试程序。程序状态监视可以监视程序的运行、显示程序中操作数的值、程序段的逻辑运算结果、查找用户程序的逻辑错误，还可以修改某些变量的值。

使用监控与强制表可以监视、修改和强制用户程序或 CPU 内的各个变量；可以向某些变量写入需要的数值，来测试程序或硬件。例如，为了检查接线，可以在 CPU 处于 STOP 模式时给输出固定值。

3.3.1　用程序状态监视功能调试程序

1. 启动程序状态监视

与 PLC 建立好在线连接后，打开需要监视的代码块，单击程序编辑器工具栏上的"启用/禁用监视"按钮 ，启动程序状态监视，程序编辑器最上面的标题栏由黑色变为桔黄色，如图 3-19 所示。如果在线（PLC 中的）程序与离线（计算机中的）程序不一致，项目树中的项目、站点、程序块和有问题的代码块的右边均会出现表示故障的符号。需要重新上传或下载有问题的部分，使在线、离线的程序一致。

注意：应确保测试程序时不会对人员或财产造成严重损害。

2. 程序状态显示

启动程序状态监视后，梯形图用绿色连续线表示状态满足，即有"能流"流过，如图 3-19 程序段 1 所示，用蓝色虚线表示状态不满足，没有"能流"流过，如图 3-19 程序段

2 的 %I0.0 右侧所示。用灰色连续线表示状态未知或程序没有执行，黑色表示没有连接。

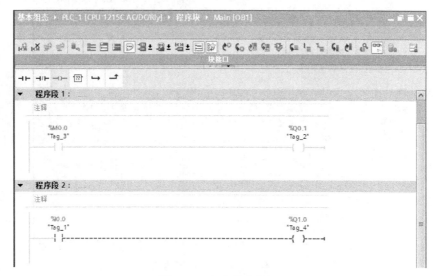

图 3-19　程序状态监视

Bool 变量为 0 状态和 1 状态时，它们的常开触点和线圈分别用蓝色虚线和绿色连续线来表示，常闭触点的显示与变量状态的关系相反。

进入程序状态监视之前，梯形图中的线和元件因为状态未知，全部为黑色。启动程序状态监视后，梯形图左侧垂直的"电源"线以及与它连接的水平线均为连续的绿线，表示"能流"从"电源"线流出。有"能流"流过的处于闭合状态的触点、指令方框、线圈和"导线"均用连续的绿色线表示。

3. 用程序状态监视修改变量的值

用鼠标右键单击程序状态监视中的某个变量，执行出现的快捷菜单中的某个命令，可以修改该变量的值。对于 Bool 变量，执行命令"修改"→"修改为 1"或"修改"→"修改为 0"；对于其他数据类型的变量，执行命令"修改"→"修改值"。执行命令"显示格式"，可以修改变量的显示格式。如图 3-20 所示用程序状态监视修改 %M0.0 的值。

不能修改连接外部硬件输入电路的过程映像输入（I）的值。如果被修改的变量同时受到程序的控制（例如受线圈控制的 Bool 变量），则程序控制的作用优先。

3.3.2　用监控与强制表监控变量

使用程序状态监视功能，可以在程序编辑器中形象直观地监视梯形图程序的执行情况，触点和线圈的状态也可以一目了然。但是程序状态功能只能在屏幕上显示一小块程序，调试较大的程序时，往往不能同时看到与某一程序功能有关的全部变量的状态。

监控与强制表可以有效地解决上述问题。使用监控与强制表可以在工作区同时监视、修改和强制用户感兴趣的全部变量。一个项目可以生成多个监控与强制表，以满足不同的调试要求。

监控与强制表（以下简称为监控表）可以赋值或显示的变量包括过程映像（I 和 Q）、

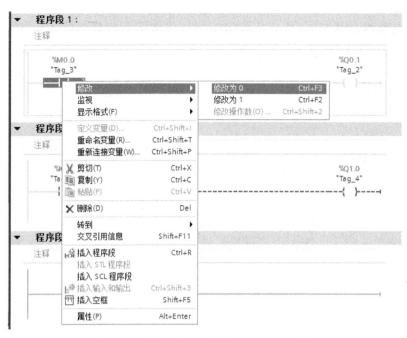

图 3-20　用程序状态监视修改 % M0.0 的值

外设输入（I_:P）、外设输出（Q_:P）、位储存器（M）和数据块（DB）内的存储单元。

注意：执行修改功能之前，应确保测试程序时不会对人员或财产造成严重损害。

1. 监控表的功能

1）监视变量。在计算机上显示用户程序或变量的当前值。

2）修改变量。将固定值分配给用户程序或变量。

3）对外设输出赋值。允许在 STOP 模式下将固定值赋给外设输出点，这一功能可用于硬件调试时检查接线。

2. 生成监控表

打开项目树中 PLC 的"监控与强制表"文件夹，双击其中的"添加新监控表"，生成一个名为"监控表_1"的新的监控表，并在工作区自动打开它。根据需求，可以为一台 PLC 生成多个监控表。为调试方便，一般给监控表命一个能表达其内容或功能的名称，并将有关联的变量放在同一个监控表内。

3. 在监控表中输入变量

在监控表的"名称"列输入 PLC 变量表中定义过的变量的符号地址，"地址"列将会自动出现该变量的地址。在地址列输入 PLC 变量表中定义过的地址，"名称"列也将会自动地出现它的名称。如果输入了错误的变量名称或地址，出错的单元背景会变为提示错误的浅红色，标题为"i"的列出现红色的叉。

可以使用"显示格式"列默认的显示格式，也可以在列表中选择需要的显示格式。如图 3-21 所示的监控表用二进制格式显示 QB0，可以同时显示和修改 Q0.0 ~ Q0.7 这 8 个 Bool 变量。这一方法用于 I、Q 和 M，可以用字节（8 位）、字（16 位）或双字（32 位）来监视和修改多个 Bool 变量。

复制 PLC 变量表中的变量名称，然后将它们粘贴到监控表的"名称"列，可以快速生成监控表中的变量。

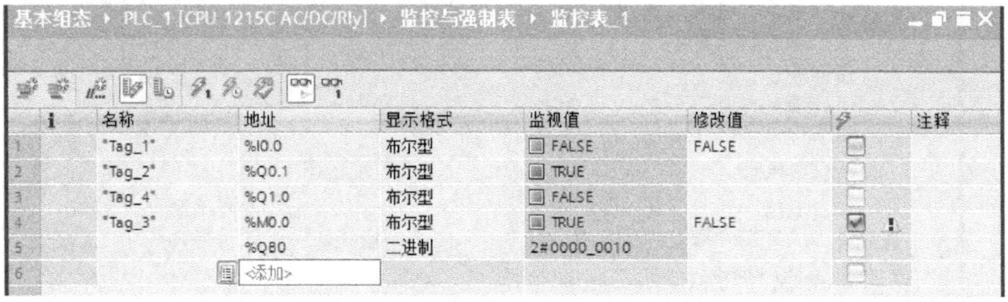

图 3-21　在监控表中监视变量

4. 监控变量

可以用监控表工具栏上的按钮来执行各种功能。CPU 在线后，单击工具栏上的 ![按钮] 按钮，启动监视功能，将在"监视值"列连续显示变量的实际动态值。再次单击该按钮，将关闭监视功能。单击工具栏上的"立即一次性监视所有变量"按钮 ![按钮]，即使没有启动监控，也将立即读取一次变量值，"监视值"列变为橙色背景表示在线，几秒后，变为灰色表示离线。

位变量为 TRUE（1 状态）时，监视值列的方形指示灯为绿色；位变量为 FALSE（0 状态）时，方形指示灯为灰色，如图 3-21 所示。

5. 修改变量

单击"显示/隐藏所有修改列"按钮 ![按钮]，出现隐藏的"修改值"列，在"修改值"列输入变量的新值，并勾选要修改变量的"修改值"列右边的复选框。输入 Bool 变量的修改值为 0 或 1 后，单击监控表其他地方，它们将自动变为"FALSE"（假）或"TRUE"（真）。单击工具栏上的"立即一次性修改所有选定值"按钮 ![按钮]，复选框打钩的"修改值"将被立即送入指定的地址。

用鼠标右键单击某个位变量，执行快捷菜单中的"修改"→"修改为 0"或"修改"→"修改为 1"命令，可以将选中的变量修改为 FALSE 或 TRUE。在 RUN 模式修改变量时，各变量同时又受到用户程序的控制。假设用户程序运行的结果使 Q0.0 的线圈断电，用监控表不可能将 Q0.0 修改和保持为 TRUE。在 RUN 模式不能改变 I 区分配给硬件的数字量输入点的状态，因为它们的状态取决于外部输入电路的通/断状态。

6. 在 STOP 模式改变外设输出的状态

在调试设备时，这一功能可以用来检查输出点连接的过程设备接线是否正确。以 Q1.0 为例，如图 3-22 所示，操作步骤如下。

图 3-22　在 STOP 模式改变外设输出的状态

1）在监控表中输入外设输出点 Q1.0:P，勾选该行"修改值"列右边的复选框。

2）将 CPU 切换到 STOP 模式。

3）单击监控表工具栏上的"显示/隐藏扩展模式列"按钮，切换到扩展模式，会出现与"触发器"有关的两列如图 3-22 所示。

4）单击工具栏上的"全部监视"按钮，启动监视功能。

5）单击工具栏上的"为启用外围设备输出"按钮，出现"启用外围设备输出"对话框，如图 3-23 所示，单击"是"按钮确认。

6）用鼠标右键单击 Q0.0:P 所在的行，执行快捷菜单中的

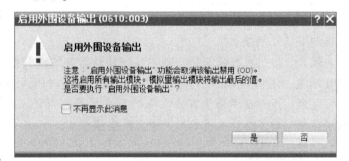

图 3-23　"启用外围设备输出"对话框

"修改"→"修改为 1"或"修改"→"修改为 0"命令，CPU 上 Q1.0 对应的 LED 点亮或熄灭。

CPU 切换到 RUN 模式后，工具栏上的 按钮变为灰色，该功能被禁止，Q1.0 受用户程序的控制。如果有输入点或输出点被强制，则不能使用这一功能。为了在 STOP 模式下允许外设输出，应取消强制功能。

因为 CPU 只能改写，不能读取外设输出变量 Q1.0:P 的值，符号 表示无法监视外围设备输出。

7. 定义监控表的触发器

触发器用来设置扫描循环的哪一点来监视或修改选中的变量。可以选择在扫描循环开始、扫描循环结束或从 RUN 模式切换到 STOP 模式时监视或修改某个变量。

单击监控表工具栏上的按钮，切换到扩展模式，出现"使用触发器监视"和"使用触发器进行修改"列，如图 3-22 所示。单击这两列的某个单元，再单击单元右边出现的按钮，用出现的下拉式列表设置监视和修改该行变量的触发点，如图 3-24 所示。

图 3-24　使用触发器选择框

3.3.3 用强制表强制变量

1. 强制的基本观念

用强制表给用户程序中的单个变量指定固定的值，这一功能被称为强制（Force），强制应在与 CPU 建立了在线连接时进行。

S7-1200 PLC 只能强制外设输入和外设输出，例如强制 I0.0:P。不能强制组态时指定给 HSC（高速计数器）、PWM（脉冲宽度调制）和 PTO（脉冲列输出）的 I/O 点。测试用户程序时，可以通过强制 I/O 点来模拟物理条件，例如用来模拟输入信号的变化。

在执行用户程序之前，强制值被用于输入过程映像。在处理程序时，使用的是输入点的强制值。在写外设输出点时，强制值被送给过程映像输出，输出值被强制值覆盖，强制值在外设输出点出现，并且被用于过程。

变量被强制的值不会因为用户程序的执行而改变。被强制的变量只能读取，不能用写访问来改变其强制值。

输入、输出点被强制后，即使编程软件被关闭或编程计算机与 CPU 的在线连接断开或 CPU 断电，强制值都被保持在 CPU 中，直到在线时用强制表停止强制功能。

注意： 用存储卡将带有强制点的程序装载到别的 CPU 时，将继续程序中的强制功能。应确保强制时不会对人员或财产造成严重损害。

2. 强制变量

双击打开项目树中的强制表，输入 I0.0 和 Q1.0，它们后面被自动添加表示外设输入/输出的 ":P"。只有在扩展模式才能监视外设输入的强制监视值，单击工具栏上的"显示/隐藏扩展模式列"按钮，切换到扩展模式。

同时显示和%I0.0、%Q1.0 相关程序段和强制表，如图 3-25 所示，单击程序编辑器工具栏上的 按钮，启动程序状态监视功能。

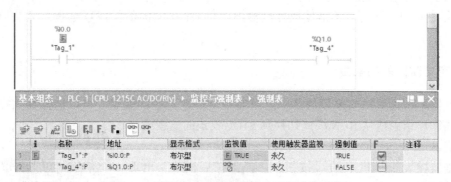

图 3-25　用强制表强制外设输入和外设输出点

单击强制表工具栏上的 按钮，启动监视功能。用鼠标右键单击强制表的第一行，执行快捷菜单命令，将 I0.0:P 强制为 TRUE。单击出现的"强制为 1"对话框中的"是"按钮确认。强制表第一行"i"列出现表示被强制的符号 ，"F"列的复选框自动打钩。PLC 面板上 I0.0 对应的 LED 不亮,梯形图中 I0.0 的常开触点接通,上面出现被强制的符号图。由于 PLC 程序的作用,梯形图中 Q1.0 的线圈通电,PLC 状态指示灯"MAINT"亮,面板上 Q1.0 对应的 LED 灯亮。

用鼠标右键单击强制表的第二行,执行快捷菜单命令,将 Q1.0:P 强制为 FALSE。单击出现的"强制为 0"对话框中的"是"按钮确认。强制表第二行出现表示被强制的符号图。梯形图中 Q1.0 线圈上面出现表示被强制的符号图,PLC 面板上 Q0.0 对应的 LED 熄灭。

3. 停止强制

单击强制表工具栏上的图,按钮,停止对所有地址的强制。被强制的变量最左边和输入点的"监视值"列红色的图小方框消失,表示强制被停止。复选框后面的黄色三角形符号重新出现,表示该地址被选择强制,但是 CPU 中的变量没有被强制。梯形图中的图符号也消失了。

为了停止对单个变量的强制,可以清除该变量的"F"列的复选框,然后重新启动强制。

3.4 CPU 参数属性设置

通过参数分配可以设置所有组件的属性,这些参数将装载到 CPU 中,并在 CPU 启动时传送给相应的模板。选中机架上的 CPU,在下方巡视窗口的 CPU 属性中,可以设置 CPU 的各种参数,如 CPU 的 PROFINET 接口、本体的输入输出、启动特性、保护等。

需要注意的是,对初学者而言,一般只需设置 CPU 的 PROFINET 接口 IP 地址、系统和时钟存储器,其他默认,今后需要时再深入学习即可。

下面以 CPU1215C 为例,介绍 CPU 的参数属性设置。

3.4.1 常规

单击属性视图中的"常规"选项,进行下列参数设置,如图 3-26 所示。

1)"项目信息",可以编辑设备名称、作者及注释等信息。

2)"目录信息",查看 CPU 短名称、特性描述、订货号、固件版本。

3)"标识与维护",用于编辑工厂标识、位置标识、安装日期等信息。

4)"校验和",在编译过程中,系统将通过唯一的校验和来自动识别 PLC 程序。基于该校验和,可快速识别用户程序并判断两个 PLC 程序是否相同。

3.4.2 PROFINET 接口

主要设置"以太网地址"和"Web 服务器访问"。激活"启用使用该接口访问 Web 服务器",则可以通过该接口访问集成在 CPU 内部的 Web 服务器,如图 3-27 所示。

3.4.3 数字量输入 DI/数字量输出 DO

1)"数字量输入"的设置如图 3-28 所示。

①"通道地址",输入通道的地址,首地址在"I/O 地址"项中设置。

②"输入滤波器",为了抑制寄生干扰,可以设置一个延迟时间,即在这个时间之内的

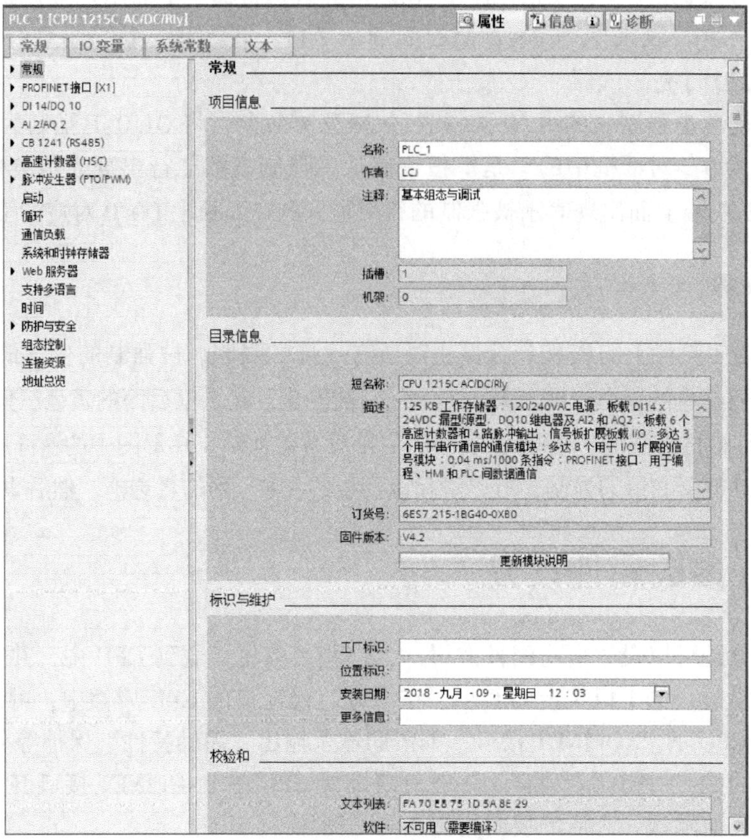

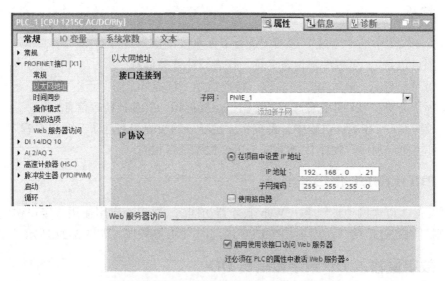

图 3-26　CPU 参数属性设置

图 3-27　设置以太网地址及 Web 服务器访问

干扰信号都可以得到有效抑制，被系统自动滤除掉，默认的输入滤波时间为 6.4ms。

③ "启用上升沿或下降沿检测"，可为每个数字量输入启用上升沿和下降沿检测，在检

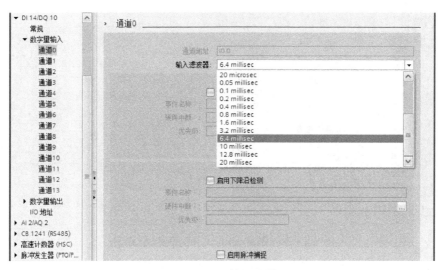

图 3-28 设置数字量输入

测到上升沿或下降沿时触发过程事件时触发；"事件名称"，定义该事件名称；"硬件中断"，当该事件到来时，系统会自动调用所组态的硬件中断组织块一次。如果没有已定义好的硬件中断组织块，可以单击后面的省略按钮并新增硬件中断组织块连接该事件。

④"启用脉冲捕捉"，根据 CPU 的不同，可激活各个输入的脉冲捕捉。激活脉冲捕捉后，即使脉冲沿比程序扫描循环时间短，也能将其检测出来。

2）"数字量输出"设置如图 3-29 所示。

图 3-29 设置数字量输出通道

①"对 CPU STOP 模式的响应"，设置数字量输出对 CPU 从运行状态切换到 STOP 状态的响应，可以设置为保持上一个值或者使用替代值。

②"通道地址"，输出通道的地址，在"I/O 地址"项中设置首地址。

③"从 RUN 模式切换到 STOP 模式时，替代值 1"，如果在数字量输出设置中，选择"使用替代值"，则此处可以勾选，表示从运行切换到停止状态后，输出使用"替代值 1"；如果不勾选表示输出使用"替代值 0"。如果选择了"保持上一个值"则此处为灰色不能勾选。

3）"I/O 地址"，设置数字量输入、输出的起始地址，如图 3-30 所示。

3.4.4 模拟量输入 AI/模拟量输出 AQ

1）"模拟量输入"设置如图 3-31 所示。

①"积分时间"，通过设置积分时间可以抑制指定频率的干扰。

②"通道地址"，在模拟量的"I/O 地址"中设置模拟量输入首地址。

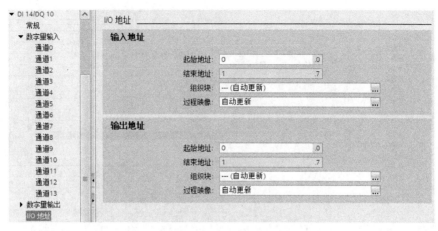

图 3-30　数字量输入、输出地址设置

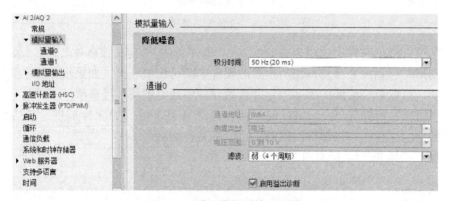

图 3-31　设置模拟量输入通道

③ "测量类型"，本体上的模拟量输入只能测量电压信号，所以选项为灰，不可设置。

④ "电压范围"，测量的电压信号范围为固定的 0～10V。

⑤ "滤波"，模拟值滤波可用于减缓测量值变化，提供稳定的模拟信号。模块通过设置滤波等级（无、弱、中、强）计算模拟量平均值来实现平滑化，详细介绍参见第 2.2.3 节。

⑥ "启用溢出诊断"，如果激活"启用溢出诊断"，则发生溢出时会生成诊断事件。

2）"模拟量输出"设置如图 3-32 所示。

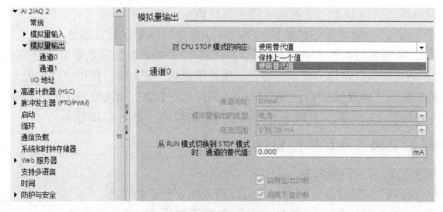

图 3-32　设置模拟量输出通道

①"对 CPU STOP 模式的响应"，设置模拟量输出对 CPU 从 RUN 模式切换到 STOP 模式的响应，可以设置为保持上一个值或者使用替代值。

②"通道地址"，在模拟量的"I/O 地址"中设置模拟量输出首地址。

③"模拟量输出的类型"，本体上的模拟量输出只支持电流信号，所以选项为灰，不可设置。

④"电流范围"，输出的电流信号范围为固定的 0～20mA。

⑤"从 RUN 模式切换到 STOP 模式时，通道的替代值"，如果在模拟量输出设置中，设为"使用替代值"，则此处可以设置替代的输出值，设置值的范围为 0.0～20.0mA，表示从运行切换到停止状态后，输出使用设置的替代值；如果选择了"保持上一个值"则此处为灰色不能设置。

⑥"启用溢出（上溢）/下溢诊断"，激活溢出诊断，则发生溢出时会生成诊断事件。集成模拟量都是激活的，而扩展模块上的则可以选择是否激活。

3）"I/O 地址"，模拟量 I/O 地址设置与数字量 I/O 地址设置相似。

3.4.5　高速计数器（HSC）

如果要使用高速计数器，则在此处设置中激活"启用该高速计数器"以及设置计数类型、工作模式、输入通道等。

3.4.6　脉冲发生器（PTO/PWM）

如果要使用高速脉冲输出 PTO/PWM 功能，则在此处激活"启用该脉冲发生器"，并设置脉冲参数等。

3.4.7　启动

"启动"设置如图 3-33 所示。

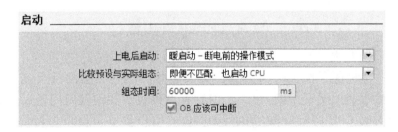

图 3-33　CPU 启动选项设置

1）"上电后启动"，定义了 CPU 上电后的启动特性，共有以下 3 个选项，用户可根据项目的特点及安全性来选择，默认选项为"暖启动-断电前的操作模式"。

①"不重新启动（保持为 STOP 模式)"，CPU 上电后直接进入 STOP 模式。

②"暖启动- RUN 模式"，CPU 上电后直接进入 RUN 模式。

③"暖启动-断电前的操作模式"，选择该项后，CPU 上电后将按照断电前该 CPU 的操作模式启动，即断电前 CPU 处于 RUN 模式，则上电后 CPU 依然进入 RUN 模式；如果断电前 CPU 处于 STOP 状态，则上电后 CPU 进入 STOP 模式。

2)"比较预设与实际组态",定义了 S7 - 1200 PLC 站的实际组态与当前组态不匹配时 CPU 的启动特性。

①"仅在兼容时,才启动 CPU",所组态的模块与实际模块匹配(兼容)时,才启动 CPU。

②"即便不匹配,也启动 CPU",所组态的模块与实际模块不匹配(不兼容)时,也启动 CPU。如果选择了此项,此时的用户程序无法正常运行,必须采取相应措施。

③"组态时间",在 CPU 启动过程中,为集中式 I/O 和分布式 I/O 分配参数的时间,包括为 CM 和 CP 提供电压和通信参数的时间。如果在设置的"组态时间"内完成了集中式 I/O 和分布式 I/O 的参数分配,则 CPU 立刻启动;如果在设置的"组态时间"内,集中式 I/O 和分布式 I/O 未完成参数分配,则 CPU 将切换到 RUN 模式,但不会启动集中式 I/O 和分布式 I/O。

④"OB 应该可中断",激活该选项后,在 OB 运行时,更高优先级的中断可以中断当前 OB,在此 OB 处理完后,会继续处理被中断的 OB。如果不激活"OB 应该可中断",则优先级大于 2 的任何中断只可以中断循环 OB,但优先级为 2 ~ 25 的 OB 不可被更高优先级的 OB 中断。

3.4.8 循环

CPU 循环时间设置如图 3-34 所示。

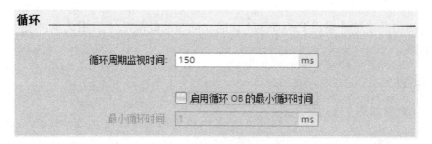

图 3-34 CPU 循环时间设置

1)"循环周期监视时间",设置程序最大的循环周期时间,范围为 1 ~ 6000ms,默认值为 150ms。超过这个设置时间,CPU 会报故障。超过 2 倍的最大循环周期检测时间,无论是否编程时间错误中断 OB80,CPU 都会停机。在编程时间错误中断 OB80 后,当发生循环超时时 CPU 将响应触发执行 OB80 的用户程序,程序中可使用指令"RE_TRIGR"来重新触发 CPU 的循环时间监控,最长可延长到已组态"循环周期监视时间"的 10 倍。

2)"最小循环时间",如果激活了"启用循环 OB 的最小循环时间",当实际程序循环时间小于这个时间,操作系统会延时新循环的启动,直到达到了最小循环时间。在此等待时间内,将处理新的事件和操作系统服务。

3.4.9 通信负载

通信负载用于设置 CPU 总处理能力中可用于通信过程的百分比,如图 3-35 所示。这部分 CPU 处理能力将始终用于通信，当通信不需要这部分处理能力时，它可用于程序执行。占用"通信负载"的通信包括：TIA 博途软件监控、HMI 连接及 PLC 间的 S7 通信。如果设置的百分比过大，则会延长 CPU 扫描时间。

图 3-35　CPU 通信负载设置

3.4.10 系统和时钟存储器

系统和时钟存储器用于设置 M 存储器的字节给系统和时钟存储器，然后程序逻辑可以引用它们的各个位用于逻辑编程。

1）"系统存储器位"，用户程序可以引用 4 个位：首次循环、诊断状态已更改、始终为 1、始终为 0，设置如图 3-36 所示。

2）"时钟存储器位"设置如图 3-37 所示，组态的时钟存储器的每一个位都是不同频率的时钟方波，可在程序中用于周期性触发动作。

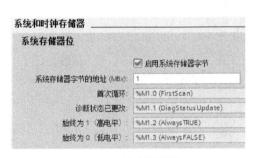

图 3-36　系统存储器设置

图 3-37　时钟存储器的设置

3.4.11 Web 服务器

S7 -1200 支持 Web 服务器功能，PC 或移动设备可通过 Web 页面访问 CPU 诊断缓冲区、模块信息和变量表等数据。选择"常规 > Web 服务器"设置页面上的"在此设备的所有模块上激活 Web 服务器"，即可激活 S7 -1200 CPU Web 服务器功能，如图 3-38 所示。

CPU 激活 Web 服务器功能后，通过浏览器输入图 3-9 设定的 IP 地址 https：//192.168.0. 21，即可访问 CPU Web 服务器内容。如果 CPU 属性中激活了"仅允许通过 HTTPS 访问"选项，则需要在浏览器中输入 https：//192.168.0.21，实现对 Web 服务器的安全访问。

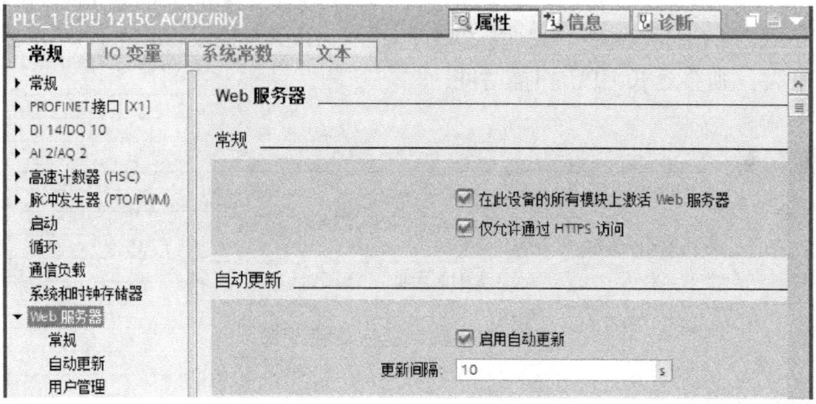

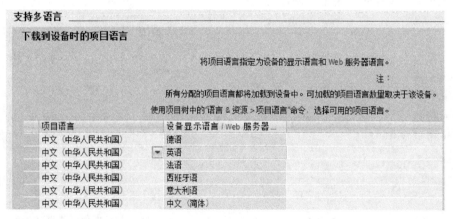

图 3-38　Web 服务器设置

3.4.12　支持多语言

用于在 Web 服务器或 HMI 上显示消息和诊断的文本语言，S7 - 1200 PLC 可以支持多种语言。在下拉列表中选择所使用的语言，如图 3-39 所示。可选择的语言是在项目树的"语言与资源 > 项目语言"中启用。

图 3-39　支持多种语言

3.4.13　时间

为 CPU 设置时区，中国选择东 8 区。

3.4.14　防护与安全

1）"访问级别"，此界面可以设置该 PLC 的访问级别，共可设置四个访问级别，如图 3-40 所示。

对于"读访问权限""HMI 访问权限""不能访问"这三种保护等级都可以设置层级保护密码，设置的密码区分大小写。其中"完全访问权限"的"密码 1"永远是必填密码，而"读访问权限""HMI 访问权限"为可选密码。可以根据不同的需要将不同的保护等级分

图 3-40　访问级别

配给不同的用户。

　　如果将具有"HMI 访问权限"的组态下载到 CPU 后，可以在无密码的情况下实现 HMI 访问功能。要具有"读访问权限"，用户必须输入"读访问权限"的已组态密码"密码 2"。要具有"完全访问权限"，用户必须输入"完全访问权限"的已组态密码"密码 3"。

　　2）"连接机制"，设置激活"允许来自远程对象的 PUT/GET 通信访问"后，如图 3-41 所示，CPU 才允许与远程伙伴进行 PUT/GET 通信。

连接机制 _____

　　　　　　　　　　　　　　　☑允许来自远程对象的 PUT/GET 通信访问

图 3-41　连接机制

　　3）"安全事件"，部分安全事件会在诊断缓冲区中生成重复条目，可能会堵塞诊断缓冲区。通过组态时间间隔来汇总安全事件可以抑制循环消息，时间间隔的单位可以设置为秒、分钟或小时，数值范围设置为 1~255，在每个时间间隔内，CPU 仅为每种事件类型生成一个组警报，如图 3-42 所示。

图 3-42　安全事件

　　4）"外部装载存储器"，激活"禁止从内部装载存储器复制到外部装载存储器"，可以防止从 CPU 集成的内部装载存储器到外部装载存储器的复制操作，如图 3-43 所示。

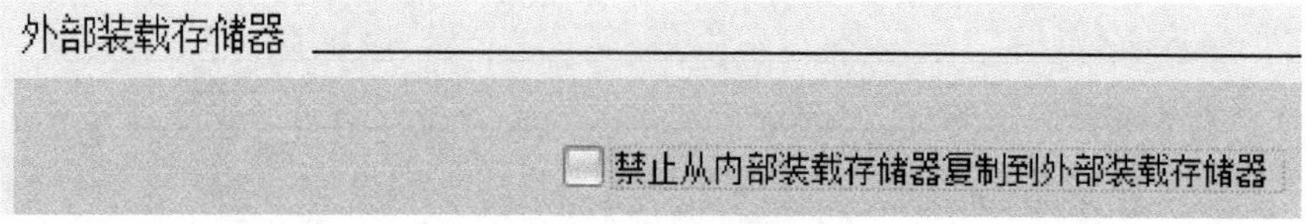

外部装载存储器

☐ 禁止从内部装载存储器复制到外部装载存储器

图 3-43 外部装载存储器

3.4.15 组态控制

组态控制可用于组态控制系统的结构，将一系列相似设备单元或设备所需的所有模块都在具有最大组态的主项目（全站组态方式）中进行组态，操作员可通过人机界面等方式，根据现场特定的控制系统轻松地选择某种站组态方式。它们无需修改项目，因此也无需下载修改后的组态。节约了重新开发的很多工作量。

要想使用组态控制，首先要激活"允许通过用户程序重新组态设备"，如图 3-44 所示，然后创建规定格式的数据块，通过指令 WRREC，将数据记录 196 的值写入到 CPU 中，最后通过写数据记录来实现组态控制。

组态控制

集中组态控制

☐ 允许通过用户程序重新组态设备

图 3-44 组态控制

3.4.16 连接资源

连接资源页面显示了 CPU 连接中的预留资源与动态资源概览，如图 3-45 所示。

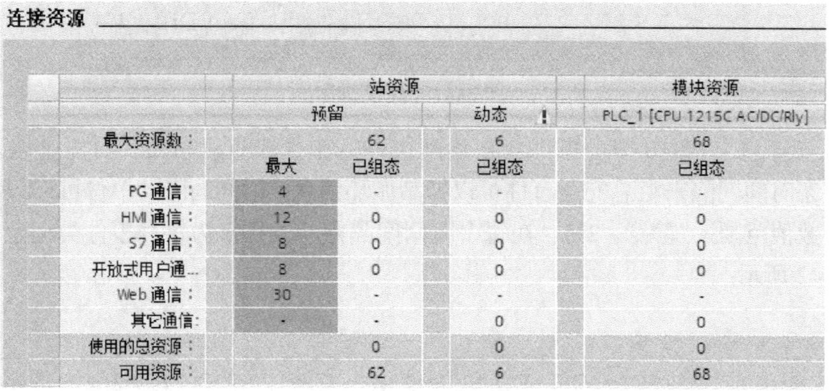

连接资源

| | 站资源 | | | 模块资源 |
	预留	动态 !	PLC_1 [CPU 1215C AC/DC/Rly]
最大资源数:	62	6	68
	最大	已组态	已组态	已组态
PG 通信:	4	-	-	-
HMI 通信:	12	0	0	0
S7 通信:	8	0	0	0
开放式用户通…:	8	0	0	0
Web 通信:	30	-	-	-
其它通信:	-	-	0	0
使用的总资源:		0	0	0
可用资源:		62	6	68

图 3-45 连接资源

3.4.17 地址总览

地址总览以表格的形式显示已经设置使用的所有输入和输出地址，通过选中不同的复选框，可以设置要在地址总览中显示的对象：输入、输出、地址间隙和插槽。地址总览表格中可以显示地址类型、起始地址、结束地址、字节大小、模块信息、机架、插槽、设备名称、设备编号、归属总线系统（PN、DP）、过程映像分区和组织块等信息，如图 3-46 所示。

地址总览

过滤器:	☑输入					☑输出			☐地址间隙		☑插槽
类型	起始地址 ▲	结束地址	大小	模块	机架	插槽	设备名称	设备编号	主站/IO系统	PIP	OB
I	0	1	2字节	DI 14/DQ 10_1	0	1 1	PLC_1 [CPU 1215C AC/DC/Rly]	-	-	自动更新	-
O	0	1	2字节	DI 14/DQ 10_1	0	1 1	PLC_1 [CPU 1215C AC/DC/Rly]	-	-	自动更新	-
I	64	67	4字节	AI 2/AQ 2_1	0	1 2	PLC_1 [CPU 1215C AC/DC/Rly]	-	-	自动更新	-
O	64	67	4字节	AI 2/AQ 2_1	0	1 2	PLC_1 [CPU 1215C AC/DC/Rly]	-	-	自动更新	-
I	1000	1003	4字节	HSC_1	0	1 16	PLC_1 [CPU 1215C AC/DC/Rly]	-	-	自动更新	-
O	1000	1001	2字节	Pulse_1	0	1 32	PLC_1 [CPU 1215C AC/DC/Rly]	-	-	自动更新	-
O	1002	1003	2字节	Pulse_2	0	1 33	PLC_1 [CPU 1215C AC/DC/Rly]	-	-	自动更新	-
I	1004	1007	4字节	HSC_2	0	1 17	PLC_1 [CPU 1215C AC/DC/Rly]	-	-	自动更新	-
O	1004	1005	2字节	Pulse_3	0	1 34	PLC_1 [CPU 1215C AC/DC/Rly]	-	-	自动更新	-
O	1006	1007	2字节	Pulse_4	0	1 35	PLC_1 [CPU 1215C AC/DC/Rly]	-	-	自动更新	-
I	1008	1011	4字节	HSC_3	0	1 18	PLC_1 [CPU 1215C AC/DC/Rly]	-	-	自动更新	-
I	1012	1015	4字节	HSC_4	0	1 19	PLC_1 [CPU 1215C AC/DC/Rly]	-	-	自动更新	-

图3-46　地址总览

3.5　扩展模板模块属性设置

3.5.1　I/O扩展模板模块属性设置

在TIA博途软件的"设备视图"下，单击要设置参数的模块，在模块属性视图中可设置模板的参数，I/O扩展模块属性设置与CPU本体上的输入输出设置基本相似，如图3-47所示为1块SM1223扩展模块的属性设置。

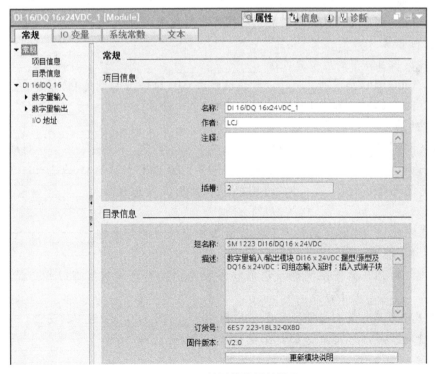

图3-47　I/O扩展模块属性设置

3.5.2 通信模板模块属性设置

与I/O扩展模板模块属性设置相似,在属性视图中可设置通信模板模块的参数,如图3-48所示为通信板CB1241常规属性设置。

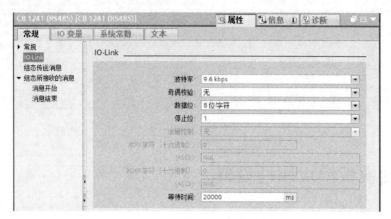

图 3-48 通信模板属性设置

习 题

一、填空题

1. S7-1200 PLC自动化系统需要对各硬件进行组态、参数设置和通信互联,项目中的组态要与实际系统_____。

2. HMI的项目库中的类型都包括_____、_____和_____。

3. S7-1200 CPU集成的_____和通信模块CM1243-5都支持PG功能。

4. S7-1200 CPU的每个PN接口在出厂时都有一个永久的唯一的_____,可以在模块上看到它的地址。

5. MAC地址是_____二进制数,分为_____字节,一般用_____进制数表示。

6. IP地址由_____二位进制数组成。S7-1200 CPU默认的IP地址为_____。

7. 子网掩码是一个_____二进制数,用于将IP地址划分为_____和_____的地址。

8. 在监控表的"名称"列输入PLC变量表中定义过的变量的_____,"地址"列将会自动出现该变量的_____。

9. S7-1200 PLC只能强制外设输入和外设输出,不能强制组态时指定给_____、_____和_____的I/O点。

10. 触发器用来设置扫描循环的哪一点来_____或_____选中的变量。

11. "上电后启动"定义了CPU上电后的启动特性,有_____、_____、_____3个选项。

12. 模拟量输出设置"电流范围"输出的电流信号范围为_____。

13. "循环周期监视时间"设置程序最大的循环周期时间,范围为_____,默认值为_____。

14. 为 CPU 设置时区，中国选择_____。

15. 使用系统存储器默认的地址 MB5，_____位是首次扫描位。

二、简答题

1. 怎样设置才能在打开博途软件时用项目视图打开最近的项目？

2. 硬件组态有什么任务？

3. 怎样设置保存项目的默认文件夹？

4. HMI 中按钮动画属性里包含哪些选项？

5. 怎样组态 CPU 的 PROFINET 接口？

6. 下载项目的方法有哪几种？

7. 什么是 MAC 地址和 IP 地址？子网掩码有什么作用？

8. 计算机与 S7-1200 通信时，怎样设置网卡的 IP 地址和子网掩码？

9. 写出 S7-1200 CPU 默认的 IP 地址和子网掩码。

10. 怎样用程序状态监视修改变量的值？

11. 监控表有哪些功能？

12. 怎样设置数字量输入点的上升沿中断功能？

13. 怎样设置时钟存储器字节？时钟存储器字节中哪一位的时钟脉冲周期为 500ms？

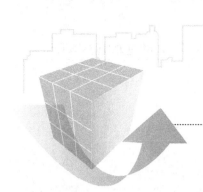

第4章

S7-1200 PLC程序设计基础

4.1 PLC 的编程语言

PLC 从本质上讲是计算机系统，因此需要编写用户程序来实现控制任务。PLC 的编程语言与一般计算机语言相比，具有明显的特点。它既不同于高级语言，也不同于一般的汇编语言；它既要满足易于编写又要满足易于调试的要求。

IEC61131 是 IEC（国际电工委员会）制定的 PLC 标准，第三部分 IEC61131-3 是关于 PLC 编程语言的标准。目前，越来越多的 PLC 生产厂家提供符合 IEC61131-3 标准的产品，该标准也成为各种工控产品的软件标准。

IEC61131-3 标准详细说明了句法、语义和下述五种编程语言，既有图形化编程语言也有文本化编程语言。

1）指令表（IL-Instruction List），西门子 PLC 称为语句表，简称 STL。

2）结构化文本（ST-Structured Text），西门子 PLC 称为结构化控制语言（Structured Control Language），简称 SCL。

3）梯形图（LD-Ladder Diagram），西门子 PLC 简称为 LAD。

4）功能块图（FBD-Function Block Diagram），简称 FBD。

5）顺序功能图（SFC-Sequential Function Chart），对应于西门子的 S7-Graph。

在 PLC 控制系统设计中，不同的 PLC 编程软件对以上五种编程语言的支持种类是不同的。S7-1200 使用梯形图（LAD）、功能块图（FBD）和结构化控制语言（SCL）这三种编程语言。

4.1.1 梯形图

梯形图（LAD）编程语言是从继电器-接触器控制系统电气原理图的基础上演变而来的，基本思想是一致的，只是在使用符号和表达方式上有一定区别。作为首先在 PLC 中使用的编程语言，梯形图保留了继电器-接触器电路图的风格和习惯，成为广大电气技术人员最容易接受和使用的编程语言。

梯形图由触点、线圈和用方框表示的指令框组成。在梯形图中，触点从左母线开始进行逻辑连接，代表逻辑输入条件，通常是外部的开关及内部条件；线圈通常代表逻辑运算的结果，用来控制外部负载或内部标志位。指令框也可以作为逻辑的输出，用来表示定时器、计数器或数学运算指令。

分析和编写梯形图程序的关键是梯形图的逻辑解算。根据梯形图中各触点的状态和逻辑关系，求出与图中各线圈对应编程元件的状态，称为梯形图的逻辑解算。梯形图中逻辑解算是按从左至右、从上到下的顺序进行的。解算的结果，马上可以被后面的逻辑解算所利用。逻辑解算是根据输入映像寄存器中的值，而不是根据解算瞬时外部输入触点的状态来进行的。

　　解算时，可假想有一个"概念电流"或"能流"（Power Flow），"能流"可以通过被激励（ON）的常开触点和未被激励（OFF）的常闭触点自左向右流。"能流"在任何时候都不会通过接点自右向左流。如图 4-1 所示，当"start"与"stop"触点同时接通或者"motor"与"stop"触点同时接通时，"能流"流过"motor"线圈，线圈接通（被激励），只要其中一个触点不接通，线圈就不会接通。若程序中无跳转指令，则程序执行到最后，下一次扫描循环又从程序段 1 开始执行。

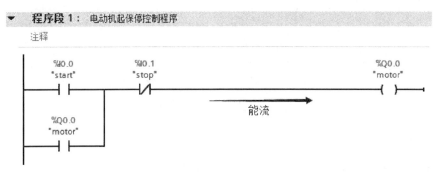

图 4-1　典型的电动机起保停梯形图

　　梯形图具有形象、直观、简单明了、易于理解的特点，特别适用于开关量逻辑控制，是所有编程语言的首选。

4.1.2　功能块图

　　功能块图（FBD）是一种类似于数字逻辑门电路的编程语言。该编程语言用类似"与门""或门"的方框来表示逻辑运算关系，方框的左侧为逻辑运算的输入变量，右侧为输出变量，输入、输出端的小圆圈表示"非"运算，方框被"导线"连接在一起，信号自左向右运动。如图 4-2 所示

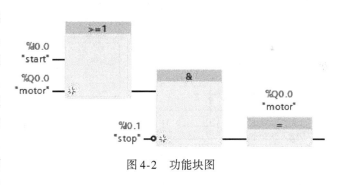

图 4-2　功能块图

为功能块图，它与图 4-1 所示梯形图的控制逻辑相同。

4.1.3　结构化控制语言

　　结构化控制语言（SCL）是一种基于 PASCAL 的高级编程语言，这种语言基于 IEC1131-3 标准。SCL 除了包含 PLC 的典型元素（例如输入、输出、定时器或存储器）外，还包含高级编程语言中的表达式、赋值运算和运算符。SCL 提供了简便的指令进行程序控制。例如创建程序分支、循环或跳转，SCL 尤其适用于数据管理、过程优化、配方管理和数学计算、统计等应用领域。

　　如果想要在 TIA Portal 编程环境切换编程语言，可以打开项目树中 PLC 的"程序块"，

选中其中的某一个代码块，打开程序编辑器后，在"属性"选项卡中可以用"语言"下拉菜单进行语言选择与切换，如图4-3所示。LAD 和 FBD 语言可以相互切换。而 SCL 语言只能在"添加新块"对话框中选择。

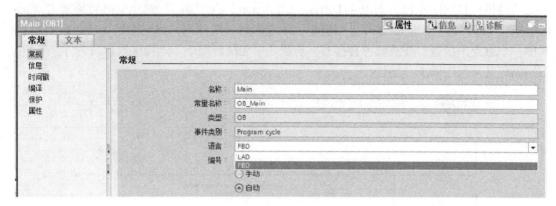

图4-3　选择切换编程语言

4.2　编写用户程序

在第1章已经讲过顺序控制电路，现在改为如下控制要求：按下起动按钮 SB1，接触器 KM1 接通，油泵电动机 M1 运行；经过 5s 延时后，KM2 自动接通，主轴电动机 M2 运行。运行过程中按下停止按钮 SB2 或热继电器动作，两台电动机均停止运行。

首先绘制主电路和控制电路电气原理图，并按图配线，如图4-4所示。

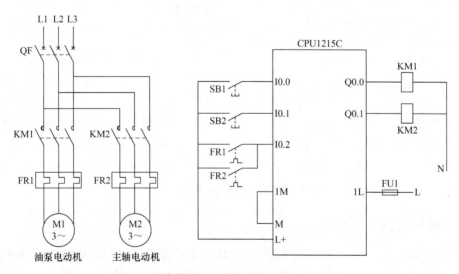

图4-4　顺序控制主电路和控制电路电气原理图

4.2.1　程序编辑器简介

打开 TIA Portal 编程环境，选择"创建新项目"，项目名称"电机启动控制"。在"设备组态"选项卡中选择"添加新设备",添加控制器"CPU 1215C AC/DC/Rly"。在项目视图项目树中,双击打开程序块下的"Main [OB1]",打开主程序视图,如图4-5所示,在程序编辑器中创建用户程序。

图 4-5　程序编辑器视图

程序编辑器画面采用分区显示,各个区域可以通过鼠标拖拽调整大小,也可以单击相应的按钮完成浮动、最大最小化、关闭、隐藏等操作。

图 4-5 中标号为①的区域为设备项目树,在该区域用户可以完成设备的组态、程序编制、块的操作等,因此,此区域为项目的导航区,双击任意目录,右侧将展示目录内容的工作区域。整个项目的设计主要围绕本区域进行。标号为②的区域为详细视图,单击①区域中的选项,则②区域展示相应的详细视图,如单击"默认变量表",则详细视图中显示该变量表中的详细变量信息。

标号为③的区域为代码块的接口区,可通过鼠标将分隔条向上拉动将本区域隐藏。标号为④的区域为程序编辑区,用户程序主要在此区域编辑生成。标号为⑤的区域是打开的程序块的巡视窗口,可以查看属性、信息和诊断。如单击"程序段 1"后,在巡视窗口"属性"中改变编程语言。

标有⑥的选项按钮对应已经打开的窗口,鼠标单击该选项按钮跳转至相应的界面。即单击图 4-5 最右边垂直条上的"测试""任务"和"库"按钮,可以分别在任务卡中打开测试、任务和库的窗口。

标号为⑦的区域是指令的收藏夹,用于快速访问常用的编程指令。标号为⑧的区域是任务卡中的指令列表,可以将常用指令拖拽至收藏夹,在收藏夹中可以通过单击鼠标右键删除指令。

4.2.2　使用变量表

"变量表"用来声明和修改变量。PLC 变量表包含整个 CPU 范围内有效的变量和符号常量的定义。系统会为项目中使用的每个 CPU 自动创建一个"PLC 变量"文件夹，包含"显示所有变量""添加新变量表""默认变量表"。也可以根据要求为每个 CPU 创建多个用户自定义变量表以分组变量。还可以对用户定义的变量表重命名、整理合并为组或删除。

1. 变量的声明与修改

打开项目树中的"PLC 变量"文件夹，双击其中的"添加新变量表"，并重命名为"IO变量表"。双击打开"IO 变量表"编辑器，在有"添加"字样的空白行处双击，根据电气原理图声明变量名称、地址、注释。单击数据类型列隐藏的"数据类型"按钮，选择设置变量的数据类型，按钮、热继电器、接触器全部为"Bool"类型，如图 4-6 所示。可用的PLC 变量地址和数据类型可参考 TIA 博途在线帮助。注意，在"地址"列输入绝对地址时，按照 IEC 标准，将为变量添加"%"符号。图 4-6 显示了已经声明的变量，用户还可以在空白行处继续添加。也可以不添加新变量表，直接双击打开"显示所有变量"或"默认变量表"，在其中添加声明变量。

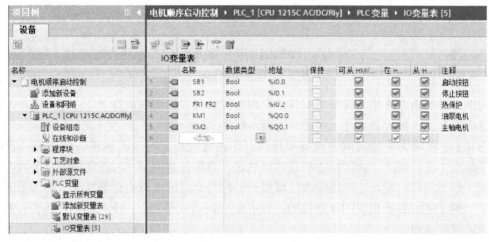

图 4-6 新建变量表声明变量

使用符号地址可以增加程序的可读性。用户在编程过程中首先用 PLC 变量表声明定义变量的符号地址（名称），然后在程序中使用它们。用户还可以在变量表中修改已经创建的变量，修改后的变量在程序中同步更新。

2. 变量的快速声明

如果用户要创建同类型的变量，可以使用快速声明变量功能。在变量表中单击选中已有的变量"SB1"左边的标签，用鼠标按住左下角的蓝色小正方形不放，向下拖动，在空白行可声明新的变量，且新的变量将继承上一行变量的属性。也可以像 Excel一样单击选中已有的变量"SB1"，用鼠标按住选中框右下角的黑点向下拖动鼠标，从而快速声明新的变量。

3. 设置变量的断电保持功能

单击工具栏上的 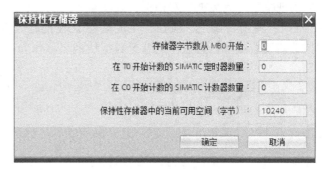 按钮，可以用打开的对话框设置 M 区从 MB0 开始的具有断电保持功能的字节数，如图 4-7 所示。设置后有保持功能的 M 区变量的"保持性"列选择框中出现"√"。将项目下载到 CPU 后，M 区的保持功能起作用。

图 4-7　设置保持性存储器

4. 变量表中的变量排序

变量表中的变量可以按照名称、数据类型或者地址进行排序，如单击变量表中的"地址"，该单元则出现向上的三角形，各变量按地址的第一个字母升序排序（A～Z）。再单击一次，三角形向下，变量按名称第一个字母降序排序。可以用同样的方法根据名称和数据类型进行排序。

5. 全局变量与局部变量

在 PLC 变量表中定义的变量可用于整个 PLC 中所有的代码块，具有相同的意义和唯一的名称。在变量表中，可为输入 I、输出 Q 和位存储器 M 的位、字节、双字等定义为全局变量。全局变量在程序中被自动地添加双引号标识，如"SB1"。

局部变量只能在它被定义的块中使用，而且只能通过符号寻址访问，同一个变量的名称可以在不同的块中分别使用一次。可以在块的接口区定义块的输入/输出参数（Input、Output 和 Inout 参数）和临时数据（Temp），以及定义函数块（FB）的静态变量（Static）。在程序中，局部变量被自动添加#号，如"#启动按钮"。

6. 使用帮助

TIA 博途用户提供了帮助系统，帮助被称为信息系统，可以通过菜单命令"帮助"中的"显示帮助"，或者选中某个对象，按 <F1> 键打开。另外，还可以通过目录查找到感兴趣的帮助信息。

4.2.3　生成用户程序

首先选择程序段 1 中的水平线，依次单击程序段 1 上方的常用编程元件 ⊣├、⊣/├ 和 ⊣○├，则水平线上出现从左至右串联的常开触点、常闭触点和线圈，然后选中左母线（最左边垂直的线），依次选择 ↦、⊣├ 和 ↧，完成自锁程序，即生成与上边常开触点并联的 Q0.0 常开触点。在选择编程元件的时候，可以在 <??.?> 处输入元件的地址，并重命名变量。

选中图 4-8 中程序段 1I0.2 右侧的水平线，单击 ↦ 出现程序支路，在指令树中选择"定时器操作"中的指令 TON，并将其拖动到该支路上。由于 S7-1200 PLC 采用的 IEC 定时器和计数器都属于函数块（FB），在调用时需要指定背景数据块，用来保存相关数据。调用时自动出现指定背景数据块对话框，如图4-9所示。在这里，我们可以将定时器背景块重命名为"T1"，单击"确定"按钮，生成指令TON的背景数据块DB1。S7-1200 PLC中定时器和计数器没有编号，可以使用背景数据块的名称作为其标识符。

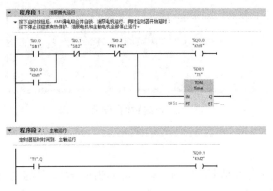

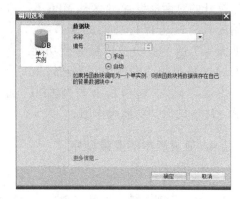

图4-8　梯形图程序　　　　　　　　　　　图4-9　定时器背景数据块

定时器定时时间在PT端指定，在这里输入"t#5s"。定时器的输出位Q是它在背景数据块中的变量，命名为"T1".Q。当定时时间大于等于PT端预置值时，该位变为1。按照前面所述的方法生成图4-8中的第二段程序。为了在第二段程序中第一个常开触点处输入"T1".Q，可以先单击此处的〈??.?〉，再单击回按钮，单击出现的地址列表中的"T1"，继续单击"T1"下列表中的"Q"，然后地址列表自动消失。

注意，S7-1200的梯形图允许在一个程序段中生成多个独立程序电路，这一点与S7-200、S7-300/400是不同的。

程序生成完毕后，及时保存项目，并单击编译按钮 对程序进行编译。程序编辑器上方的插入程序段按钮 用于新建程序段；删除程序段按钮 用于删除程序段；打开所有程序段按钮 和关闭所有程序段按钮 分别用于打开和关闭所有程序段；绝对/符号操作数按钮 可在不同的地址格式间进行切换。

4.2.4　下载并调试程序

程序生成完毕，编译、保存、下载后，单击程序编辑器工具栏上的启用/禁用监视按钮 ，启动程序状态监视，如图4-10所示。更详细内容参照第3.3节用TIA博途STEP7调试程序。

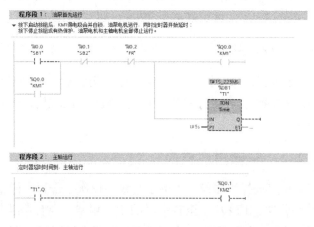

图4-10　下载并调试程序

4.3　数据类型

在上一节变量的生成与修改中，选择设置了按钮、热继电器、接触器的数据类型为

"Bool"类型，那么定时器是什么类型？房间的温度值23.4℃又是什么类型？

数据类型（Data type）是数据在PLC（计算机）中的组织形式，它包含了数据的长度及数据所支持的操作方式（支持哪些指令）。编程时给变量（Variable）指定数据类型后，编译器会给该变量分配一定长度的内存并明确该变量的操作方式。透彻理解数据类型是程序设计的基本要求。

S7-1200的数据类型分为以下几种，基本数据类型、复杂数据类型、PLC数据类型（UDT）、VARIANT、系统数据类型、硬件数据类型。此外，当指令要求的数据类型与实际操作数的数据类型不同时，还可以根据数据类型的转换功能来实现操作数的输入。

4.3.1　基本数据类型

基本数据类型为具有确定长度的数据类型。表4-1给出了基本数据类型的属性。

表4-1　基本数据类型

变量类型	符号	位数	取值范围	说明
位	Bool	1	1，0	位变量，I0.1，DB1.DBX2.2
位序列	Byte	8	16#00 ~16#FF	占1字节，16#12，MB0，DB1.DBB2
	Word	16	16#0000 ~16#FFFF	16#ABCD，MW0，DB1.DBW2
	DWord	32	16#00000000 ~16#FFFFFFFF	16#02468ACE，DB1.DBD2
整数	SInt	8	−128 ~127	占1字节
	Int	16	−32768 ~32767	占2字节
	Dint	32	−2147483648 ~2147483647	占4字节
	USInt	8	0 ~255	占1字节
	UInt	16	0 ~65535	占2字节
	UDInt	32	0 ~4294967295	占4字节
浮点数	Real	32	$\pm 1.175495 \times 10^{-38} \sim \pm 3.402823 \times 10^{38}$	占4字节，有6个有效数字
	LReal	64	$\pm 2.2250738585072020 \times 10^{-308} \sim$ $\pm 1.7976931348623157 \times 10^{308}$	占8字节，最多有15个有效数字
日期和时间	Time	32	t#−24d20h31m23s648ms ~ t#24d20h31m23s648ms	占4字节，时基为毫秒表示的有符号双整数时间
	Date	16	0 ~65535 对应 D#1990−01−01 ~ D#2169−06−06	占2字节，将日期作为无符号整数保存
	TOD（Time_Of_day）	32	TOD#00:00.000 ~ TOD#23:59.999	占4字节，指定从00:00.000开始的毫秒数
字符	Char	8	ASCII编码 16#00 ~16#7F	占1字节，'A'，'t'，'@'
	WChar	16	Unicode编码 16#0000 ~16#D7FF	占2字节，支持汉字，'中'

1. 位

位数据的数据类型为Bool（布尔）型，长度为1位，两个取值True/False（真/假），对应二进制数中的"1"和"0",用来表示数字量(开关量)的两种不同的状态,如触点的接通和断开、线圈的通电和断电等。在编程软件中,Bool变量的值为2#1和2#0。

位存储单元的地址由字节地址和位地址组成,例如地址I3.2中的区域标识符"I"代表输入寄存器区(Input),字节地址为3,位地址为2,如图4-11所示。这种存取方式称为"字节.位"寻址。

2. 位序列

数据类型为Byte、Word、DWord统称为位序列。它们占用内存空间大小不同,其常数通常用十六进制数表示。

1)字节(Byte),八位二进制数组成一个字节,其中第0位为最低位,第7位为最高位。例如I3.0~I3.7构成了字节IB3,M100.0~M100.7构成了字节MB100,其中B代表Byte。

2)字(Word),两个相邻字节组成一个字,其中第0位为最低位,第15位为最高位。字地址命名以较小存储字节号命名,例如字MW100由字节MB100和MB101组成,如图4-12所示。MW100中的M是存储区标识符,W表示字。应用字存储区时注意地址号不要冲突重叠使用。如果使用了MW100,就不可以再使用MW101(由MB101和MB102组成),因为两个存储区中MB101是重叠的。

3)双字(DWord),两个相邻的字组成一个双字,其中第0位为最低位,第31位为最高位(即连续4个字节)。双字MD100由字节MB100、MB101、MB102和MB103组成,或由MW100和MW102组成,如图4-12所示。使用双字也要注意地址重叠问题,使用了MD100后,下一个地址可以使用MD104,其命名原则也是按照组成字节的最小字节号命名。

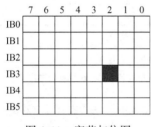

图4-11 字节与位图

图4-12 字节、字和双字

3. 整数

整数(Int)数据类型长度有8、16、32位,又可分为带符号整数和无符号整数两种。S7-1200有6种整数类型供用户使用,见表4-1,所有整数的符号中均有Int。符号中带S的为8位整数(短整数),带D的为32位整数(双整数),不带S、D的为16位整数。带有U标识的为无符号整数。有符号整数最高位为符号位,1代表负数,0代表正数。有符号整数用补码表示,正数的补码是其本身,将一个正数对应的二进制位的各位数求反码后加1,可以得到绝对值与它相同的负数的补码。

4. 浮点数

浮点数(Float)又称为实数(Real),分为32位和64位。浮点数的优点是用很少的存储空间表示非常大和非常小的数。PLC 输入和输出大多为整数，例如模拟量输入和输出值。用浮点数来处理这些数据需要进行数据类型的转换，浮点数的运算速度要比整数运算慢一些。

在编程软件中，用十进制小数来表示浮点数，例如 50 是整数，50.0 为浮点数。

5. 字符

每个字符（Char）占用一个字节，以 ASCII 格式存储。字符常量用英文加单引号表示，例如 'A' 't'。每个宽字符（WChar）占用 2 个字节，以 Unicode 格式存储，支持汉字。

6. 日期和时间

S7-1200 的 Time 采用 IEC 格式时间，它是有符号双整数，其单位为 ms，取值范围及输入方式为 t#-24d_20h_31m_23s_648ms ~ t#24d_20h_31m_23s_647ms。其中 d、h、m、s、ms 分别为天、小时、分钟、秒和毫秒。编辑时可以选择性使用日期（d）、小时（h）、分钟（m）、秒（s）和毫秒（ms）作为单位。不需要指定全部时间单位。例如，t#5h10s 和 t#500h 均有效。所有指定单位值的组合值不能超过以毫秒表示的时间日期类型的上限或下限（-2,147,483,648 ~ 2,147,483,647ms）。

Date，将日期作为无符号整数保存，占 2 字节，0 ~ 65535 对应 D#1990-01-01 ~ #2169-06-06。

TOD（Time_Of_day），占 4 字节，TOD#00:00.000 ~ TOD#23:59.999 指定从 00:00.000 开始的毫秒数。

4.3.2　复杂数据类型

1. 数组

数组类型（Array）是由固定数目的同一种数据类型元素组成的数据结构。可以创建包含多个相同数据类型元素的数组，可为数组命名并选择数据类型"Array [lo..hi] of type"。lo-为数组的起始（最低）下标；hi-为数组的结束（最高）下标；type-为数据类型之一，例如 BOOL、SINT、UDINT。允许使用除 Array、Variant 类型之外的所有数据类型作为数组的元素，数组维数最多为 6 维。数组元素通过下标进行寻址。

示例：数组声明

ARRAY [1..20] of REAL 一维，20 个实数元素

ARRAY [-5..5] of INT 一维，11 个整数元素

ARRAY [1..2,3..4] of CHAR 二维，4 个字符元素

图 4-13 给出了一个名为"电机电流"的二维数组 Array [1..2,1..3] of Byte 的内部结构，它一共有 6 个字节型元素，第一维的下标 1、2 是电动机编号，第二维的编号 1、2、3 是三相电流的序号。如数组元素"电机电流 [1,2]"是 1 号电动机的第 2 相电流。

在用户程序中，可以用符号地址"数据块_1" . 电机电流 [1,2] 进行访问。关于数据块的内容将在后续章节进行介绍。

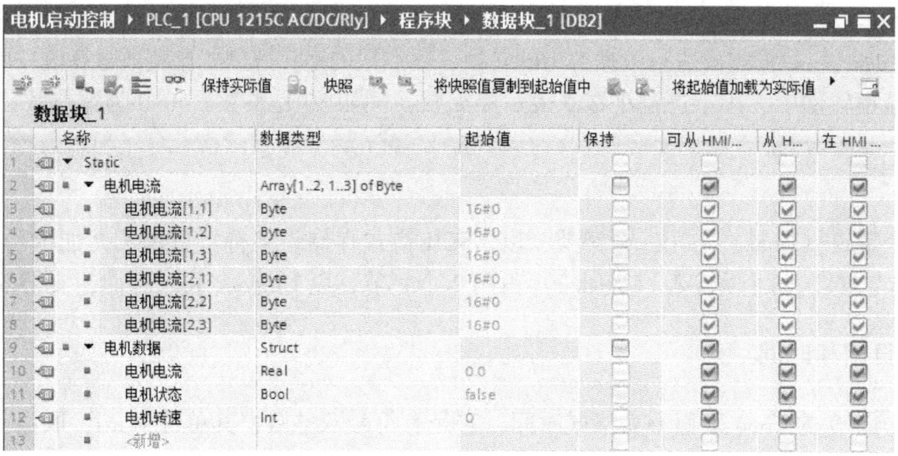

图 4-13　数据块中创建二维数组及结构

2. 字符串

字符串型（String）是由字符组成的一维数组，每个字节存放 1 个字符。第 1 个字节是字符串的最大字符长度，第 2 个字节是字符串当前有效字符的个数，字符从第 3 个字节开始存放，一个字符串最多有 254 个字符。用单引号表示字符串常数，如 'ASDFGHJ' 是有 7 个字符的字符串常数。

数据类型 WString（宽字符串）存放多个数据类型为 Wchar 的 Unicode 字符（长度为 16 位的宽字符，包括汉字）；宽字符前面需加前缀 WString#，在西门子编程环境中自动添加，例如 WString# '西门子'。

3. 日期时间

日期时间（DTL）表示由日期和时间定义的时间点，它由 12 个字节组成。可以在全局数据块或块的接口区中定义。12 个字节分别为年（占 2 个字节）、月、日、星期代码、小时、分、秒（各占 1 字节）和纳秒（4 字节），均为 BCD 码。星期日～星期六代码为 1～7。日期时间最小值为 DTL#1970 - 01 - 01 - 00:00:0.0，最大值为 DTL#2262 - 04 - 11 - 23:47:16.854775807，该格式中不包括星期。

4. 结构

结构（Struct）是由固定数目的不同数据类型的元素组成的数据结构。结构的元素可以是数组和结构，嵌套深度限制为 8 级（与 CPU 型号相关）。用户可以把过程控制中有关的数据统一组织在一个结构中，作为一个数据单元来使用，为统一地调用和处理提供了方便。

在图 4-13 中，数据块_1 的第 9 行创建了一个名为"电机数据"的结构，数据类型为 Struct。在第 10～12 行依次生成了 3 个数据元素（电机电流、电机状态、电机转速）。若引用该数据结构元素，格式如："数据块_1". 电机数据. 电机状态。

4.3.3　PLC 数据类型

从 TIA 博途 V11 开始，S7 - 1200 支持 PLC 数据类型（UDT）。UDT 类型是一种由多个不同数据类型元素组成的数据结构，元素可以是基本数据类型，也可以是 Struct、数组等复杂数据类型以及其他 UDT 等。UDT 类型嵌套 UDT 类型的深度限制为 8 级。

UDT 类型可以在 DB、OB、FC、FB 接口区处使用。从 TIA 博途 V13SP1、S7－1200 V4.0 开始，PLC 变量表中的 I 和 Q 也可以使用 UDT 类型。

UDT 类型可在程序中统一更改和重复使用，一旦某 UDT 类型发生修改，执行软件全部编译可以自动更新所有使用该数据类型的变量。

定义为 UDT 类型的变量在程序中可作为一个变量整体使用，也可单独使用组成该变量的元素。此外还可以在新建 DB（Data Block，数据块）时，直接创建 UDT 类型的 DB，该 DB 只包含一个 UDT 类型的变量。

UDT 类型作为整体使用时，可以与 Variant、DB_ANY 类型及相关指令默契配合。

理论上来说，UDT 是 Struct 类型的升级替代，功能基本完全兼容 Struct 类型。用户可以通过打开项目树的"PLC 数据类型"文件夹，双击"添加新的数据类型"来创建 PLC 数据类型。定义好以后，可以在用户程序中作为数据类型使用。

4.3.4　Variant 指针

Variant 类型的参数是一个可以指向不同数据类型变量（而不是实例）的指针。Variant 可以是一个元素数据类型的对象，例如 Int 或 Real；也可以是一个 String、DTL、Struct、数组、UDT 或 UDT 数组。Variant 指针可以识别结构，并指向各个结构元素。Variant 数据类型的操作数在背景 DB 或 L 堆栈中不占用任何空间，但是将占用 CPU 的存储空间。

Variant 类型的变量不是一个对象，而是对另一个对象的引用。Variant 类型的各元素只能在函数块的接口中声明。因此，不能在数据块或函数块的块接口静态部分中声明。例如，因为各元素的大小未知，所引用对象的大小可以更改。

Variant 数据类型只能在块接口的形参中定义。Variant 数据类型具体使用方法请参考帮助。

4.3.5　系统数据类型（SDT）

系统数据类型如表 4-2 所示，由系统提供具有预定义的结构，由固定数目的具有各种数据类型的元素构成，不能更改该结构。系统数据类型只能用于特定指令。表中的部分数据类型还可以在新建 DB 块时，直接创建系统数据类型的 DB。

表 4-2　系统数据类型

系统数据类型	字节数	说　　明
IEC_TIMER	16	定时器结构。此数据类型可用于"TP""TOF""TON""TONR"指令
IEC_SCOUNTER	3	计数值为 SINT 数据类型的计数器结构。此数据类型用于"CTU""CTD"和"CTUD"指令
IEC_USCOUNTER	3	计数值为 USINT 数据类型的计数器结构。此数据类型用于"CTU""CTD"和"CTUD"指令
IEC_COUNTER	6	计数值为 INT 数据类型的计数器结构。此数据类型用于"CTU""CTD"和"CTUD"指令
IEC_UCOUNTER	6	计数值为 UINT 数据类型的计数器结构。此数据类型用于"CTU""CTD"和"CTUD"指令

（续）

系统数据类型	字节数	说　明
IEC_DCOUNTER	12	计数值为 DINT 数据类型的计数器结构。此数据类型用于"CTU""CTD"和"CTUD"指令
IEC_UDCOUNTER	12	计数值为 UDINT 数据类型的计数器结构。此数据类型用于"CTU""CTD"和"CTUD"指令
ERROR_STRUCT	28	编程错误信息或 I/O 访问错误信息的结构。此数据类型用于"GET_ERROR"指令
CREF	8	数据类型 ERROR_STRUCT 的组成，在其中保存有关块地址的信息
NREF	8	数据类型 ERROR_STRUCT 的组成，在其中保存有关操作数的信息
VREF	12	用于存储 VARIANT 指针。此数据类型用在运动控制工艺对象块中
CONDITIONS	52	用户自定义的数据结构，定义数据接收的开始和结束条件。此数据类型用于"RCV_CFG"指令
TADDR_Param	8	存储通过 UDP 连接说明的数据块结构。此数据类型用于"TUSEND"和"TURCV"指令
TCON_Param	64	存储实现开放用户通信的连接说明的数据块结构。此数据类型用于"TSEND"和"TRCV"指令
HSC_Period	12	使用扩展的高速计数器，指定时间段测量的数据块结构。此数据类型用于"CTRL_HSC_EXT"指令

4.3.6　硬件数据类型

硬件数据类型由 CPU 提供，可用的硬件数据类型个数与 CPU 型号有关。TIA 博途根据硬件组态时设置的模块，存储特定硬件数据类型的常量。它们用于识别硬件组件、事件和中断 OB 等与硬件有关的对象。用户程序使用控制或激活已组态模块的指令时，用硬件数据类型的常数来作指令的参数。PLC 变量表的"系统变量"选项卡列出了 PLC 已组态模块的硬件数据类型变量的值，即硬件组件的标识符。可通过博途环境的帮助，查看硬件数据类型的详细情况。

4.3.7　数据类型转换

1. 显式转换

显式转换是通过现有的转换指令实现不同数据类型的转换，指令包括 CONV、T_CONV、S_CONV。这些转换指令包含非常多数据类型的转换，例如 INT_TO_DINT、DINT_TO_TIME、CHAR_TO_STRING 等。

2. 隐式转换

隐式转换是执行指令时，当指令形参与实参的数据类型不同时，程序自动进行的转换。如果形参与实参的数据类型是兼容的，则自动执行隐式转换。可根据调用指令的 FC/FB/OB 是否使能 IEC 检查，决定隐式转换条件是否严格。通过"FC/FB/OB > 属性 > 属性"设置该块内部是否启用 IEC 检查。默认不设置 IEC 检查，转换条件宽松，除 BOOL 以外的所有基本数据类型以及字符串数据类型都可以隐式转换。若设置 IEC 检查，转换条件严格，BYTE、WORD、SINT、INT、DINT、USINT、UINT、UDINT、REAL、CHAR、WCHAR 数据类型可以隐式转换。

需要注意的是，源数据类型的位长度不能超过目标数据类型的位长度。例如不能将 DWORD 数据类型的操作数声明给 WORD 数据类型的参数。

4.4　S7-1200 CPU 的数据访问

4.4.1　物理存储器

1. PLC 使用的物理存储器

（1）随机存储器　CPU 可读出随机存储器（RAM）中的数据，也可以将数据写入 RAM。断电后，RAM 中的数据将丢失。RAM 工作速度快、价格便宜、改写方便，在关断 PLC 电源后，可以用锂电池保存 RAM 中的用户程序和数据。

（2）只读存储器　只读存储器（ROM）的内容只能读出不能写入。它是非易失的，断电后，仍能保存数据，一般用来存放 PLC 的操作系统。

（3）快闪存储器和电可擦除可编程序只读存储器　快闪存储器（Flash EPROM）简称 FEPROM，电可擦除可编程序只读存储器简称 EEPROM。它们是非易失性的，可以用编程装置对其编程，兼有 ROM 和 RAM 的优点，但是信息写入过程较慢，用来存储用户程序和断电时需要保持的重要数据。

2. 存储卡

SIMATIC 存储卡基于 FEPROM，是预先格式化的 SD 存储卡，有保持功能，用于存储用户程序和某些数据。通常存储卡用作装载存储器（Load Memory）或便携式媒体。

3. S7-1200 CPU 存储器

（1）装载存储器（Load Memory）　装载存储器是非易失性的存储器，可以用来存储用户程序、数据及组态。当一个项目被下载到 CPU，它首先被存储在装载存储器中。当电源消失时，此存储器内容可以保持。

S7-1200 CPU 集成了装载存储器（如 CPU 1214C 集成的装载存储器容量为 2MB），用户也可以通过存储卡来扩展装载存储器的容量。装载存储器类似于计算机硬盘，工作存储器类似于计算机内存条。

（2）工作存储器 RAM（Work memory RAM）　工作存储器是集成在 CPU 中的高速存取 RAM。当 CPU 上电时，用户程序将从装载存储器被复制到工作存储器中运行。当 CPU 断电后，工作存储器中的内容将消失。

（3）保持存储器（Retentive memory）　保持存储器是工作存储器中的非易失部分存储器。它可以在 CPU 掉电时保存用户指定区域的数据。例如 CPU 1214C 集成了 2048B 的保持存储器。

4. 查看存储器的使用情况

鼠标单击项目树中的某个PLC，再单击工具栏中的"工具"，单击菜单中的"资源"命令，可以查看当前项目的存储器使用情况。

与PLC联机后双击项目树中的PLC文件夹内的"在线和诊断"，单击工作区左边窗口"诊断"文件夹中的"存储器"，可以查看PLC运行时存储器的使用情况。

4.4.2 系统存储区

1. 过程映像输入/输出

过程映像输入在用户程序中的标识符为I，它是PLC接收外部输入数字量信号的窗口。输入端可以外接常开或常闭触点，也可以接多个触点组成的串并联电路。在每次扫描循环开始时，CPU读取数字量输入模块的外部输入电路状态，并将它们存入过程映像输入区，如表4-3所示。

表4-3　系统存储区

存储区	描　　　述	强制	保持
过程映像输入（I）	在扫描循环开始时，从物理输入复制到过程映像输入表	Yes	No
物理输入（I_:P）	通过该区域立即读取物理输入	No	No
过程映像输出（Q）	在扫描循环开始时，将过程映像输出表中的值写入输出模块	Yes	No
物理输出（Q_:P）	通过该区域立即写物理输出	No	No
位存储器（M）	用于存储用户程序的中间运算结果或标志位	No	Yes
临时局部存储器（L）	块的临时局部数据，只能供块内部使用	No	No
数据块（DB）	数据存储器与FB的参数存储器	No	Yes

过程映像输出在用户程序中的标识符为Q，每次循环周期开始时，CPU将过程映像输出区的数据传送给输出模块，再由后者驱动外部负载。用户程序访问PLC的输入和输出地址区域时，不是去读、写数字量模块中的信号状态，而是访问CPU的过程映像区。在扫描循环中，用户程序计算输出值，并将它们存入过程映像输出区。在下一循环扫描开始时，将过程映像区的内容写到数字量输出模块。

I和Q均可以按位、字节、字和双字进行访问，例如I0.0、IB0、QW0和QD0。

2. 外设输入和输出

在I/O点的地址或符号地址的后面附加"：P"，可以立即访问外设输入或外设输出（也称为物理输入/输出）。通过给输入点的地址附加"：P"，如"I0.3：P"或者"start：P"，可以立即读取CPU、信号板和信号模块的数字量输入和模拟输入。因为数据从物理信号源直接读取，而不是从最后一次刷新的过程映像输入中复制，因此这种访问被称为"立即读"访问，且该访问是只读的。

由于外设输入点从直接连接在该点的现场设备接收数据值，因此写外设输入是禁止的。用"I_:P"访问外设不会影响存储在过程映像输入区的对应值。

通过给输出点的地址附加"：P"，如"Q0.1：P"或者"run：P"，可以立即写 CPU、信号板和信号模块的数字量输出和模拟输出。因为数据被立即写入目标点，而不是从最后一次刷新的过程映像输出传送给目标地址，因此这种访问被称为"立即写"访问，且该访问是只写的。

由于外设输出点直接控制与该点连接的现场设备，因此读外设输出点是被禁止的。用"Q_:P"访问外设同时影响外设输出点和存储在过程映像输出区的对应值。

3. 位存储区

位存储区（M 存储区）用来存储运算的中间操作状态或其他控制信息，简称 M 区。M区使用频率很高，可以位、字节、字、双字的形式进行访问，程序运行时需要的很多中间变量都存放在 M 区。M 区的数据可以在全局范围内进行访问，不会因为数据块调用结束而被系统收回。但要注意默认情况下 M 区的数据在断电后无法保存，若需要保存该数据，需将该数据设置成断电保持，如图 4-7 所示。系统会在电压降低时自动将其保存到保持存储区。

4. 数据块

数据块（Data Block）简称 DB，用来存储程序的各种数据，包括中间操作状态或者 FB（功能块）的其他控制信息参数，以及某些指令（如定时器、计数器指令）需要的数据结构。

数据块可以按位（如 DB1.DBX3.5）、字节（如 DB1.DBB2）、字（如 DB1.DBW4）或双字（如 DB1.DBD10）进行访问。在访问数据块中的数据时，要指明数据块的名称，如 DB1.DBW20 中 DB1 为数据块的名称。

如果启用了块属性"优化的块访问"，不能用绝对地址访问数据块和代码块接口区中的临时局部数据。

5. 临时存储器

临时存储器用于存储代码块被处理时使用的临时数据。临时存储器类似于 M 存储器，二者的区别在于 M 存储器是全局的，而临时存储器是局部的。

临时存储器主要存放 FB 或 FC 运行过程中的临时变量，它只在 FB 或 FC 被调用的过程中有效，调用结束后该变量的存储区将被操作系统收回。临时数据存储区的数据是局部有效的，也称为局部变量，它只能被调用的 FB 访问。临时变量不能被保存到保持存储区。

4.4.3　数据存储及内存区域寻址

为了存储数据，S7-1200 CPU 提供了如下选项。

1）输入（I）/输出（Q）过程映像区。用户可以在程序中通过访问此区域来读取输入/输出。

2）物理输入/输出区域。相对于输入/输出过程映像区，用户可以通过在输入/输出过程映像区地址后增加"：P"的格式来直接访问物理输入/输出区域。

3）数据块。数据块可以分为全局数据块（Global DB），用来存储所有块都需要访问的数据；背景数据块（Instance DB），用来存储某个 FB 的结构与参数。

4）临时存储区。此区域用来存储临时数据。当程序块执行完毕，此临时存储区被系统释放。地址访问包括以下格式。

1）位寻址，例：I0.0，M0.0，DB1.DBX0.0。

2）字节寻址，例：IB0，MB0，DB1.DBB0。

3）字寻址，例：IW0，MW0，DB1.DBW0。

4）双字寻址，例：ID0，MD0，DB1.DBD0。

5）符号寻址，例："START"，"STOP"。

4.5 用户程序结构

4.5.1 程序结构简介

S7-1200与S7-300/400的用户程序结构基本上相同，相对于S7-200灵活得多。

1. 代码块的种类

S7-1200可采用模块化编程，它将复杂的自动化任务划分为对应于生产过程功能较小的子任务，每个子任务对应于一个称为"块"的子程序，可以通过块与块之间的相互调用来组织程序。这样的程序易于修改、查错和调试。块结构显著地增加了PLC程序的组织透明性、可理解性和易维护性。各种块的简要说明如表4-4所示，其中OB、FB、FC都包含代码，统称为代码（Code）块。

表4-4 用户程序中的块

块	简要描述
组织块（OB）	操作系统与用户程序的接口，决定用户程序的结构
功能块（FB）	用户编写的包含经常使用的功能的子程序，有专用的背景数据块
功能（FC）	用户编写的包含经常使用的功能的子程序，没有专用的背景数据块
背景数据块（DB）	用于保存FB的输入变量、输出变量和静态变量，其数据在编译时自动生成
全局数据块（DB）	存储用户数据的数据区域，供所有的代码块共享

2. 用户程序结构

创建用于自动化任务的用户程序时，需要将程序的指令插入到下列代码块中。

（1）组织块（OB） 用于CPU中的特定事件，可中断用户程序的运行。其中OB1为执行用户程序默认的组织块，是用户必需的代码块，一般用户程序和调用程序块都在OB1中完成。如果程序中包括其他的OB，那么当特定事件（启动任务、硬件中断事件等）触发这些OB时，OB1的执行会被中断。特定事件处理完毕后，会恢复OB1的执行。

（2）功能块（FB） 相当于带背景块的子程序，用户在FB中编写子程序，然后在OB块或FB、FC中去调用它。调用FB时，需要将相应的参数传递到FB，并指明其背景DB，背景DB用来保存该FB执行期间的值状态，该值在FB执行完也不会丢失，程序中的其他块可以使用这些值状态。通过更改背景 DB 可使一个 FB 被调用多次。例如，借助包含每个泵或变频器的特定运行参数的不同背景 DB，同一个 FB 可以控制多个泵或变频器的运行。

（3）功能（FC） 相当于不带背景块的子程序，用户在 FC 中编写子程序，然后在 OB 块或 FB、FC 中去调用它。调用块将参数传递给 FC，FC 执行程序。函数是快速执行的代码块，用于完成标准的和可重复使用的操作（如算术运算等）。FC 中的输出值必须写入存储器地址或全局 DB 中。

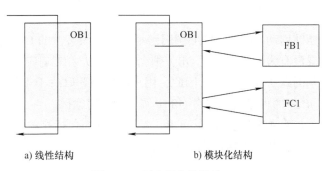

a) 线性结构 b) 模块化结构

图 4-14 用户程序的结构

用户可根据实际要求，选择线性化结构或模块化结构创建用户程序，如图 4-14 所示。

线性程序按照顺序逐条执行用于自动化任务的所有指令。通常线性程序将所有指令代码都放入循环执行程序的 OB（如 OB1）中。

模块化程序则调用可执行特定任务的代码块（如 FB、FC）。要创建模块化结构，需要将复杂的自动化任务分解为更小的次级任务，每个代码块都为每个次级任务提供相应的程序代码段，通过从另一个块调用其中的一个代码块来构建程序。

被调用的代码块又可以调用别的代码块，这种调用称为嵌套调用，如图 4-15 所示。从程序循环 OB 或启动 OB 开始，S7-1200 的嵌套深度为 16；从中断 OB 开始，S7-1200 的嵌套深度为 6。在块调用中，调用者可以是各种代码块，被调用的块是 OB 之外的代码块。调用 FB 时需要为它指定一个背景数据块。

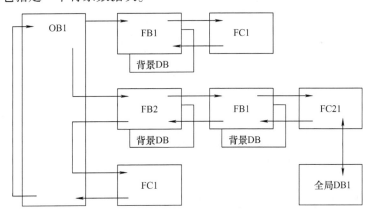

图 4-15 块的嵌套调用

当一个代码块调用另一个代码块时，CPU 会执行被调用块中的程序代码。执行完被调用块后，CPU 会继续执行该块调用之后的指令。

4.5.2 组织块

组织块（Organization block，OB）是操作系统和用户程序之间的接口，由操作系统进行调用。组织块中除了可以用来实现 PLC 扫描循环控制以外，还可以完成 PLC 的启动、中断程序的执行和错误处理等功能。熟悉各类组织块的使用对于提高编程效率和程序的执行速率有很大的帮助。

1. 事件和组织块

事件是 S7 - 1200 PLC 操作系统的基础，有能够启动 OB 和无法启动 OB 两种类型事件。能够启动 OB 的事件会调用已经分配给该事件的 OB 或按照事件的优先级将其输入队列，如果没有为该事件分配 OB，则会触发默认系统响应。无法启动 OB 的事件会触发相关事件类别的默认事件响应。因此，用户程序循环取决于事件和给这些事件分配的 OB，以及包含在 OB 中的程序代码或在 OB 中调用的程序代码。

表 4-5 为能够启动 OB 的事件，其中包括相关的事件类别。无法启动 OB 的事件如表 4-6 所示，其中包括操作系统的相应响应。

表 4-5　能够启动 OB 的事件

事件类型	OB 编号	OB 个数	启动事件	队列深度	OB 优先级	优先级组
程序循环	1 或 ≥123	≥1	启动或结束前一循环 OB	1	1	1
启动	100 或 ≥123	≥0	从 STOP 切换到 RUN	1	1	
时间延迟	≥123	≤4	延迟时间到	8	3	2
循环中断	≥123	≤4	固定的循环时间到	8	4	
硬件中断	≥123	≤50	上升沿（≤16 个）、下降沿（≤16 个）	32	5	
			HSC 计数值 = 设定值，计数方向编号，外部复位，最大分别 6 个	16	6	
诊断错误	82	0 或 1	模块检测到错误	8	9	
时间错误	80	0 或 1	超过最大循环时间，调用的 OB 正在执行，队列溢出，因为中断负荷过高丢失中断	8	26	3

表 4-6　无法启动 OB 的事件

事件级别	事　件	事件优先级	系统反应
插入/拔出	插入/拔出模块	21	STOP
访问错误	刷新过程映像的 I/O 访问错误	22	忽略
编程错误	块内的编程错误	23	STOP
I/O 访问错误	块内的 I/O 访问错误	24	STOP
超过最大循环时间的两倍	超过最大循环时间的两倍	27	STOP

当前的 OB 执行完，CPU 将执行队列中最高优先级的事件 OB，优先级相同的事件按"先来先服务"的原则来处理。如果高优先级组中没有排队的事件了，CPU 将返回较低的优先级组被中断的 OB，从被中断的地方开始继续处理。

2. 程序循环组织块

需要连续执行的程序应放在主程序 OB1 中，CPU 在 RUN 模式时循环执行 OB1，可以在 OB1 中调用 FC 和 FB。

如果用户程序生成了其他程序循环 OB，CPU 将按 OB 编号的顺序执行它们。首先执行主程序 OB1，然后执行编号大于等于 123 的程序循环 OB。一般只需要一个程序循环 OB。

S7 - 1200 允许使用多个程序循环 OB，并按 OB 的编号顺序执行。OB1 是默认设置，其他程序循环 OB 的编号必须大于或等于 123。程序循环 OB 的优先级为 1，可被高优先级的 OB 中断；程序循环执行一次需要的时间即为程序的循环扫描周期时间。最长循环时间默认设置为 150ms。如果用户程序超过了最长循环时间，操作系统将调用 OB80（时间故障 OB）；如果 OB80 不存在，则 CPU 停机。

在"电机顺序启动控制"程序中，打开项目视图中文件夹"\ PLC_1 \ 程序块"，双击其中的"添加新块"，单击打开的对话框中的"组织块"按钮，如图 4-16 所示，选中列表中的"Program cycle"，生成一个程序循环组织块，OB 默认编号 123。块的名称默认 Main_1。

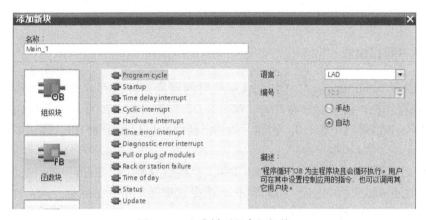

图 4-16   生成循环程序组织块

在新生成的 OB123 中输入一条简单的程序，将它们下载到 CPU，将 CPU 切换到 RUN 模式后进行调试，可以发现 OB1 和 OB123 中的程序均被循环执行。

3. 启动组织块

启动组织块（Startup）用于初始化，CPU 从 STOP 切换到 RUN 时，执行一次启动 OB。执行完后，开始执行程序循环 OB1。允许生成多个启动 OB，默认的是 OB100，其他的启动 OB 的编号应大于等于 123。一般只需要一个启动 OB 或者不用。

在"电机顺序启动控制"项目中按照前述方法生成启动（Startup）组织块 OB100。在 OB100 中生成初始化程序，如给变量赋值，如图 4-17 所示。

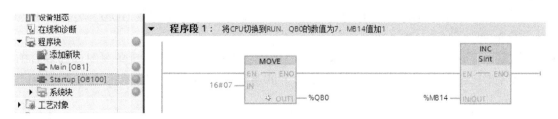

图 4-17   启动组织块赋值程序

多次将 CPU 切换到 RUN，监控 MB14 的值都为 1，说明每次只执行一次 OB100。但监控

QB0 的数值不是 7 而是 5，观察 CPU 输出指示只有 Q0.0 和 Q0.2 为 1 状态，但几秒后 Q0.1 变为了 1 状态。说明 CPU 执行了一次 OB100 后，尽管 OB100 将 Q0.1 置位为 1，但执行 OB1 程序将 Q0.1 的值改为了 0，见图 4-17，Q0.0 为 1 后定时器开始延时，延时时间到 Q0.1 为 1。启动组织块用于初始化的意思就是给数据赋一个初值，比如采样次数、工程量的范围等。

4. 延时中断组织块

延时中断 OB 在一段可设置的延时时间后启动。S7 - 1200 最多支持 4 个延时中断 OB，"SRT_DINT" 指令用于启动延时中断，该中断在超过参数指定的延时时间后调用延时中断 OB。延时时间范围 1 ~ 60000ms，精度为 1ms。"CAN_DINT" 扩展指令用于取消启动的延时中断。"QRY_DINT" 扩展指令用于查询延时中断的状态。延时中断 OB 的编号必须为 20 ~ 23，或大于等于 123。

5. 循环中断组织块

循环中断（Cyclic interrupt）OB 按设定的时间间隔循环执行。例如，如果时间间隔为 100ms，则在程序执行期间会每隔 100ms 调用该 OB 一次。S7 - 1200 用户程序中最多可使用 4 个循环中断 OB 或延时中断 OB。例如，如果已使用 2 个延时中断 OB，则在用户程序中最多可以再插入 2 个循环中断 OB。

在 CPU 运行期间，可以使用 "SET_CINT" 扩展指令重新设置循环中断的间隔时间、相移时间；同时还可以使用 "QRY_CINT" 扩展指令查询循环中断的状态。循环中断 OB 的编号必须为 30 ~ 38，或大于等于 123。

6. 硬件中断组织块

硬件中断（Hardware interrupt）OB 在发生相关硬件事件时执行，可以快速地响应并执行硬件中断 OB 中的程序（例如立即停止某些关键设备）。硬件中断事件包括内置数字输入端的上升沿和下降沿事件以及 HSC（高速计数器）事件。当发生硬件中断事件，硬件中断 OB 将中断正常的循环程序而优先执行。

S7 - 1200 可以在硬件配置的属性中预先定义硬件中断事件，一个硬件中断事件只允许对应一个硬件中断 OB，而一个硬件中断 OB 可以分配给多个硬件中断事件。在 CPU 运行期间，可使用 "ATTACH" 指令和 "DETACH" 分离指令对中断事件重新分配。硬件中断 OB 的编号必须为 40 ~ 47，或大于等于 123。

硬件中断事件组态示例：首先按照前述方法生成硬件中断组织块 OB40，名称为 Hardware interrupt。

用鼠标双击项目树的文件夹 "PLC_1" 中的 "设备组态"，打开设备视图，选中 CPU，打开属性巡视窗口，将左边的 "数字量输入" 的通道 0，即 I0.0，用复选框激活 "启用上升沿检测" 功能，如图 4-18 所示。

单击选择框 "硬件中断" 最右边的 ▦ 按钮，在弹出的对话框 OB 列表中选择 Hardware interrupt [OB40]，便将 OB40 指定给 I0.0 的上升沿中断事件。出现该中断时将会调用 OB40，并执行其中的用户程序。

图 4-18 组态硬件中断组织块

7. 时间错误中断组织块

时间错误中断（Time error interrupt）OB80，当 CPU 中的程序执行时间超过最大循环时间或者发生时间错误事件时，例如循环中断 OB 仍在执行前一次调用时，该循环中断 OB 的启动事件再次发生，将触发时间错误中断优先执行 OB80。由于 OB80 的优先级最高，它将中断所有正常循环程序或其他所有 OB 事件的执行而优先执行。

8. 诊断错误组织块

诊断错误中断（Diagnostic error interrupt）OB82，S7－1200 支持诊断错误中断，可以为具有诊断功能的模块启用此功能来检测模块状态。

OB82 是唯一支持诊断错误事件的 OB，出现故障（进入事件）、故障解除（离开事件）均会触发诊断中断 OB82。当模块检测到故障并且在软件中发生了诊断错误中断时，操作系统将启动诊断错误中断，OB82 将中断正常的循环程序优先执行。此时无论程序中有没有诊断中断 OB82，CPU 都会保持 RUN 模式，同时 CPU 的 ERROR 指示灯闪烁。

4.5.3 数据块

数据块（Data block，DB）是用于存放执行代码块时所需数据的区域，与代码块不同，数据块没有指令，STEP7 按数据生成顺序自动地为数据块中的变量分配地址。有两种类型的数据块：

全局（Global）数据块：存储供所有代码块使用的数据，所有的 OB、FB 和 FC 都可以访问。

背景（Instance）数据块：存储供特定 FB 使用的数据，即对应 FB 的输入、输出参数和局部静态变量。FB 的临时数据（Temp）不是用背景数据块保存的。

1. 全局数据块的生成与使用

下面通过一个示例演示全局数据块的生成和使用方法。

新建一个项目，命名为"全局数据块使用"，CPU 选择 1215C。打开项目视图中文件夹"\ PLC_1 \ 程序块"，双击其中的"添加新块"，在打开的对话框中单击"数据块"按钮，在右侧"类型"下拉菜单中选择"全局 DB"（默认），如图 4-19 所示。

全局数据块默认名称为"数据块_1"，也可以手动修改，数据块编号 DB1。在打开的数据块中可以新建各种类型的变量，在这里我们建立 SB1（Bool）、SB2（Bool）、SUM1（Int）

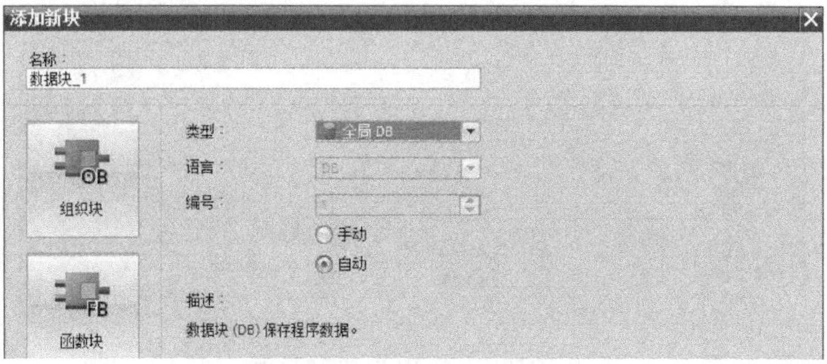

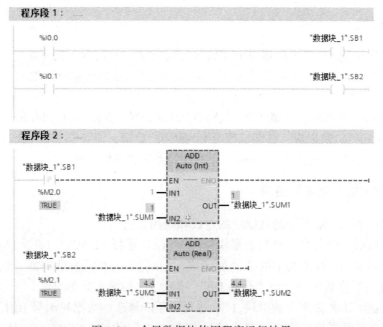

图 4-19　生成全局数据块

以及 SUM2（Real）四个变量，如图 4-20 所示。

	名称	数据类型	起始值	保持	可从 HMI/...	从 H...	在 HMI ...	设定值	注释
1	▼ Static								
2	SB1	Bool	false		☑	☑	☑		
3	SB2	Bool	false		☑	☑	☑		
4	SUM1	Int	0		☑	☑	☑		
5	SUM2	Real	0.0		☑	☑	☑		

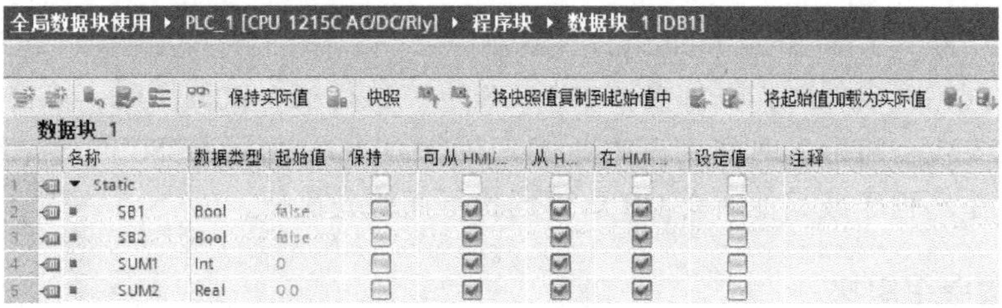

图 4-20　在全局数据块中建立变量

接下来我们在 OB1 中编写如图 4-21 所示程序，下载并在线监控，程序段 1 是为了调试方便，用 I0.0 和 I0.1 分别为“数据块_1”.SB1 和“数据块_1”.SB2 赋值。按下 SB1，执行整数加法，将和写入“数据块_1”.SUM1；按下 SB2，执行实数加法，将和写入“数据块_1”.SUM2 中。图 4-21 为 I0.0 接通 1 次、I0.1 接通 4 次的结果。

思考：请读者自己试验如果程序段 2 不用沿指令运行结果应该是什么。

图 4-21　全局数据块使用程序运行结果

2. 背景数据块的生成与使用

下面通过一个示例演示背景数据块的使用方法。

在"全局数据块使用"项目中，打开 OB1，用鼠标将常用指令下"计数器操作"中的 CTUD 拖拽至程序段，此时自动跳出背景数据块编辑界面，如图 4-22 所示。将名称改为"C1"，背景数据块自动编号为 2（因为项目中已经建立了编号为 1 的全局数据块_1［DB1］）。

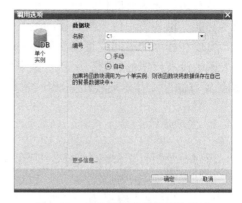

图 4-22　计数器的背景数据块生成

编写如图 4-23 所示计数器程序，下载、运行并启用程序监视功能，手动重复修改 M4.0 为 1 再为 0，观察图 4-23 所示计数器程序中的％DB2 和图 4-24 背景数据块 C1 中数据的变化，当计数器值大于等于 3 时，Q0.0 接通。

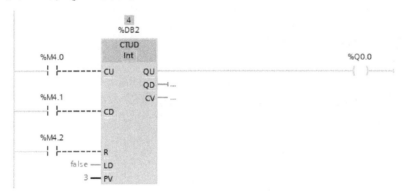

图 4-23　计数器程序执行

图 4-24　在线的背景数据块

4.5.4　函数

函数（Function，FC）是用户编写的子程序，又称为功能，它包含完成特定任务的代码和参数。FC 和 FB 有与调用它的块共享的输入和输出参数。执行完 FC 和 FB 后，返回调用它的代码块。

　　函数是快速执行的代码块，用于完成标准的和可重复使用的操作，例如算术运算；完成技术功能，例如使用位逻辑运算的控制。

　　可以在程序的不同位置多次调用同一个FC，这可以简化重复执行任务的编程。

　　函数没有固定的存储区，执行结束后，其临时变量中的数据就丢失了。可以用全局数据块或M存储区来存储那些在函数执行结束后需要保存的数据。

1. 生成FC

　　新建一个项目，命名为"FC_TEST"。CPU的型号选择为"CPU1215C AC/DC/Rly"。

　　打开项目视图中的文件夹"\ PLC_1 \ 程序块"，双击其中的"添加新块"，选择"函数"按钮，FC默认编号为"自动"，且编号为1，编程语言为LAD。设置函数的名称为"Motor_control"，如图4-25所示，勾选左下角的"新增并打开"，单击"确定"返回。

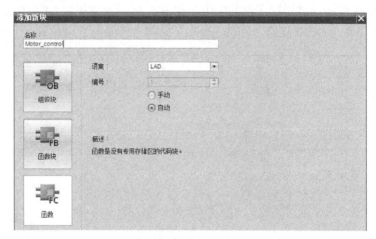

图4-25　生成FC

2. 生成FC的局部变量

　　生成FC后，可以在项目树的文件夹"\ PLC_1 \ 程序块"中看到新生成的Motor_control［FC1］，如图4-26所示。鼠标双击FC1，在右侧打开的视图中编辑FC1的局部变量。首先将函数的接口区打开，并拉动分隔条将接口区拖拽至合适的位置。接口区下面是程序编辑区，可以通过单击块接口区和程序编辑区之间的━▲和━▼隐藏或显示接口区。

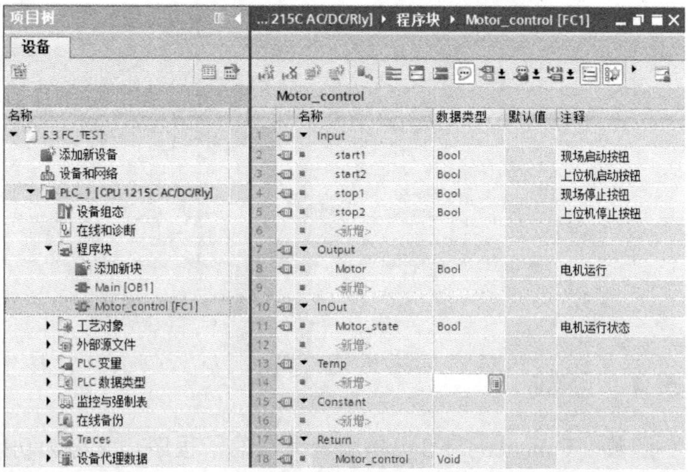

图4-26　FC1的局部变量

在接口区可以生成局部变量,但是这些变量只能在它所在的块中使用,且均为符号访问寻址。块的局部变量名称由字符(可为汉字)、下划线和数字组成。在编程时引用变量,系统自动的为变量名前面加上#标识符(全局变量使用双引号,绝对地址前加%)。

函数 FC 主要使用以下五种局部变量。

1)Input(输入参数),由调用它的块提供输入数据。

2)Output(输出参数),返回给调用它的块程序执行结果。

3)InOut(输入_输出参数),初值由调用它的块提供,执行完成后将它的返回值返回给调用它的块。

4)Temp(临时数据),暂时保存在局部数据堆栈中的数据。只是在执行块时使用临时数据,执行完后,不再保存临时数据的值,它可能被别的块的临时数据所覆盖。

5)Return 中的 Ret_Val(返回值),属于输出参数。

本实例中在函数 FC1 中实现电机的现场及上位机控制功能:按下启动按钮(现场按钮 I0.0,上位机启动 M10.0),电机(Q0.0)运行并自锁;按下停止按钮(现场按钮 I0.1,上位机停止 M10.1),电机停止运行。电机运行状态 M10.2。

下面生成上述电机起保停控制的 FC 局部变量。

1)在 Input 生成变量"start1""start2""stop1""stop2",数据类型选择 Bool。

2)在 InOut 生成变量"Motor_state",数据类型选择 Bool。

3)在 Output 生成变量"Motor",数据类型选择 Bool。

生成局部变量时,不需要指定存储器地址,根据各变量的类型,程序编辑器会自动地为所有变量指定存储器地址。

返回值 Ret_Val 属于输出参数,默认的数据类型为 Void,该数据类型不保存数据,用于功能不需要返回值的情况,在调用 FC1 时,看不到 Ret_Val。

如果将它设置为 Void 之外的数据类型,在 FC1 内部编程时可以使用该变量,调用 FC1 时可以在方框的右边看到作为输出参数的 Ret_Val。

3. 编写 FC 程序

在 FC1 的程序编辑区按控制要求输入用户程序,选择变量时可以单击▦用下拉菜单来选择变量。FC 中的局部变量又称为形式参数,简称形参。调用时,需要将实际参数(实参)赋值给形参才能完成控制逻辑。输入的子程序如图 4-27 所示。

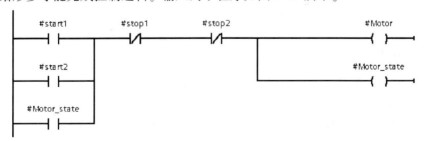

图 4-27 FC1 中的程序

注意:电机状态指示变量"Motor_state"不能定义为 Output,否则程序编辑出现警告,实际应用时,电机只能点动,不能自锁。

4. 在 OB 中调用 FC1

双击打开 Main［OB1］程序编辑视窗，将项目树中的 FC1 用鼠标拖拽至程序段 1 的水平线上。接下来我们将实参赋值给 FC1 的形参，对于开关量输入赋值，既可以采用触点形式，也可以直接输入地址，如图 4-28 所示。赋值给形参时，可以采用变量表和全局数据块中定义的符号地址或绝对地址，也可以是调用 FC1 的块的局部变量。

此外在 FC1 中也可以使用绝对地址或符号地址进行编程，即在 FC1 中不使用局部变量，这样的话程序的可移植性将大打折扣。

通常，使用形参编程比较灵活，使用比较方便，特别对于重复功能的编程来说，仅需要在调用时改变实参即可，便于用户阅读及程序维护，而且能实现模块化编程。

5. 调试 FC

将项目下载到目标 PLC，将 CPU 切换至 RUN 模式。打开 OB1 的程序编辑视窗，单击工具栏程序状态监控 按钮，启用监视，如图 4-28 所示。右击 FC1 程序块，选择"打开并监视"，如图 4-29所示，监视当前调用的 FC 的执行情况。

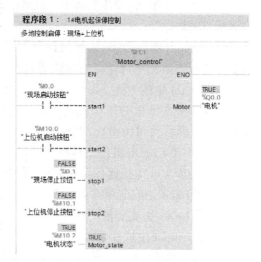

图 4-28 OB1 中调用 FC1

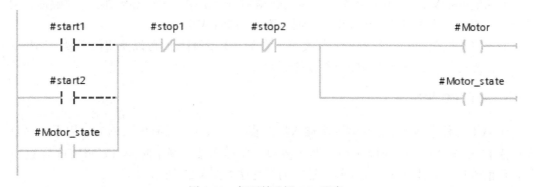

图 4-29 打开并监视 FC1 程序

6. 为 FC 加密

选中需要密码保护的 FC（或 OB、FB），执行菜单命令"＼编辑＼专有技术保护＼定义"，在打开的对话框中输入新密码和确认密码。此时，被加密后 FC 只能看到接口区的变量，无法看到内部程序。只有输入正确的密码才能看到 FC 的程序代码。

4.5.5 函数块

函数块（Function Block，FB）是用户编写的子程序，又称为功能块。FB 的典型应用是执行不能在一个扫描周期结束的操作。调用函数块时，需要指定背景数据块，背景数据块是函数块专用的存储区。CPU 执行 FB 中的程序代码，将块的输入、输出参数和局部静态变量保存在背景数据块中，函数块执行完毕后背景数据块中的数据不会丢失。

在博途环境或 Step7 开发环境中，函数块（FB）接口有 "Static" 一项。所有在 "Static" 栏内定义的变量都将会被存放到背景数据块中。在 FB 运行结束后，"Static" 中定义的变量不会被释放。这种变量称为静态变量。

1. 生成 FB

新建一个项目，命名为 "FB_TEST"。CPU 的型号选择为 "CPU1215C AC/DC/Rly"。

打开项目视图中的文件夹 " \ PLC_1 \ 程序块"，双击其中的 "添加新块"，选择 "函数块" 按钮，FB 默认编号为 "自动"，且编号为 1，编程语言为 LAD。设置函数块的名称为 "Motor_CoolFan"，勾选左下角的 "新增并打开"，然后单击 "确定"，生成 FB1。在程序块 "属性" 中去掉 FB1 "优化的块访问" 属性。

本实例的控制任务：按下 Start 启动按钮，电机 Motor 运行并自锁，同时冷却风扇 CoolFan 运行；当按下 Stop 停止按钮，电机 Motor 立即停止运行，冷却风扇继续工作一段时间后停止运行。按照上述要求，下面生成 FB 的局部变量。

2. 生成 FB 的局部变量

用户可以在 FB 接口区定义局部变量，与函数 FC 类似，函数块 FB 的局部变量也有Input 参数、Output 参数、InOut 参数和 Temp 参数；此外，函数块增加了 Static 参数，在 Static（静态变量）定义的变量下一次调用时，静态变量的值保持不变。

根据控制任务要求，控制程序中需要加入定时器指令，为此我们定义一个 Static 变量 "定时器 DB"，数据类型为 "IEC_TIMER"，如图 4-30 所示。

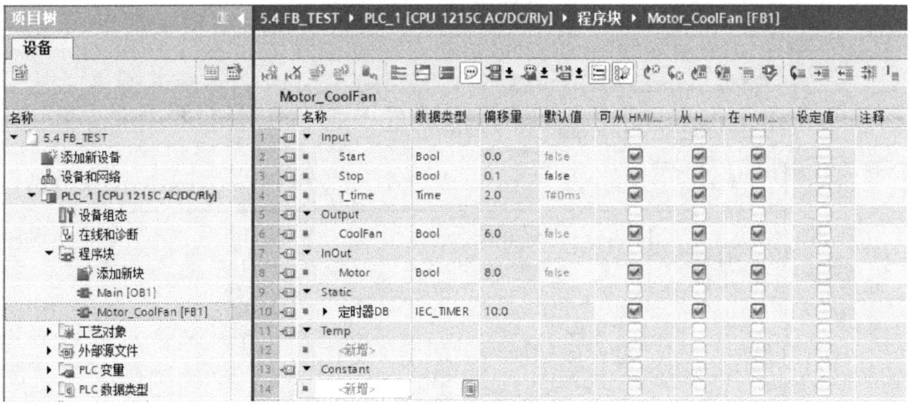

图 4-30　FB1 的局部变量

在 S7 – 1200 PLC 中调用定时器、计数器指令时需要指定背景数据块；如果一个程序需要使用多个定时器、计数器时，就需要为每个定时器或计数器指定背景数据块。因为这些指令的多次使用，会产生大量的数据块 "碎片"。

在函数块中使用定时器、计数器指令时，如果给定时器、计数器指定固定的单个实例背景数据块，则当函数块 FB 被多次调用时，这些背景数据块会被同时用于多处，会造成程序混乱和错误。为了解决这一问题，我们可以在块接口区定义数据类型为"IEC_TIMER"或"IEC_COUNTER"的静态变量，用它给定时器提供背景数据。那么每次调用 FB 时，都有独立的背景数据块为调用 FB 中的定时器或计数器提供背景数据，而不会发生混乱。

3. 编写 FB 程序

在打开的 FB1 中的程序编辑视窗中编写控制程序，在本程序中，TOF 定时器的参数用静态变量"定时器DB"来保存。在为 TOF 定时器选择背景数据块的时候，选择"多重实例"，并在接口参数中名称下拉菜单中选择"#定时器 DB"，如图 4-31 所示。

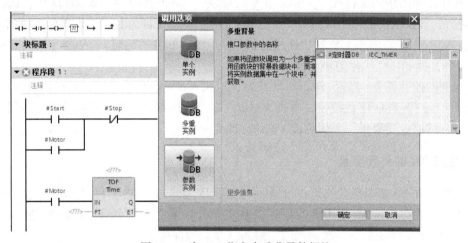

图 4-31　为 TOF 指定多重背景数据块

单击"确定"返回编辑视窗，输入定时器设定值"PT"和输出"Q"，如图 4-32 所示。

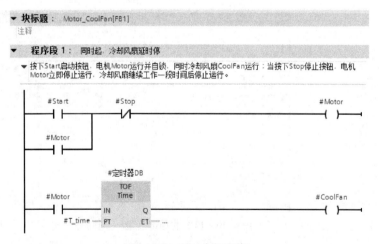

图 4-32　FB1 中的程序

4. 在 OB 中调用 FB

在 OB1 程序编辑视窗中，将项目树中的 FB1 拖放至右边程序段 1 的水平线上，松开鼠标时，会弹出"调用选项"对话框，需要输入FB1背景数据块的名称，这里我们采用默认名称，单击"确定"后，则在"程序块"下自动生成FB1的背景数据块。双击该背景数据块，可以看到其中的数据与FB1接口区数据是一致的，如图4-33所示。不能直接删除和修改背景数据块中的变量，只能在它功能块的界面区中删除和修改这些变量。

生成功能块的输入、输出参数和静态变量时，它们被自动指定一个默认值，可以修改这些默认值。变量的默认值被传送给FB的背景数据块，作为同一个变量的初始值。

可以在背景数据块中修改变量的初始值。调用FB时没有指定实参的形参使用背景数据块中的初始值。

在OB1中我们调用两次FB1（第二次调用也要为FB1指定背景数据块），分别控制两套设备，并将输入输出实参赋给形参。调用程序及赋值如图4-34所示。

		名称	数据类型	偏移量	起始值	保持
		Motor_CoolFan_DB				
1	▼	Input				
2	■	Start	Bool	0.0	false	
3	■	Stop	Bool	0.1	false	
4	■	T_time	Time	2.0	T#0ms	
5	▼	Output				
6	■	CoolFan	Bool	6.0	false	
7	▼	InOut				
8	■	Motor	Bool	8.0	false	
9	▼	Static				
10	■ ▶	定时器DB	IEC_TIMER	10.0		

图4-33 FB1的背景数据块

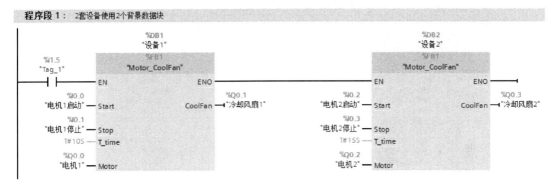

图4-34 OB1中调用FB1

5. PLCSIM仿真调试

前面项目调试都采用的是PLC实物，有时在没有实物情况下，博途提供PLCSIM仿真。将编写好的程序编译并保存后，选中项目树中的PLC_1，单击工具栏上的"开始仿真"按钮■，启动PLCSIM，如图4-35所示。

单击PLCSIM右上角切换图标■将PLCSIM从精简视图切换到项目视图。在项目视图中，新建项目"Motor_SIM"，然后回到博途编程界面，选中项目里的PLC_1，单击下载按钮，将程序下载到仿真PLC，并使其进入RUN模式。在S7-PLCSIM的项目视图中打开项目树中的"SIM表格_1"，如图4-36所示，在表中手工生成需要仿真的I/O点条目，也

图4-35 启动PLCSIM软件

S7-1200 PLC应用基础

可在图 4-36 的 "SIM 表格_1" 编辑栏空白处单击鼠标右键选择 "加载项目标签", 从而加载项目的全部标签, 如图 4-37 所示。

图 4-36   PLCSIM 项目树视图

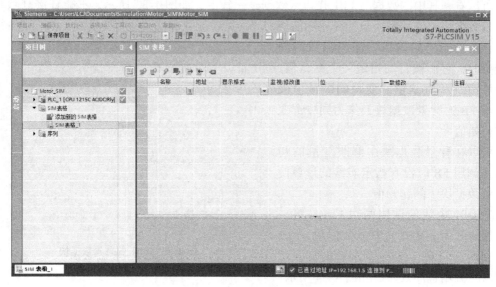

图 4-37   PLCSIM 的 SIM 表格_1

接下来进行运行仿真, 首先用鼠标单击 `"电机1启动":P` 标签, 则在 "SIM 表格_1" 下方出现虚拟按钮 "电机 1 启动", 如图 4-38 所示。用鼠标单击该按钮, 观察 "监视/修改值" 中的变量状态, 单击虚拟按钮 "电机 1 停止" 观察变量状态。接下来可按控制顺序依次对电机 2 进行仿真, 观察和电机 2 相关的变量状态。也可同时在程序段中监视程序的执行, 观察各变量状态。

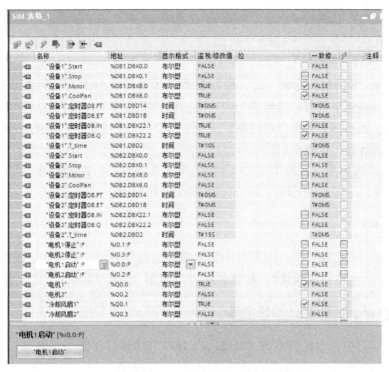

图 4-38　PLCSIM 的仿真按钮及变量状态

6. 处理调用错误

如果 OB1 中已经调用完 FB1，又在 FB1 中对程序进行了修改，则在 OB1 中被调用的 FB1 的方框、字符或背景数据块将变成红色，这时单击程序编辑器的工具栏上的更新不一致的块调用按钮，此时 FB1 中的红色错误标记将消失。或者在 OB1 中直接将 FB1 删除，重新调用即可。

7. FC 和 FB 的区别

1）函数块有背景数据块，函数没有背景数据块。

2）只能在函数内部访问它的局部变量，其他代码块或 HMI 可以访问函数块的背景数据块中的变量。

3）函数没有静态变量，函数块有保存在背景数据块中的静态变量。函数如果有执行完后需要保存的数据，只能存放在全局变量中（如全局数据块和 M 区)，但这样会影响函数的可移植性。

4）函数块的局部变量（不包含 Temp）有默认值（初始值)，函数的局部变量没有初始值。在调用函数块时如果没有设置某些输入、输出参数的实参，将使用背景数据块中的初始值。调用函数时应给所有的形参指定实参。

8. OB 与 FB 和 FC 的区别

1）对应的事件发生时，由操作系统调用 OB，而 FB 和 FC 是用户程序在代码块中调用。

2）OB 没有输入参数、输出参数和静态变量，只有临时局部数据。有的 OB 自动生成的临时局部数据包含了与启动 OB 的时间有关的信息，它们由操作系统提供。

4.5.6 多重背景数据块

前节"生成 FB 的局部变量"时，用数据类型为"IEC_TIMER"的静态变量给 FB1 中使用的定时器提供背景数据。这样多个定时器的背景数据被包含在它们所在的函数块 FB 的背景数据块中，而不需要为每个定时器设置一个单独的背景数据块。因此减少了处理数据的时间，能更合理地利用存储空间。

但从图 4-34 可以看出，每调用 1 次 FB1，就需要生成 1 个 DB 块，FB1 调用较多时，生成的 DB 块也多。可以采用下面方法减少 DB 块的使用数量。

1. 生成 FB2

在前节项目"FB_TEST"中，打开项目视图中的文件夹"\ PLC_1 \ 程序块"，再次双击"添加新块"，选择"函数块"，新建名称为"Multi_Motor_CoolFan"的函数块 FB2。

2. 生成包含 FB1 的 FB2 局部变量

在 FB2 接口区生成数据类型为"Motor_CoolFan"的静态变量"设备_1"～"设备_5"。每个静态变量内部的输入参数、输出参数等局部变量自动生成，与"Motor_CoolFan [FB1]"的相同，如图 4-39 所示。

		名称	数据类型	默认值	保持
		Multi_Motor_CoolFan			
1	▼	Input			
2	■	《新增》			
3	▼	Output			
4	■	《新增》			
5	▼	InOut			
6	■	《新增》			
7	▼	Static			
8	■ ▼	设备_1	"Motor_CoolFan"		
9	■ ▼	Input			
10	■	Start	Bool	false	非保持
11	■	Stop	Bool	false	非保持
12	■	T_time	Time	T#10s	非保持
13	■ ▼	Output			
14	■	CoolFan	Bool	false	非保持
15	■ ▼	InOut			
16	■	Motor	Bool	false	非保持
17	■ ▼	Static			
18	■ ▶	定时器DB	IEC_TIMER		非保持
19	■ ▶	设备_2	"Motor_CoolFan"		
20	■ ▶	设备_3	"Motor_CoolFan"		
21	■ ▶	设备_4	"Motor_CoolFan"		
22	■ ▶	设备_5	"Motor_CoolFan"		
23	▼	Temp			
24	■	《新增》			
25	▼	Constant			
26	■	《新增》			

图 4-39 FB2 的局部变量

3. 编写调用 FB1 的 FB2 程序

在 FB2 程序编辑区调用"Motor_CoolFan［FB1］",出现"调用选项"对话框,如图 4-40 所示。选中左侧"多重实例",并在接口参数中名称下拉菜单中选择"#设备_1",按"确定"返回程序编辑区。

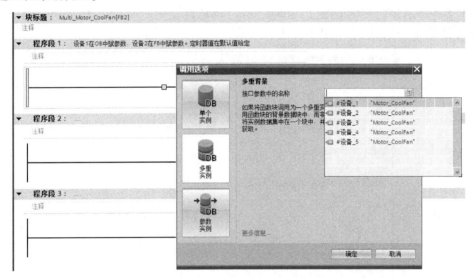

图 4-40　调用 FB1 并为 FB1 指定多重背景数据

再次调用"Motor_CoolFan［FB1］",选择"#设备_2"。重复调用 5 次直到"#设备_5"。如图 4-41 所示为"#设备_1"和"#设备_2"调用 FB1 的程序。

在图 4-41 中,"#设备_2"在此程序中直接把实参赋给了形参,而"#设备_1"在此程序中没有给形参赋值(T_time 值在默认值给定,见图 4-39)。

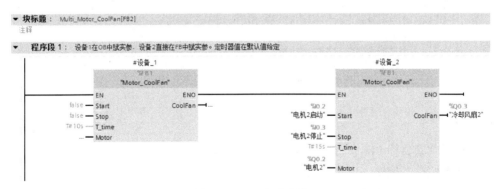

图 4-41　FB1 部分程序

4. 在 OB 中调用 FB2 及赋值

下面介绍在 OB 程序中调用 FB2 及在 OB 中给"#设备_1"形参赋值的方法。此处介绍的是赋值方法,在实际应用中一般统一用一种方式赋值。

在 OB1 程序编辑视窗中,将项目树中的 FB2 拖放至右边的程序段 2 的水平线上,松开鼠标时，会弹出"调用选项"对话框，需要输入 FB2 背景数据块的名称，这里我们采用默认名称，单击"确定"后，生成调用 FB2 的程序，并在"程序块"下自动生成 FB2 的背景数据块"Multi_Motor_CoolFan_DB［DB3］"。双击该背景数据块，可以看到其中的数据与 FB2 接口区数据是一致的，如图 4-42 所示。

在程序段 3 中通过背景数据块 DB3 给"设备_1"的输入形参赋给实参，并将"设备_1"的输出形参赋给实参。本例形参"T_time"在"默认值"中的设定值为 T#10s，也可以在下面程序或启动组织块程序中用 MOVE 指令赋值。

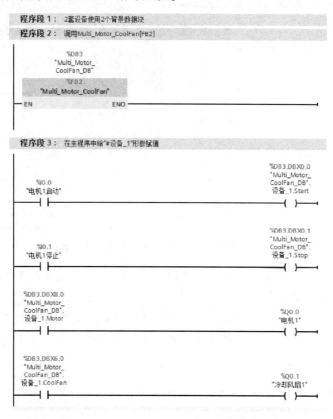

图 4-42　在 OB 中调用 FB2 并给形参赋值

5. 调试

将项目下载到目标 PLC，将 CPU 切换至 RUN 模式。打开 OB1 的程序编辑视窗，单击工具栏程序状态监控 按钮，启用监视，如图 4-43 所示。

鼠标右键单击 FB2 程序块，选择"打开并监视"，监视当前调用的 FB2 的执行情况，如图 4-44 所示。在此也可看出调用路径：Main［OB1］。操作"电机启动"和"电机停止"按钮观察程序状态。

鼠标右键单击"#设备_2"程序块，选择"打开并监视"，监视当前调用的 FB1 的执行情况，如图 4-45 所示。在此也可看出调用路径：Multi_Motor_CoolFan［FB2］。操作"电机2启动"和"电机 2 停止"按钮观察程序状态。图 4-45 所示为启动后又停止的状态，从图中可以看出，停止按钮刚刚按完 3s 639ms。

程序段 1: 2套设备使用2个背景数据块

程序段 2: 调用Multi_Motor_CoolFan[FB2]

```
                        %DB3
                     "Multi_Motor_
                      CoolFan_DB"
                          %FB2
                   "Multi_Motor_CoolFan"
              ┌──────────────────────────┐
              │                          │
         ─────┤ EN                   ENO ├─────
              │                          │
              └──────────────────────────┘
```

程序段 3: 在主程序中给 "#设备_1"形参赋值

```
                                                              %DB3.DBX0.0
                                                           "Multi_Motor_
                                                            CoolFan_DB".
     %I0.0                                                   设备_1.Start
    "电机1启动"                                                 ( )
    ───┤ ├───────────────────────────────────────────────────( )────


                                                              %DB3.DBX0.1
                                                           "Multi_Motor_
                                                            CoolFan_DB".
     %I0.1                                                   设备_1.Stop
    "电机1停止"                                                 ( )
    ───┤ ├───────────────────────────────────────────────────( )────


  %DB3.DBX8.0
  "Multi_Motor_
   CoolFan_DB".
   设备_1.Motor                                                   %Q0.0
                                                               "电机1"
    ───┤ ├───────────────────────────────────────────────────( )────


  %DB3.DBX6.0
  "Multi_Motor_
   CoolFan_DB".
   设备_1.CoolFan                                                 %Q0.1
                                                              "冷却风扇1"
    ───┤ ├───────────────────────────────────────────────────( )────
```

图 4-43   在 OB 中监视程序

调用路径：Main [OB1]

▼ **块标题:** Multi_Motor_CoolFan[FB2]
　注释

▼ **程序段 1:** 设备1在OB中赋实参, 设备2直接在FB中赋实参。定时器值在默认值给定

```
              #设备_1                                        #设备_2
               %FB1                                          %FB1
          "Motor_CoolFan"                               "Motor_CoolFan"
        ┌────────────────────┐                       ┌────────────────────┐
        │ EN            ENO   │        TRUE           │ EN            ENO   │       FALSE
   FALSE│                     │    #设备_1.CoolFan      FALSE│                     │       %Q0.3
   false─┤ Start     CoolFan ├──                     %I0.2 │                     │   CoolFan─┤冷却风扇2"
        │                     │                   "电机2启动"─┤ Start     CoolFan ├──
   FALSE│                     │                      FALSE│                     │
   false─┤ Stop                │                     %I0.3 │                     │
        │                     │                   "电机2停止"─┤ Stop                │
   T#10S│                     │                      T#15S│                     │
   T#10s─┤ T_time             │                      T#15s─┤ T_time             │
        │                     │                      FALSE│                     │
   FALSE│                     │                      %Q0.2 │                     │
#设备_1.Motor─┤ Motor              │                   "电机2"─┤ Motor              │
        └────────────────────┘                       └────────────────────┘
```

图 4-44   打开并监视 FB2

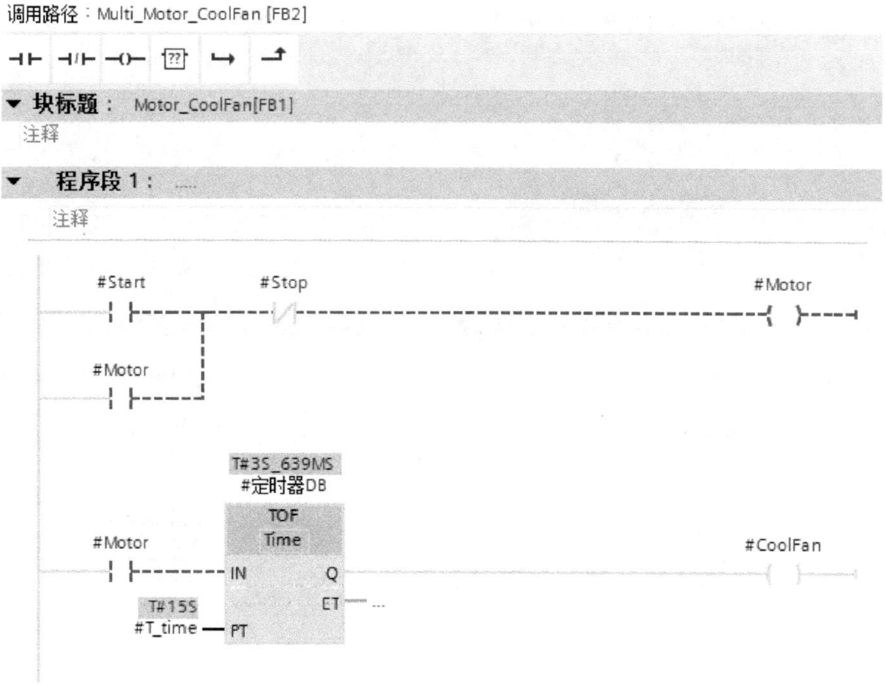

调用路径：Multi_Motor_CoolFan [FB2]

┤├ ┤/├ ┤○├ ┤??├ ┤↳ ┤↰

▼ **块标题**： Motor_CoolFan[FB1]
　注释

▼ **程序段 1**：……
　　注释

图 4-45　打开并监视 FB1

习　题

一、填空题

1. S7－1200 使用＿＿＿＿＿＿、＿＿＿＿＿＿＿＿和＿＿＿＿＿＿＿＿＿三种编程语言。

2. 梯形图由＿＿＿＿＿＿＿、＿＿＿＿＿＿和＿＿＿＿用方框表示的指令框组成。

3. 功能块图是一种类似于数字逻辑门电路的编程语言，方框的左侧为逻辑运算的＿＿＿＿＿＿变量，右侧为＿＿＿＿＿＿＿变量。

4. 结构化控制语言（SCL）是一种基于 PASCAL 的＿＿＿＿＿＿＿编程语言，这种语言基于＿＿＿＿＿＿＿标准。

5. 梯形图中逻辑运算是按＿＿＿＿＿＿＿、＿＿＿＿＿＿＿＿的顺序进行的。

6. ＿＿＿＿＿＿＿是逻辑运算结果的简称。

7. 每一位 BCD 码用＿＿＿＿＿＿＿位二进制数来表示，其取值范围为二进制数 2#＿＿＿＿＿＿～2#＿＿＿＿＿＿＿。

8. 变量表用来＿＿＿＿＿＿＿和＿＿＿＿＿＿＿变量。

9. 在"地址"列输入绝对地址时，按照 IEC 标准，将为变量添加＿＿＿＿＿＿＿符号。

10. S7－1200 的梯形图允许在一个程序段中生成＿＿＿＿＿＿＿独立程序电路。

11. 数字量输入模块某一外部输入电路接通时，对应的过程映像输入位为＿＿＿＿＿＿＿，梯形图中对应的常开触点＿＿＿＿＿＿＿，常闭触点＿＿＿＿＿＿＿。

12. 若梯形图中某一过程映像输出位 Q 的线圈"断电"，对应的过程映像输出位为＿＿＿＿＿＿＿，在写入输出模块阶段之后，继电器型输出模块对应的硬件继电器的线圈_____，其常开触点_____，外部负载_____。

13. 二进制数 2#0100 0001 1000 0101 对应的十六进制数是 16#_____，对应的十进制数是_____，绝对值与它相同的负数的补码是 2#_____。

14. Q3.4 是输出字节_____的第_____位。

15. MW2 由_____和_____组成，_____是它的高位字节。

16. MD100 由_____和_____组成，_____是它的最低位字节。

17. 断电后，_____存储器中的数据将丢失，_____仍能保存存储数据。

18. 在 I/O 点的地址或符号地址的后面附加_____，可以立即访问外设输入或外设输出。

19. 数据块可以按_____、_____、_____或_____进行访问。

20. S7-1200 用户程序中最多可使用_____循环中断 OB 或延时中断 OB。

二、简答题

1. IEC61131-3 标准说明了哪几种编程语言？

2. S7-1200 可以使用哪些编程语言？

3. S7-1200 有哪几种代码块？代码块有什么特点？

4. RAM 与 FEPROM 各有什么特点？

5. 梯形图（LAD）有什么特点？

6. I0.3:P 和 I0.3 有什么区别，为什么不能写外设输入点？

7. 怎样将 Q4.5 的值立即写入到对应的输出模块？

8. 怎样设置梯形图中触点的宽度和字符的大小？

9. 系统时间和本地时间分别是什么时间？怎样设置本地时间的时区？

10. FC 和 FB 有哪些区别？

11. OB 与 FB 和 FC 有哪些区别？

三、编程题

1. 利用一个接通延时定时器控制灯点亮 10s 后熄灭，并画出梯形图。

2. 设计一个闪烁电路，要求 Q0.0 为 ON 的时间为 5s，Q0.0 为 OFF 的时间为 3s。

3. 在 MW2 等于 3592 或 MW4 大于 27369 时将 M6.6 置位，反之将 M6.6 复位。用比较指令写出满足要求的程序。

4. 频率变送器的量程为 45~55Hz，被 IW96 转换为 0~27648 的整数。用"标准化"指令和"缩放"指令编写程序，在 I0.2 的上升沿，将 AIW96 的值转换为对应的浮点数频率值，单位为 Hz，存放在 MD34 中。

5. 编写程序，在 I0.5 的下降沿将 MW50~MW68 清零。

6. 按下起动按钮 I0.0，Q0.5 控制的电动机运行 30s，然后自动断电，同时 Q0.6 控制的制动电磁铁开始通电，10s 后自动断电。设计梯形图程序。

第5章

S7-1200 PLC指令

S7-1200 PLC 的指令包括：基本指令、扩展指令、工艺指令和通信指令。本章主要介绍梯形图编程语言中的基本指令和部分扩展指令，其他指令内容参考博途软件在线帮助或 S7-1200 的系统手册。

5.1 基本指令

基本指令涵盖位逻辑运算、定时器、计数器、比较、数学函数、移动、转换、程序控制、字逻辑运算、移位和循环等。

5.1.1 位逻辑运算指令

使用位逻辑指令，可以实现最基本的位逻辑操作，包括常开、常闭、置位、复位、边沿指令等。如表 5-1 所示。

表 5-1 常用的位逻辑指令

图形符号	功 能	图形符号	功 能
─┤├─	常开触点（地址）	─(S)─	置位线圈
─┤/├─	常闭触点（地址）	─(R)─	复位线圈
─┤ ├─	输出线圈	─(SET_BF)─	置位域
─(/)─	反向输出线圈	─(RESET_BF)─	复位域
─┤ NOT ├─	取反	─┤P├─	P 触点，上升沿检测
RS 置位优先型 RS 触发器		─┤N├─	N 触点，下降沿检测
		─(P)─	P 线圈，上升沿
		─(N)─	N 线圈，下降沿
SR 复位优先型 SR 触发器		P_TRIG / CLK / Q	P_Trig，上升沿
		N_TRIG / CLK / Q	N_Trig，下降沿

1. 常开触点与常闭触点

常开触点在指定的位，如图5-1a中%I0.0为1状态时闭合，为0状态时断开。常闭触点在指定的位，如图5-1a中%I0.1为1状态时断开，为0状态时闭合。两个触点串联将进行"与"运算；两个触点并联，将进行"或"运算，如图5-1b所示。

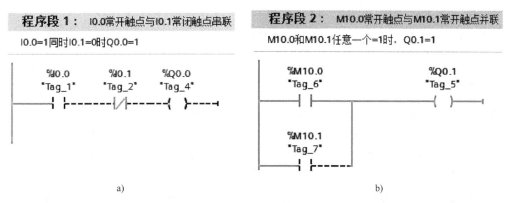

图5-1　常开触点与常闭触点

2. 取反RLO触点

RLO是逻辑运算结果的简称，图5-2中间有"NOT"的触点为取反RLO触点，它用来转换能流输入的逻辑状态。如果没有能流流入取反RLO触点，则有能流流出，如图5-2a；如果有能流流入取反RLO触点，则没有能流流出，如图5-2b所示。

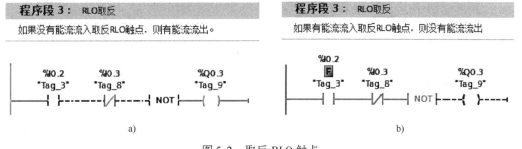

图5-2　取反RLO触点

3. 线圈

线圈将输入的逻辑运算结果（RLO）的信号状态写入指定的地址，线圈通电（RLO的状态为"1"）时写入1，断电时写入0。取反输出线圈中间有"/"符号，如果有能流流过M4.1的取反线圈，则M4.1为0状态，其常开触点断开，反之M4.1为1状态，其常开触点闭合。可以用Q0.0：P的线圈将位数据值写入过程映像输出Q0.0，同时立即直接写给对应的物理输出点，如图5-3所示。

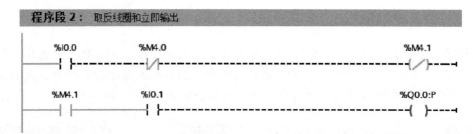

图 5-3　取反线圈和立即输出

4. 置位、复位输出指令

S（Set，置位输出）指令将指定的位操作数置位（变为 1 状态并保持）。

R（Reset，复位输出）指令将指定的位操作数复位（变为 0 状态并保持）。

如果同一操作数的 S 线圈和 R 线圈同时断电（线圈输入端 RLO 为 "0"），则指定操作数的信号状态保持不变。

置位输出指令 S 与复位输出指令 R 最主要的特点是有记忆和保持功能，如果图 5-4 中 I0.0 的常开触点闭合，Q0.0 变为 1 状态并保持该状态。即使 I0.0 的常开触点断开，Q0.0 也仍然保持 1 状态。

在程序状态中，用 Q0.0 的 S 和 R 线圈连续的绿色圆弧和绿色的字母表示 Q0.0 为 1 状态，用间断的蓝色圆弧和蓝色的字母表示 0 状态。图 5-4 中 Q0.0 为 1 状态。I0.1 的常开触点闭合时，Q0.0 变为 0 状态并保持该状态，即使 I0.1 的常开触点断开，Q0.0 也仍然保持为 0 状态。

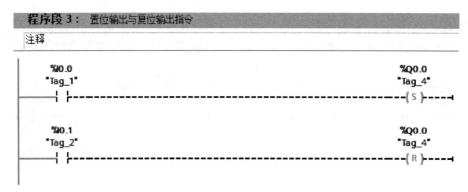

图 5-4　置位输出与复位输出指令

5. 置位位域指令与复位位域指令

"置位位域"指令 SET_BF 将从指定地址开始的连续若干个位地址置位（变为 1 状态并保持）。如图 5-5 所示 I0.0 的上升沿（从 0 状态变为 1 状态），从 M5.0 开始的 4 个连续的位被置位为 1 状态并保持该状态不变。

"复位位域"指令 RESET_BF 将从指定地址开始的连续若干个位地址复位（变为 0 状态

并保持）。如图 5-5 所示 I0.1 的下降沿（从 1 状态变为 0 状态），从 M6.0 开始的 8 个连续的位被复位为 0 状态并保持该状态不变。

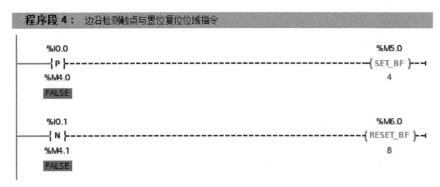

图 5-5　边沿检测触点与置位复位位域指令

6. 置位/复位（SR）触发器与复位/置位（RS）触发器

如图 5-6 所示为 SR 和 RS 触发器，其输入输出关系如表 5-2 所示。两种触发器的区别仅在于全为 1 时。在置位（S）和复位（R1）信号同时为 1 时，图 5-6 的 SR 触发器的输出位 M5.0 被复位为 0，可选的输出 Q 反映了 M5.0 的状态。在置位（S1）和复位（R）信号同时为 1 时，RS 触发器的 M5.1 被置位为 1，可选的输出 Q 反映了 M5.1 的状态。

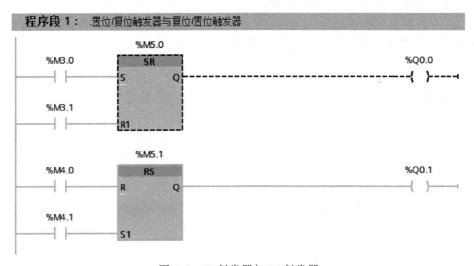

图 5-6　SR 触发器与 RS 触发器

表 5-2　RS 和 SR 触发器指令真值表

	S1	R	输出/Bit
置位优先 RS 触发器指令	0	0	保持前一状态
	0	1	0
	1	0	1
	1	1	1

（续）

	S	R1	输出/Bit
复位优先 SR 触发器指令	0	0	保持前一状态
	0	1	0
	1	0	1
	1	1	0

7. 扫描操作数信号边沿的指令

图 5-5 中间有 P 的触点指令名称为"扫描操作数的信号上升沿"，如果该触点上面的输入信号 I0.0 由 0 状态变为 1 状态（即输入信号 I0.0 的上升沿），则该触点接通一个扫描周期。边沿检测触点不能放在电路结束处。

P 触点下面的 M4.0 为边沿存储位，用来存储上一次扫描循环时 I0.0 的状态。通过比较 I0.0 当前状态和上一次循环状态，来检测信号的边沿。边沿存储位的地址只能在程序中使用一次，它的状态不能在其他地方被改写。只能用 M、DB 和 FB 的静态局部变量（Static）来作边沿存储位，不能用块的临时局部数据或 I/O 变量来作边沿存储位。

图 5-5 中间有 N 的触点指令名称为"扫描操作数的信号下降沿"，如果该触点上面的输入信号 I0.1 由 1 状态变为 0 状态（即 I0.1 的下降沿），RESET_BF 的线圈"通电"一个扫描周期。该触点下面的 M4.1 为边沿存储位。

8. 在信号上升沿/下降沿置位操作数指令

图 5-7 中间有 P 的线圈是"在信号上升沿置位操作数"指令，仅在流进该线圈能流的上升沿（线圈由断电变为通电），该指令的输出位 M6.1 为 1 状态。其他情况下 M6.1 均为 0 状态，M6.2 为保存 P 线圈输入端 RLO 的边沿存储位。

图 5-7 中间有 N 的线圈是"在信号下降沿置位操作数"指令，仅在流进该线圈的能流的下降沿（线圈由通电变为断电），该指令的输出位 M6.3 为 1 状态。其他情况下 M6.3 均为 0 状态，M6.4 为边沿存储位。

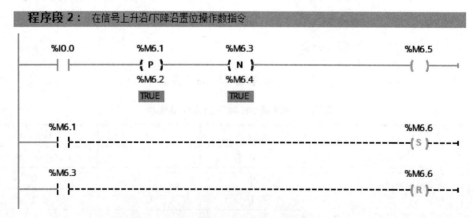

图 5-7　在信号上升沿/下降沿置位操作数指令

上述两条线圈格式的指令不会影响逻辑运算结果 RLO，它们对能流是畅通无阻的，其输入端的逻辑运算结果被立即送给它的输出端。这两条指令既可以放置在程序段的中间也可以放在程序段的最后。

当 I0.0 由 0 状态变为 1 状态，I0.0 的常开触点闭合，能流经 P 线圈和 N 线圈流过 M6.5 的线圈。在 I0.0 的上升沿，M6.1 的常开触点闭合一个扫描周期，使 M6.6 置位。在 I0.0 的下降沿，M6.3 的常开触点闭合一个扫描周期，使 M6.6 复位。

9. 扫描 RLO 的信号上升沿/下降沿指令

在流进"扫描 RLO 的信号上升沿（P_TRIG）"指令的 CLK 输入端 I0.0 和 I0.1 常开触点串联结果的能流的上升沿（能流刚流进），Q 端输出脉冲宽度为一个扫描周期的能流，使 M4.1 置位。指令方框下面的 M4.0 是脉冲存储位，如图 5-8 所示。

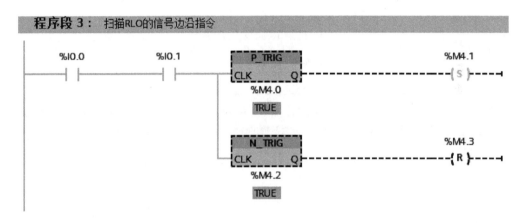

图 5-8　扫描 RLO 的信号边沿指令

在流进"扫描 RLO 的信号下降沿（N_TRIG）"指令的 CLK 输入端的能流的下降沿（能流刚消失），Q 端输出脉冲宽度为一个扫描周期的能流，使 M4.3 复位。指令方框下面的 M4.2 是脉冲存储器位。P_TRIG 指令与 N_TRIG 指令不能放在电路的开始处和结束处。

10. 检测信号上升沿/下降沿指令

图 5-9 中的 R_TRIG 是"检测信号上升沿"指令，F_TRIG 是"检测信号下降沿"指令。该指令将输入 CLK 的当前状态与背景数据块中的边沿存储位保存的上一个扫描周期的 CLK 状态进行比较。如果指令检测到 CLK 的上升沿或下降沿，将会通过 Q 端输出一个扫描周期的脉冲。

11. 边沿指令的区别

四种边沿指令的对照如表 5-3 所示。

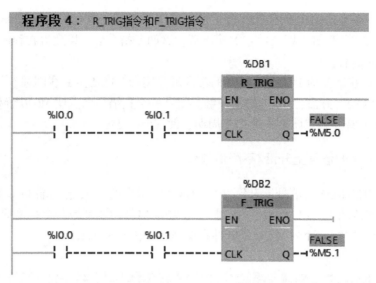

程序段 4： R_TRIG指令和F_TRIG指令

图 5-9　R_TRIG 指令 F_TRIG 指令

表 5-3　边沿指令对照表

指令	说　明
⊣ P ⊢ ⊣ N ⊢	用于检测单个变量的沿，指令上方的操作数为待检测的变量，指令下方的操作数为上一扫描周期结果，指令右方为沿输出。
P_TRIG N_TRIG	用于检测指令前的能流结果的沿，指令下方的操作数为上一扫描周期结果，指令右方为沿输出。和⊣P⊢不同的是，可以检测多个变量与/或/非的结果的沿
-(P)- -(N)-	用于检测指令前的能流结果的，指令上方的操作数为沿输出，指令下方的操作数为上一扫描周期结果，指令前后的能流保持不变 等价于
R_TRIG F_TRIG	该指令相当于 FB，并且是唯一可以在 SCL 中使用的，所以主要用在 FB 的多重背景或者 SCL 中，CLK 为待检测的变量或能流，Q 为沿输出，上一扫描周期结果位于背景数据块中

1) 在 ─┤P├─ 触点上面地址的上升沿，该触点接通一个扫描周期，因此 P 触点用于检测触点地址的上升沿，并且直接输出上升沿脉冲，其他三种指令都是用来检测 RLO（流入它们的能流）的上升沿。

2) 在流过 ─┤P├─ 线圈的能流的上升沿，线圈上面的地址在一个扫描周期为 1 状态，因此 P 线圈用于检测能流的上升沿，并用线圈上面的地址来输出上升沿脉冲。其他三种指令都是直接输出检测结果。

3) R_TRIG 指令与 P_TRIG 指令都是用于检测流入它们的 CLK 端的能流的上升沿，并直接输出检测结果。其区别在于 R_TRIG 指令用背景数据块保存上一次扫描循环 CLK 端信号的状态，而 P_TRIG 指令用边沿存储位来保存它。如果 P_TRIG 指令与 R_TRIG 指令的 CLK 电路只有某地址的常开触点，可以用该地址的 ─┤P├─ 触点来代替它的常开触点和这两条指令之一的串联电路。

12. 位指令应用举例

控制要求：编写故障显示程序，从故障信号 I0.0 的上升沿开始，Q0.0 控制的指示灯以 1Hz 的频率闪烁。按下复位按钮 I0.1 后，如果故障已经消失，则指示灯熄灭；如果故障没有消失，则指示灯转为常亮，直至故障消失。

此程序需要用到 1Hz 时钟，需要在设置 CPU 的属性时，将 MB0 设为时钟存储器字节，参考 3.4.10 节的时钟存储器设置，其中的 M0.5 为周期为 1s 的时钟脉冲。出现故障输入时，置位故障记忆，故障记忆常开触点与 1Hz 脉冲的常开触点串联电路使故障指示输出控制的指示灯以 1Hz 的频率闪烁。按下复位输入钮，故障记忆被复位。如果这时故障输入已经消失，则指示灯熄灭；如果没有消失，则故障记忆的常闭触点与故障输入的常开触点组成的串联电路使指示灯转为常亮，直至故障消失，指示灯熄灭，如图 5-10 所示。

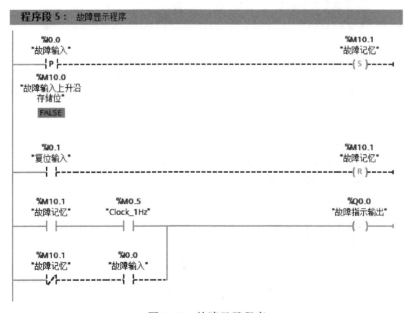

图 5-10 故障显示程序

5.1.2 定时器操作指令

S7-1200 的定时器为 IEC 定时器，使用定时器需要使用其相关的背景数据块或者数据类型为 IEC_TIMER 的 DB 块变量。S7-1200 有四种定时器：脉冲定时器、接通延时定时器、关断延时定时器及时间累加器，此外还有复位定时器和加载持续时间的指令。

1. 脉冲定时器 TP

定时器和计数器指令的数据保存在背景数据块中，调用时需要指定配套的背景数据块。打开指令列表窗口，将"定时器操作"文件夹中的定时器指令拖放到梯形图中适当的位置。出现"调用选项"对话框如图 5-11 所示。

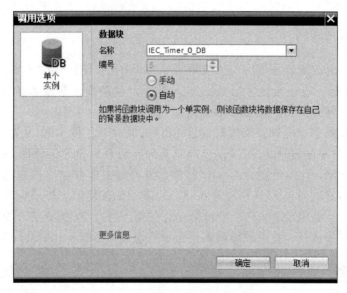

图 5-11 生成定时器的背景数据块

可以修改默认的背景数据块的名称。IEC 定时器没有编号，可以用背景数据块的名称，如"TP1"或"某设备延时"来做定时器的标识符，单击"确定"按钮，自动生成的背景数据块如图 5-12 所示，脉冲定时器程序如图 5-13 所示。

TP1					
	名称	数据类型	起始值	监视值	保持
▼	Static				☐
■	PT	Time	T#0ms	T#10S	☐
■	ET	Time	T#0ms	T#0MS	☐
■	IN	Bool	false	FALSE	☐
■	Q	Bool	false	FALSE	☐

图 5-12 定时器的背景数据块

定时器的输入 IN 为启动输入端，在输入 IN 的上升沿（从 0 状态变为 1 状态），TP、TON 和 TONR 开始定时，在输入 IN 的下降沿，TOF 开始定时。

PT（Preset Time）为预设时间值，ET（Elapsed Time）为定时开始后经过的时间，称为当前时间值，它们的数据类型为 32 位的 Time，单位为 ms，最大定时时间为 T#24D_20H_31M_23S_647MS，Q 为定时器的位输出。各参数均可以使用 I（仅用于 IN）、Q、M、D、L 存储区，PT 可以使用常量。定时器指令可以放在程序段的中间或结束处。可以不给输出 Q 和 ET 指定地址。

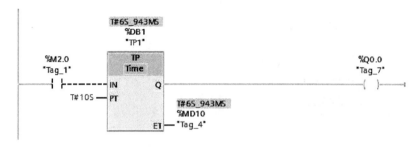

图 5-13　脉冲定时器

脉冲定时器（TP）的指令名称为"生成脉冲"，用于将输出 Q 置位为 PT 预设的一段时间。用程序状态功能可以观察当前时间值的变化情况，如图 5-13 所示。在 IN 输入信号的上升沿启动该定时器，Q 输出变为 1 状态，开始输出脉冲。定时开始后，当前时间 ET 从 Oms 开始不断增大，达到 PT 预设的时间时，Q 输出变为 0 状态。如果 IN 输入信号一直为 1 状态，则当前时间值保持不变；如果 IN 输入信号为 0 状态，则当前时间变为 0ms。

IN 输入的脉冲宽度可以小于预设值，在脉冲输出期间，即使 IN 输入出现下降沿和上升沿，也不会影响脉冲的输出。

2. 接通延时定时器 TON

接通延时定时器用于将 Q 输出的置位操作延时 PT 指定的一段时间。IN 输入端的输入电路由断开变为接通时开始定时，定时时间大于等于 PT 的设定值时，输出 Q 变为 1 状态，当前时间值 ET 保持不变，如图 5-14 所示。

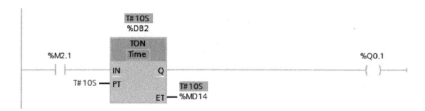

图 5-14　接通延时定时器

IN 输入端的电路断开时，定时器被复位，当前时间被清零，输出 Q 变为 0 状态。CPU 第一次扫描时，定时器输出 Q 被清零。如果 IN 输入信号在未达到 PT 设定的时间时变为 0 状态，输出 Q 保持 0 状态不变。

3. 关断延时定时器指令 TOF

关断延时定时器用于将 Q 输出的复位操作延时 PT 指定的一段时间。其 IN 输入电路接通时，输出 Q 为 1 状态，当前时间被清零。IN 输入电路由接通变为断开时（IN 输入的下降沿）开始定时，当前时间从 0 逐渐增大，如图 5-15 所示。当前时间等于预设值时，输出 Q 变为 0 状态，当前时间保持不变，直到 IN 输入电路接通。关断延时定时器可以用于设备停机后的延时，例如加热炉与循环风的延时控制。

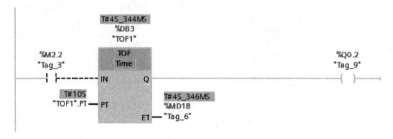

图 5-15　关断延时定时器

如果当前时间未达到 PT 预设的值，IN 输入信号就变为 1 状态，当前时间被清零，输出 Q 将保持 1 状态不变。

4. 时间累加器 TONR

IN 输入电路接通时开始定时，IN 输入电路断开时，累计的当前时间值保持不变，如图 5-16 所示。可以用 TONR 来累计输入电路接通的若干个时间段，累计时间等于预设值 PT 时，Q 输出变为 1 状态。

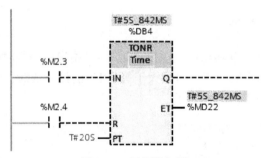

图 5-16　时间累加器

5. 复位定时器 RT

使用复位定时器 RT 指令，可将 IEC 定时器复位为 0 状态。仅当线圈输入的逻辑运算结果（RLO）为 1 状态时，才执行该指令。如果电流流向线圈（RLO 为 1 状态），则指定数据块中的定时器结构组件将复位为 0 状态。如果该指令输入的 RLO 为 0 状态，则该定时器保持不变。可以为已在程序中声明的 IEC 定时器分配"复位定时器"指令。如图 5-17 所示为复位图 5-14 中的接通延时定时器 TON。

6. 加载持续时间 PT

可以使用加载持续时间 PT 指令为 IEC 定时器设置时间。如果该指令输入逻辑运算结果

（RLO）的信号状态为 1，则每个周期都执行该指令。该指令将指定时间写入 IEC 定时器的结构中，为已在程序中声明的 IEC 定时器赋给"加载持续时间"指令。图 5-17 中将 PT 线圈下面指定的时间预设值 T#15S（即持续时间）写入定时器名为"TOF1"的背景数据块 DB3 中的静态变量 PT，将它作为 TOF1 的输入参数 PT 的实参。

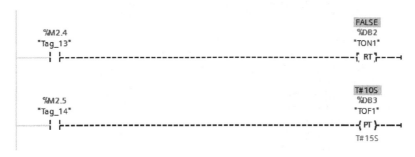

图 5-17　复位定时器/加载持续时间

如果在指令执行时指定 IEC 定时器正在计时，指令将覆盖该 IEC 定时器的当前值，这将更改 IEC 定时器的定时器状态。

7. 定时器线圈指令

中间标有 TP、TON、TOF 和 TONR 的线圈是定时器线圈指令。将指令列表中"基本指令"选项板的"定时器操作"文件夹中的"TON"线圈指令拖放到程序区。它的上面可以是类型为 IEC_TIMER 的背景数据块，也可以是数据块中数据类型为 IEC_TIMER 的变量，它的下面是时间预设值。定时器线圈通电时被起动，它的功能与对应的 TON 方框定时器指令相同。

8. 定时器应用举例

控制要求：开机时，按下启动按钮 I0.0，风机 Q1.0 开始运行，30s 后加热 Q1.1 自动起动。停机时，按下停止按钮 I0.1 后，立即停止加热，2min 后风机自动停止，并统计风机日运行时间。

解： 3 个定时器用数据类型为 IEC_TIMER 的变量提供背景数据，如图 5-18 所示。控制程序如图 5-19 和图 5-20 所示。

TON Q 输出端控制的"加热"在"启动按钮"按下后 30s 变为 1 状态，在"停止按钮"按下时马上变为 0 状态。TOF Q 输出端控制的"风机运行"在"启动按钮"按下后马上变为 1 状态，在"停止按钮"按下 2min 后变为 0 状态（图 5-19 已延时 1M_42s_965ms）。"风机运行"只要为 1 状态，就统计风机运行时间，风机停止后时间值保持，直到按下"复位按钮"，将定时器复位和赋值。

9. 定时器不计时的可能原因

1）定时器的输入位需要有电平信号的跳变，定时器才会计时。如果以保持不变的信号作为输入位是不会开始计时的。TP、TON、TONR 需要 IN 从 0 变为 1 时启动，TOF 需要 IN

风机加热用定时器[DB5]

名称	数据类型	起始值
▼ Static		
▼ T1	IEC_TIMER	
PT	Time	T#30S
ET	Time	T#0ms
IN	Bool	false
Q	Bool	false
▼ T2	IEC_TIMER	
PT	Time	T#2M
ET	Time	T#0ms
IN	Bool	false
Q	Bool	false
▼ T3	IEC_TIMER	
PT	Time	T#24h
ET	Time	T#0ms
IN	Bool	false
Q	Bool	false

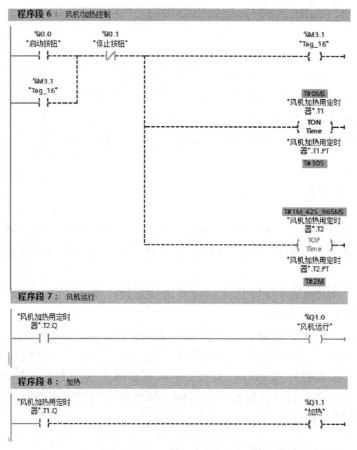

图 5-18 用数据类型为 IEC_TIMER 的变量为定时器提供背景数据

图 5-19 定时器线圈指令举例

从 1 变为 0 时启动。

2）定时器的背景数据块重复使用。

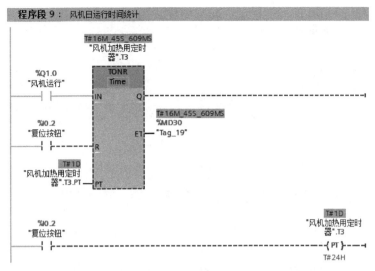

图 5-20　风机运行时间统计

3）只有在定时器功能框的 Q 或 ET 连接变量，或者在程序中使用背景 DB（或 IEC_ TIMER 类型的变量）的 Q 或者 ET，定时器才会开始计时，并且更新计时时间。

5.1.3　计数器操作指令

计数器指令用来累计输入脉冲的次数，在实际应用中经常用来对产品进行计数或完成一些复杂的逻辑控制。计数器与定时器的结构和使用基本相似，编程时输入它的预设值 PV（计数的次数），计数器累计它的脉冲输入端上升沿（正跳变）个数，当计数值 CV 达到预设值 PV 时，计数器动作，以便完成相应的处理。

S7-1200 有三种 IEC 计数器：加计数器（CTU）、减计数器（CTD）和加减计数器（CTUD）。对于每种计数器，计数值可以是任何整数数据类型。IEC 计数器指令是函数块，调用它们时，需要生成保存计数器数据的背景数据块来存储计数器数据。

此种计数器属于软件计数器，其最大计数频率受到 OB1 扫描周期的限制。如果需要频率更高的计数器，可以使用 CPU 内置的高速计数器。

1. 计数器指令结构

CU 和 CD 分别是加计数输入和减计数输入，在 CU 或 CD 由 0 状态变为 1 状态时（信号的上升沿），当前计数器值 CV 被加 1 或减 1。PV 为预设计数值，Q 为布尔输出，R 为复位输入，CU、CD、R 和 Q 均为 Bool 变量。

计数器指令的数据保存在背景数据块中，调用时需要指定配套的背景数据块。打开指令列表窗口，双击"计数器操作"文件夹中的"加计数"，出现如图 5-21 所示对话框。

可以修改默认背景数据块的名称。IEC 计数器没有编号，可以用背景数据块的名称，如"C1"或"某某计数"来做计数器的标识符。单击"确定"按钮，自动生成的背景数据块如图 5-22 所示。可以根据实际需要更改 CTU 下计数值的数据类型，图 5-22 中的计数值为无符号整数。

图 5-21　输入计数器

C1				
名称		数据类型	起始值	保持
▼ Static				☐
■	CU	Bool	false	☑
■	CD	Bool	false	☑
■	R	Bool	false	☑
■	LD	Bool	false	☑
■	QU	Bool	false	☑
■	QD	Bool	false	☑
■	PV	UInt	0	☑
■	CV	UInt	0	☑

图 5-22　计数器的背景数据块

2. 加计数器

每当 CU 从 0 状态变为 1 状态，CV 增加 1；当 CV = PV 时，Q 输出 1，此后 CU 从 0 状态变为 1 状态，Q 保持输出 1，如图 5-23 所示。CV 继续加 1 直到达到计数器指定的整数类型的最大值。在任意时刻，只要 R 为 1 时，Q 输出 0，CV 立即停止计数并被清零。图 5-24 所示为 PV = 3 的加计数器时序图。

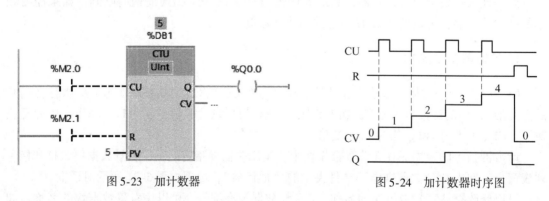

图 5-23　加计数器　　　　　　　　　　图 5-24　加计数器时序图

3. 减计数器

每当 CD 从 0 状态变为 1 状态，CV 减少 1；当 CV = 0 时，Q 输出 1，此后 CD 从 0 状态变为1状态，Q 保持输出1，CV 继续减少1直到达到计数器指定的整数类型的最小值。在任意时刻，只要 LD 为1时，Q 输出0，CV 立即停止计数并回到 PV 值，如图5-25所示。图5-26所示为 PV =3 的减计数器时序图。

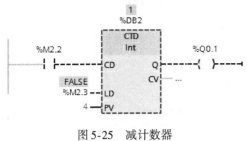

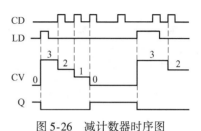

图5-25 减计数器 　　　　　　　图5-26 减计数器时序图

4. 加减计数器

每当 CU 从0状态变为1状态，CV 增加1，每当 CD 从0状态变为1状态，CV 减少1；当 CV≥PV 时，QU 输出1，当 CV < PV 时，QU 输出0。当 CV≤0 时，QD 输出1，当 CV >0 时，QD 输出0。CV 的上、下限取决于计数器指定的整数类型的最大值与最小值。

在任意时刻，只要 R 为1时，QU 输出0，CV 立即停止计数并被清零。只要 LD 为1时，QD 输出0，CV 立即停止计数并回到 PV 值，如图5-27所示。图5-28所示为 PV =4 的加减计数器时序图。

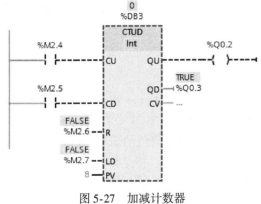
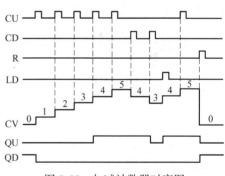

图5-27 加减计数器 　　　　　　　图5-28 加减计数器时序图

5.1.4 比较操作指令

比较操作指令主要用于数值的比较以及数据类型的比较。

1. 比较指令

比较指令用来比较数据类型相同的两个数 IN1 与 IN2 的大小，如图5-29所示，IN1 和 IN2 分别在触点的上面和下面。操作数可以是 I、Q、M、L、D 存储区中的变量或常数。比较两个字符串是否相等时，实际上比较的是它们各对应字符 ASCII 码值的大小，第一个不相同的字符决定了比较的结果。

可以将比较指令视为一个等效的触点，比较符号可以是"="（等于）"<>"（不等于）">""≥=""<"和"<="。满足比较关系式给出的条件时，等效触点接通。例如当MD12 的值 134. 5 > 123. 45 时，图 5-29 第一行中间的比较触点接通。

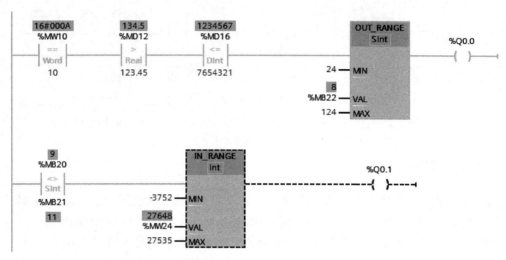

图 5-29　比较指令

生成比较指令后，双击触点中间比较符号下面的问号，单击出现的 ▾ 按钮，用下拉式列表设置要比较的数的数据类型。数据类型可以是位字符串、整数、浮点数、字符串、TIME、DATE、TOD 和 DLT 等。比较指令的比较符号也可以修改，双击比较符号，单击出现的 ▾ 按钮，可以用下拉式列表进行修改。

2. 值在范围内与值超出范围指令

"值在范围内"指令 IN_Range 与"值超出范围"指令 OUT_Range 也可以等效为一个触点。如果有能流流入指令方框，执行比较，反之不执行比较。图 5-29 中 IN_Range 指令的参数 VAL 不满足 MIN≤VAL≤MAX 时，等效触点断开，指令框为蓝色的虚线。OUT_Range 指令的参数 VAL 满足 VAL < MIN 或 VAL > MAX 时，等效触点闭合，指令框为绿色。

这两条指令的 MIN、MAX 和 VAL 的数据类型必须相同，可选整数和实数，可以是 I、Q、M、D 存储区中的变量或常数。

3. 检查有效性与检查无效性指令

"检查有效性"指令和"检查无效性"指令用来检测输入数据是否是有效的实数（即浮点数）。如果是有效的实数，OK 触点接通，反之 NOT_OK 触点接通。触点上面的变量数据类型为 Real。

执行图 5-30 中的乘法指令 MUL 之前，首先用"OK"指令检查 MUL 指令的两个操作数是否是实数，如果不是，OK 触点断开，没有能流流入 MUL 指令的使能输入端 EN，不会执行乘法指令。

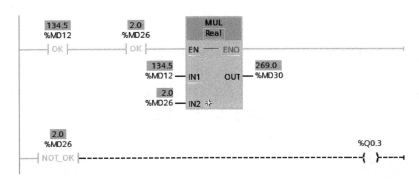

图 5-30　OK 指令与 NOT_OK 指令

5.1.5　数学函数指令

数学函数指令用于实现基本的加减乘除、指数、三角函数等。

1. 四则运算指令

ADD、SUB、MUL 和 DIV 分别是加、减、乘、除指令，它们执行的操作数的数据类型可选整数（SInt、Int、DInt、USInt、UInt、UDInt）和浮点数 Real，IN1 和 IN2 可以是常数。但 IN1、IN2 和 OUT 的数据类型应相同。

整数除法指令将得到的商取整后，作为整数格式的输出 OUT。

ADD 和 MUL 指令允许有多个输入，单击方框中参数 IN2 后面的 ❈，将会增加输入 IN3，以后增加输入的编号依次递增。

2. 四则运算指令应用举例

压力变送器的量程为 0 ~ 10MPa，输出信号为 0 ~ 10V，接 CPU 集成的模拟量输入通道 0（地址为 IW64），转换为 0 ~ 27648 的数字。假设转换后的数字为 N，试求以 kPa 为单位的压力值。

解 1：0 ~ 10MPa（0 ~ 10000kPa）对应于转换后的数字 0 ~ 27648，转换公式为

$$P = (10000 \times N)/27648 \quad (kPa) \tag{5-1}$$

值得注意的是，运算时一定要先乘后除，否则将会损失原始数据的精度。

公式中乘法运算的结果可能会大于一个字能表示的最大值，因此应使用数据类型为双整数的乘法和除法。首先使用 CONV 指令，将 IW64 转换为双整数（DInt）。在 OBl 的块接口区定义数据类型为 DInt 的临时局部变量 Templ，用来保存运算的中间结果，如图 5-31 所示。

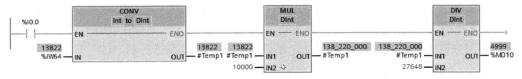

图 5-31　使用整数运算指令的压力计算程序

双整数除法指令 DIV 的运算结果为双整数，但是由式（5-1）可知运算结果实际上不会

超过 16 位正整数的最大值 32767，所以双字 MD10 的高位字 MW10 为 0，运算结果的有效部分在 MD10 的低位字 MW12 中。

解2：使用浮点数运算，将式(5-1) 改写为式(5-2)

$$P = (10000 \times N)/27648 = 0.361690 \times N \quad (\text{kPa}) \tag{5-2}$$

在 OB1 的接口区定义数据类型为 Real 的局部变量 Temp2，用来保存运算的中间结果。用 CONV 指令将 IW64 中数的数据类型转换为实数（Real），再用实数乘法指令完成式(5-2)的运算。最后使用四舍五入的 ROUND 指令，将运算结果转换为整数，如图 5-32 所示。

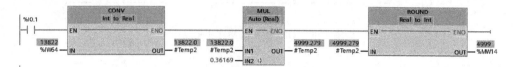

图 5-32 使用浮点数运算指令的压力计算程序

3. CALCULATE 指令

可以使用"计算"指令 CALCULATE 定义和执行数学表达式，根据所选的数据类型计算复杂的数学运算或逻辑运算。"CALCULATE"指令对话框给出了所选数据类型可以使用的指令，在该对话框中输入待计算的表达式，如图 5-33 所示的（IN1 + IN2）* IN3/IN4，表达式可以包含输入参数的名称（INn）和运算符，不能指定方框外的地址和常数。

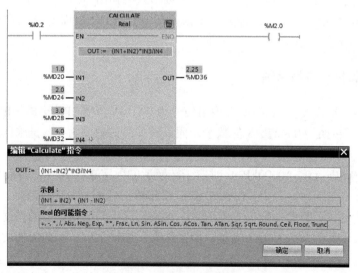

图 5-33 CALCULATE 指令

在初始状态下，指令框只有两个输入 IN1 和 IN2。单击方框左下角的 符号，可以增加输入参数的个数。功能框按升序对插入的输入编号，表达式可以不使用所有已定义的输入。运行时使用方框外输入的值执行指定表达式的运算，运算结果传送到 OUT。

4. 浮点数函数运算指令

浮点数（实数）数学运算指令的操作数 IN 和 OUT 的数据类型为 Real。

"计算指数值"指令 EXP 和"计算自然对数"指令 LN 中的指数和对数的底数 e = 2.718282。

"计算平方根"指令 SQRT 和 LN 指令的输入值如果小于 0，输出 OUT 为无效的浮点数。

三角函数指令和反三角函数指令中的角度均为以弧度为单位的浮点数。如果输入值是以度为单位的浮点数，使用三角函数指令之前应先将角度值乘以 π/180.0，转换为弧度值。

"计算反正弦值"指令 ASIN 和"计算反余弦值"指令 ACOS 的输入值允许范围为 −1.0 ~ 1.0，ASIN 和"计算反正切值"指令 ATAN 的运算结果取值范围为 −π/2 ~ π/2 弧度，ACOS 的运算结果的取值范围为 0 ~ π。

求以 10 为底的对数时，需要将自然对数值除以 2.302585（10 的自然对数值）。例如 lg100 = ln100/2.302585 = 4.605170/2.302585 = 2。

5. 浮点数函数运算指令应用举例

测量远处物体的高度时，已知被测物体到测量点的距离 L 和以度为单位的夹角 θ，求被测物体的高度 H。

解：$H = L \times \tan\theta$，角度的单位为度。以度为单位的实数角度值 45.0° 存在 MD40 中，乘以 π/180 = 0.0174532925，得到角度的弧度值，运算的中间结果用临时局部变量 Temp2 保存，L 的实数值 2.0 存在 MD44 中，运算结果存在 MD48 中。如图 5-34 所示为距离 L = 200m，夹角 θ = 45°时，被测物体的高度 H = 200m。

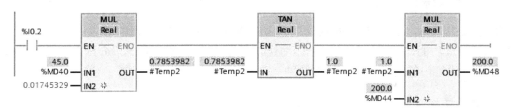

图 5-34　浮点数函数运算指令应用举例

6. 其他数学函数指令

（1）返回除法的余数 MOD 指令　除法指令只能得到商，余数将被丢掉。可以用"返回除法的余数"指令 MOD 来求除法的余数。输出 OUT 中的运算结果为除法运算 IN1/IN2 的余数，如图 5-35 所示被除数 = 10，除数 = 3，余数 = 1。

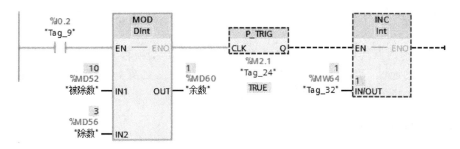

图 5-35　MOD 指令和 INC 指令

153

（2）求二进制补码（取反）NEG 指令 NEG（Negation）指令将输入 IN 的值符号取反后，保存在输出 OUT 中。IN 和 OUT 的数据类型可以是 SInt、Int、DInt 和 Real。输入 IN 还可以是常数。

（3）递增 INC 与递减 DEC 指令 执行 INC 与 DEC 指令时，参数 IN/OUT 的值分别被加 1 和减 1。IN/OUT 的数据类型为有符号或无符号的整数。

如果图 5-35 中的 INC 指令用来计 I0.2 动作的次数，应在 INC 指令之前添加检测能流上升沿的 P_TRIG 指令。否则 I0.2 为 1 状态的每个扫描周期，MW64 都要加 1。

（4）计算绝对值 ABS 指令 ABS 指令用来求输入 IN 中的有符号整数（SInt、Int、Dint）或实数（Real）的绝对值，将结果保存在输出 OUT 中。IN 和 OUT 的数据类型应相同。

（5）获取最小值 MIN 指令与获取最大值 MAX 指令 MIN 指令比较输入 IN1 和 IN2 的值，将其中较小的值送给输出 OUT。MAX 指令比较输入 IN1 和 IN2 的值，将其中较大的值送给输出 OUT。输入参数和 OUT 的数据类型为整数和浮点数，还可以增加输入的个数。

（6）设置限值 LIMIT 指令 LIMIT 指令将输入的值限制在输入 MIN 与 MAX 的值范围之间。如果 IN 的值没有超出该范围，将它直接保存在 OUT 指定的地址中。如果 IN 的值小于 MIN 的值或大于 MAX 的值，将 MIN 或 MAX 的值送给输出 OUT。

（7）返回小数 FRAC 与取幂 EXPT 指令 FRAC 指令将输入 IN 的小数部分传送到输出 OUT。EXPT 指令计算以输入 IN1 的值为底，以输入 IN2 为指数的幂（OUT = IN1^{IN2}），将计算结果存在 OUT 中。

5.1.6 移动操作指令

移动操作指令主要用于各种数据的移动、相同数据不同排列的转换，以及实现 S7 - 1200 间接寻址功能部分的移动操作。移动操作指令内容较多，下面只介绍几种常用的移动操作指令，详细内容请参考博途软件帮助。

1. 移动值指令

"移动值"指令 MOVE 用于将 IN 输入端的源数据传送给 OUT 输出的目的地址，并且转换为 OUT 允许的数据类型，源数据保持不变。IN 和 OUT 的数据类型可以是位字符串、整数、浮点数、定时器、日期时间、CHAR、WCHAR、STRUCT、ARRAY、IEC 定时器/计数器数据类型、PLC 数据类型，IN 还可以是常数。MOVE 指令允许有多个输出，程序状态监控可以更改变量的显示格式，如图 5-36 所示，OUT1 显示十进制数 12345，OUT2 显示十六进制 16#3039。

2. 交换指令

IN 和 OUT 为数据类型 Word 时，"交换"指令 SWAP 交换输入 IN 的高、低字节后，保存到 OUT 指定的地址。IN 和 OUT 为数据类型 DWord 时，交换 4 个字节中数据的顺序，交换后保存到 OUT 指定的地址，如图 5-36 所示。

3. 填充存储区指令

"填充存储区"指令 FILL_BLK 将输入参数 IN 设置的值填充到输出参数 OUT 指定起始

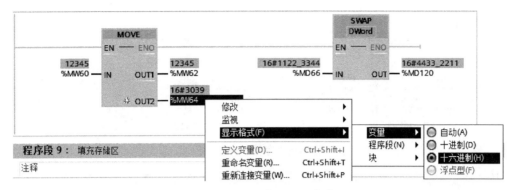

图 5-36　MOVE 与 SWAP 指令

地址的目标数据区，COUNT 为填充的数组元素的个数，源区域和目标区域的数据类型应相同。

"不可中断的存储区填充"指令 UFILL_BLK 与 FILL_BLK 指令的功能相同，其区别在于前者的填充操作不会被其他操作系统的任务打断。

名称			数据类型	偏移量	起始值	监视值
▼ Static						
■	▼ Source		Array[0..20] of Int	0.0		
	■	Source[0]	Int	0.0	0	1234
	■	Source[1]	Int	2.0	0	1234
	■	Source[2]	Int	4.0	0	1234
	■	Source[3]	Int	6.0	0	1234
	■	Source[4]	Int	8.0	0	1234
	■	Source[5]	Int	10.0	0	5678
	■	Source[6]	Int	12.0	0	5678
	■	Source[7]	Int	14.0	0	5678
	■	Source[8]	Int	16.0	0	5678
	■	Source[9]	Int	18.0	0	5678

图 5-37　FILL_BLK 与 UFILL_BLK 指令

4. 存储区移动指令

"存储区移动"指令 MOVE_BLK 用于将源存储区的数据移动到目标存储区。IN 和 OUT 是待复制的源区域和目标区域中的首个元素。

图 5-38 中的常开触点接通时，数据块_1 中的数组 Source 从 0 号元素开始的 5 个 Int 元素的值，被复制给数据块_2 的数组 Distin 从 0 号元素开始的 5 个元素。COUNT 为要传送数组元素的个数，复制操作按地址增大的方向进行。源区域和目标区域的数据类型应相同。

除了 IN 不能取常数外，指令 MOVE_BLK 和 FILL_BLK 的参数的数据类型和存储区基本上相同。"不可中断的存储区移动"指令 UMOVE_BLK 与 MOVE_BLK 指令的功能基本上相

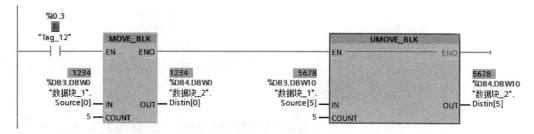

图 5-38　存储区移动指令

同,其区别在于前者的复制操作不会被操作系统的其他任务打断。执行该指令时,CPU 的报警响应时间将会增大。

"移动块"指令 MOVE_BLK_VARIANT 将一个存储区(源区域)的数据移动到另一个存储区(目标区域)。可以将一个完整的数组或数组的元素复制到另一个相同数据类型的数组中。源数组和目标数组的大小(元素个数)可能会不同。还可以复制一个数组内的多个或单个元素。

5.1.7　转换操作指令

转换操作指令主要用于基本数据类型的显式转换,根据转换源和目的变量来确定转换双方的数据类型。

1. 转换值指令

"转换值"指令 CONVERT 在指令方框中的标识符为 CONV,它的参数 IN、OUT 可以设置为多种数据类型,IN 还可以是常数。

图 5-39 中 I0.3 的常开触点接通时,执行 CONVERT 指令,将 MW24 中的 BCD 码数 16 转换为整数 10 送入 MW26。如果执行时没有出错,有能流从 CONVERT 指令的 ENO 端流出。ROUND 指令将 MD50 中的实数 1.23 四舍五入转换为双整数 1 后保存在 MD54。

图 5-39　数据转换指令

2. 浮点数转换为双整数的指令

浮点数转换为双整数有四条指令,"取整"指令 ROUND 用得最多,它将浮点数转换为四舍五入的双整数;"截尾取整"指令 TRUNC 仅保留浮点数的整数部分,去掉其小数部分;"浮点数向上取整"指令 CEIL 将浮点数转换为大于或等于它的最小双整数;"浮点数向下取整"指令 FLOOR 将浮点数转换为小于或等于它的最大双整数,后两条指令极少使用。

因为浮点数的数值范围远远大于 32 位整数,有的浮点数不能成功地转换。如果被转换的浮点数超出了 32 位整数的表示范围,则得不到有效的结果,ENO 为 0 状态。

3. 标准化指令

"标准化"指令 NORM_X 的整数输入值 VALUE（MIN ≤ VALUE ≤ MAX）被线性转换（标准化）为 0.0 ~ 1.0 的浮点数，转换结果用 OUT 指定的地址保存。NORM_X 输出 OUT 的数据类型可选 Real 或 LReal。输入、输出之间的线性关系如图 5-40 所示。将按以下公式进行计算：

$$OUT = (VALUE - MIN)/(MAX - MIN) \qquad (5-3)$$

4. 缩放指令

"缩放"指令 SCALE_X 的浮点数输入值 VALUE（0.0 ≤ VALUE ≤ 1.0）被线性转换为参数 MIN（下限）和 MAX（上限）定义的范围之间的数值。转换结果用 OUT 指定的地址保存。输入、输出之间的线性关系如图 5-41 所示。将按以下公式进行计算：

$$OUT = VALUE \times (MAX - MIN) + MIN \qquad (5-4)$$

5. 用 NORM_X 和 SCALE_X 指令实现模拟量和工程量之间的互相转换举例

1）某温度变送器的量程为 0 ~ 100℃，输出信号为 4 ~ 20mA，接 CPU 集成的模拟量输入通道 0（地址为 IW64），计算温度值。

解：首先 CPU 集成的模拟量输入通道测量类型只能是 0 ~ 10V 电压信号，如果不另选模拟量输入模块，可在 CPU 集成的模拟量输入的 AI0 和 3M 之间跨接一只 500Ω 电阻将 4 ~ 20mA 电流信号转换为 2 ~ 10V 电压信号，如图 5-42 所示。4mA（2V）对应的数字值为 5530，20mA（10V）对应的值为 27648。用 NORM_X 指令将 5530 ~ 27648 的数字值标准化为 0.0 ~ 1.0 的浮点数，然后用 SCALE_X 指令将标准化后的数字转换为 0.0 ~ 100.0℃ 的浮点数温度值，如图 5-43 所示。

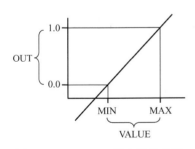
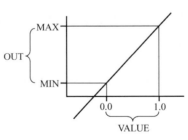

图 5-40　NORM_X 指令线性关系　　图 5-41　SCALE_X 指令线性关系　　图 5-42　模拟量输入接线

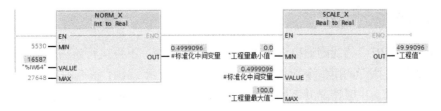

图 5-43　模拟量输入转换为工程量举例

2）采用 CPU 集成的模拟量输出通道 0（地址为 QW64），控制变频器在 0 ~ 50Hz 运行。

解：首先设定变频器数据源为模拟量输入，并设定为 0 ~ 20mA 电流（与 CPU 集成的模拟量输出类型相同），最低频率 0Hz，最高频率 50Hz。编写如图 5-44 所示程序，下载并运行，启用程序监视，右击变量"变频器频率设定 0 ~ 50Hz"选择"修改操作数"，将频率修改为需要的值如 24.9Hz，观察变频器响应。

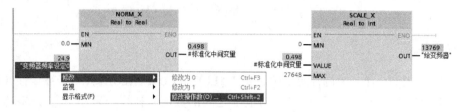

图 5-44　工程量转换为模拟量输出举例

5.1.8　程序控制指令

程序控制指令包含程序跳转、跳转标签、定义跳转列表、错误处理等。下面只简单介绍几种常用的程序控制指令，详细内容请参考博途软件帮助。

1. 跳转指令与跳转标签指令

在程序中设置"跳转指令"（JMP、JMPN）可提高 CPU 的程序执行速度。在没有执行跳转指令时，各个程序段按从上到下的先后顺序执行，这种执行方式称为线性扫描。跳转指令中止程序的线性执行，跳转到指令中的"跳转标签"（LABEL）所在的目的地址。跳转时不执行跳转指令与跳转标签之间的程序，直接跳到目的地址后，程序继续顺序执行。跳转指令可以向前或向后跳转，也可以在同一代码块中从多个位置跳转到同一个标签。

只能在同一个代码块内跳转，不能从一个代码块跳转到另一个代码块。跳转标签在程序段的开始处，且其第一个字符必须是字母，其余的可以是字母、数字和下划线。在一个块内，跳转标签的名称只能使用一次。

如果图 5-45 中 M2.0 的常开触点闭合，则跳转条件满足。跳转指令 JMP 线圈通电（跳转线圈为绿色），跳转被执行，将跳转到指令给出的跳转标签 CASE1 处，执行跳转标签之后的指令。被跳过程序段的指令没有被执行，如程序段 3 梯形图显示为浅色，此时改变 I0.0 的状态，Q0.1 不变化。

如果跳转条件不满足，将继续执行跳转指令之后的程序。

2. 返回指令

"返回"指令 RET 的线圈通电时，停止执行当前的块，不再执行该指令后面的程序，返回调用它的块后，执行调用指令后的程序，如图 5-45 所示。RET 指令的线圈断电时，继续执行它下面的指令。一般情况并不需要在块结束时使用 RET 指令来结束块，操作系统将会自动地完成这一任务。

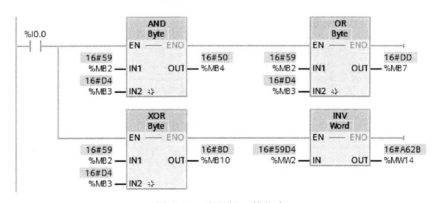

图 5-45　JMP 和 RET 指令

RET 线圈上面的参数是返回值，数据类型为 Bool。如果当前的块是 OB，返回值将被忽略。如果当前的块是 FC 或 FB，返回值作为 FC 或 FB 的 ENO 的值传送给调用它的块。返回值可以是 TRUE、FALSE 或指定的位地址。

5.1.9　字逻辑运算指令

字逻辑运算指令主要用于实现位序列的与、或、异或等功能。

1. 字逻辑运算指令

字逻辑运算指令对两个输入 IN1 和 IN2 逐位进行逻辑运算，运算结果存在输出 OUT 指定的地址中，如图 5-46 所示。

图 5-46　字逻辑运算指令

"与运算" AND 指令的两个操作数的同一位如果均为 1，运算结果的对应位为 1，否则为 0。"或运算" OR 指令的两个操作数的同一位如果均为 0，运算结果的对应位为 0，否则为 1。"异或运算" XOR 指令的两个操作数的同一位如果不相同，运算结果的对应位为 1，否则为 0。"求反码"指令 INV 将输入 IN 中的二进制整数逐位取反，即各位的二进制数由 0

变1，由1变0，运算结果存放在输出 OUT 指定的地址。上述运行结果监视值如图 5-47 所示。

名称	地址	显示格式	监视值
"IN1"	%MB2	二进制	2#0101_1001
"IN2"	%MB3	二进制	2#1101_0100
"AND结果"	%MB4	二进制	2#0101_0000
"OR结果"	%MB7	二进制	2#1101_1101
"XOR结果"	%MB10	二进制	2#1000_1101
"INV_IN"	%MW2	二进制	2#0101_1001_1101_0100
"INV结果"	%MW14	二进制	2#1010_0110_0010_1011
"DECO_IN"	%MW16	二进制	2#0000_0000_0000_0101
"DECO结果"	%MW18	二进制	2#0000_0000_0010_0000
"ENCO_IN"	%MB20	二进制	2#0100_1000
"ENCO结果"	%MW22	二进制	2#0000_0000_0000_0011

图 5-47　字逻辑运算及解码编码二进制监视值

以上指令的操作数 IN1、IN2 和 OUT 的数据类型为 Byte、Word 或 DWord。单击 可增加输入的个数。

2. 解码与编码指令

如果输入参数 IN 的值为 n，"解码"（或称译码）指令 DECO（Decode）将输出参数 OUT 的第 n 位置位为 1，其余各位置 0。利用解码指令可以用输入 IN 的值来控制 OUT 中的某一位。如果输入 IN 的值大于 31，将 IN 的值除以 32 以后，用余数来进行解码操作。

IN 的数据类型为 UInt，OUT 的数据类型可选 Byte、Word 和 Dword。

图 5-48 中 DECO 指令的参数 IN 的值为 5，OUT 为 2#0010 0000（16#20），仅第 5 位为 1。二进制结果见图 5-47。

"编码"指令 ENCO（Encode）与"解码"指令相反，将 IN 中为 1 的最低位的位数送给输出参数 OUT 指定的地址，IN 的数据类型可选 Byte、Word 和 DWord，OUT 的数据类型为 Int。如果 IN 为 2#0100 1000（即 16#48），OUT 指定的输出中的编码结果为 3，如图 5-48 所示。如果 IN 为 1 或 0，输出的值为 0。

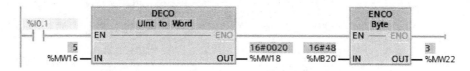

图 5-48　DECO 和 ENCO 指令

3. 选择、多路复用与多路分用指令

"选择"指令 SEL（Select）的 Bool 输入参数 G 为 0 时选中 IN0，G 为 1 时选中 IN1，选中的数值被保存到输出参数 OUT 指定的地址，如图 5-49 所示。

"多路复用"指令 MUX（Multiplex）根据输入参数 K 的值，选中某个输入数据，并将它传送到输出参数 OUT 指定的地址。K = m 时，将选中 INm。如果 K 的值大于可用的输入个数，则选中输入参数 ELSE，并且 ENO 的信号状态会被指定为 0 状态。

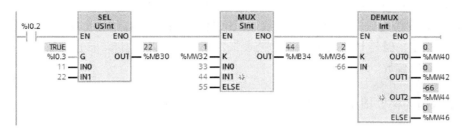

图 5-49　SEL 与 MUX、DEMUX 指令

参数 K 的数据类型为整数。INn、ELSE 和 OUT 的数据类型应相同，它们可以取多种数据类型。

"多路分用"指令 DEMUX 根据输入参数 K 的值，将输入 IN 的内容传送到选定的输出中，其他输出则保持不变。K = m 时，将输入 IN 的内容传送到输出 OUTm 中。如果参数 K 的值大于可用的输出个数，输入 IN 的值被传送到 ELSE 指定的地址中，并且 ENO 被指定为 0 状态。参数 K 的数据类型为整数，IN、ELSE 和 OUTn 的数据类型应相同，它们可以取多种数据类型。

5.1.10　移位与循环移位指令

移位和循环指令主要用于实现位序列的左右移动或者循环移动等功能。

1. 移位指令

"右移"指令 SHR 和"左移"指令 SHL 将输入参数 IN 指定的存储单元的整个内容逐位右移或左移若干位，移位的位数用输入参数 N 来定义，移位的结果保存在输出参数 OUT 指定的地址中。

如果移位后的数据要送回原地址，应用移位信号上升沿指令，否则只要移位信号 M2.0 为 1 状态，每个扫描周期都要移位一次。

右移 n 位相当于除以 2^n，将十进制数 −400 右移 2 位，相当于除以 4，右移结果为 −100。左移 n 位相当于乘以 2^n，将 200 左移 2 位，相当于乘以 4，左移结果为 800，如图 5-50 所示。

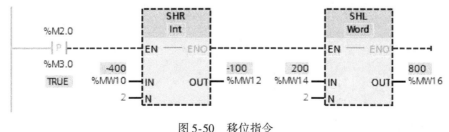

图 5-50　移位指令

2. 循环移位指令

"循环右移"指令 ROR 和"循环左移"指令 ROL 将输入参数 IN 指定的存储单元的整

个内容逐位循环右移或循环左移若干位，即移出来的位又送回到存储单元另一端空出来的位，原始的位不会丢失。N 为移位的位数，移位的结果保存在输出参数 OUT 指定的地址。N 为 0 时不会移位，但是 IN 指定的输入值将复制给 OUT 指定的地址。移位位数 N 可以大于被移位存储单元的位数。

3. 使用循环移位指令控制彩灯举例

控制要求：用 QB0 控制 8 盏灯。开始运行前，选择左移还是右移，几盏灯同时亮（最多 4 盏）。"运行标志"为 1，开始以 1Hz 的频率循环亮灭。"运行标志"为 0，8 盏灯同时熄灭。

解："运行标志"可以用 PLC 输入，利用线圈指令、置位复位等位逻辑指令使之为 1 或 0。为了获得移位用的时钟脉冲，在组态 CPU 的属性设置时，使系统存储器字节和时钟存储器字节的地址分别为默认的 MB1 和 MB0，参考 3.4.10 节。

"运行标志"上升沿，采用 MUX 指令给 QB0 置初始值，"同时亮灯数量"=0 时传送 IN0 值 0，都不亮（没有意义）；=1 时传送 IN1 值 1，亮 1 盏；=2 时传送 IN2 值 3，亮 2 盏；=3 时传送 IN3 值 7；亮 3 盏，=4 以上其他值时传送 ELSE 值 15，最多亮 4 盏。

"运行标志"下降沿，用 MOVE 指令给 QB0 送 0，灯全灭。如图 5-51 所示。

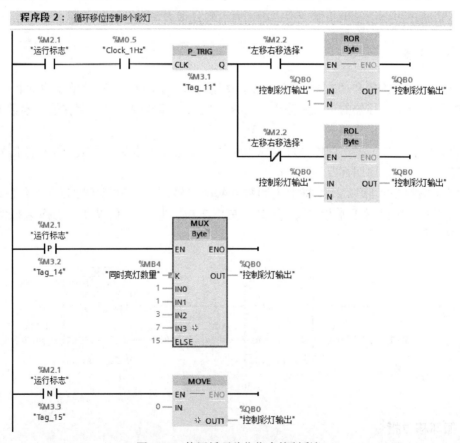

图 5-51　使用循环移位指令控制彩灯

P_TRIG 指令输出一个扫描周期的脉冲，如果此时"运行标志"为 1 状态，执行一次循环移位指令，QB0 的值循环移位 1 位。因为 QB0 循环移位后的值又送回 QB0，循环移位指令的前面必须使用 P_TRIG 指令，否则每个扫描循环周期都要执行一次循环移位指令，而不是每秒钟移位一次。

输入、下载和运行程序，通过观察 CPU 模块上与 Q0.0 ~ Q0.7 对应的输出 LED 指示灯，即可观察运行效果，也可删除 P_TRIG 指令观察运行效果。

5.2 扩展指令

扩展指令涵盖日期和时间、字符串 + 字符、分布式 I/O、PROFIenergy、中断、报警、诊断、脉冲、配方和数记录、数据块控制、寻址等。下面只简单介绍日期和时间指令及字符串 + 字符指令。其他请参考博途软件在线帮助或 S7 - 1200 的系统手册。

5.2.1 日期和时间指令

日期和时间指令主要用于实现读取和设定时间以及时间的转换与运算功能。

打开在线和诊断视图，可以设置实时时钟的时间值，如图 5-52 所示，单击"应用"，CPU 模块时间将改写为编程计算机的时间。也可以用日期和时间指令来读、写实时时钟。下面简单介绍读取实时时钟指令及应用。

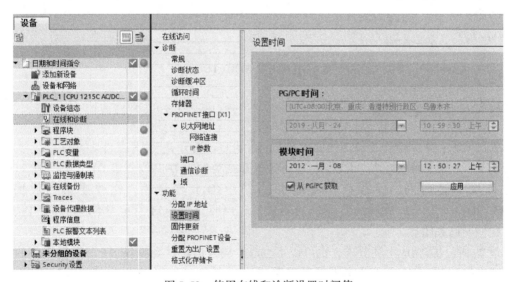

图 5-52　使用在线和诊断设置时间值

1. 时钟功能指令

系统时间是格林尼治标准时间，本地时间是根据当地时区设置的本地标准时间。北京时间比系统时间多 8 个小时。

"读取时间"指令 RD_SYS_T 将读取的 PLC 时钟当前日期和系统时间保存在输出 OUT 中。

"读取本地时间"指令 RD_LOC_T 将读取的 PLC 时钟当前日期和本地时间保存在输出 OUT 中。为了保证读取到正确的时间，在组态 CPU 的属性设置时，应将实时时间的时区设置为北京，不使用夏令时。

图 5-53 给出了同时读出的本地时间 DT1 和系统时间 DT2 的示例程序，本地时间要多 8 个小时。

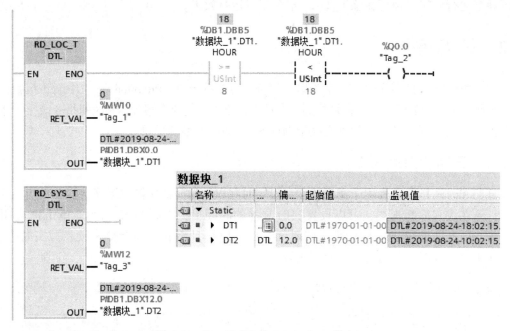

图 5-53 RD_SYS_T 和 RD_LOC_T 指令

2. 时钟功能指令举例

控制要求：车间操作工位照明要求早 8 点上班自动打开，晚 18 点自动关闭。

解 1：生成全局数据块"数据块_1"，生成数据类型为 DTL 的变量 DT1。用 RD_LOC_T 指令读取本地时间，保存在"数据块_1"中 DT1 变量中，比较变量"数据块_1. DT1. HOUR"的值，并用输出 Q0.0 来控制工位照明。图 5-53 所示当本地时间为 18 点 02 分工位照明已关闭。

解 2：若只需完成上述要求，也可以不生成全局数据块"数据块_1"，只在 OB1 的接口区定义数据类型为"DTL"的临时局部变量如"Temp1"，比较"Temp1. HOUR"的值即可。

5.2.2 字符串 + 字符指令

字符串 + 字符指令主要用于实现字符串的转换、编辑等功能。

1. 转换字符串指令 S_CONV

转换字符串指令 S_CONV 用于将输入的字符串转换为对应的数值，或者将数值转换为对应的字符串。该指令没有输出格式选项，因此需要设置的参数很少，但是没有指令 STRG_

VAL 和 VAL_STRG 那样灵活。首先需要在指令方框中设置转换前后操作数 IN 和 OUT 的数据类型，如图 5-54 所示。

（1）将字符串转换为数值 使用 S_CONV 指令将字符串转换为整数或浮点数时，允许转换的字符包括 0 ~ 9、加减号和小数点对应的字符。转换后的数值用参数 OUT 指定的地址保存。如果输出的数值超出 OUT 的数据类型允许范围，OUT 为 0，ENO 被置为 0 状态。转换浮点数时不能使用指数计数法（带 "e" 或 "E"）。图 5-54 中 M2.0 的常开触点闭合时，左边的 S_CONV 指令将字符串常量′12345.6′转换为双整数 12345，小数部分被截尾取整。

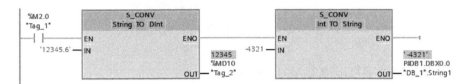

图 5-54 转换字符串指令 S_CONV

（2）将数值转换为字符串 可以用指令 S_CONV 将参数 IN 指定的整数、无符号整数或浮点数转换为输出 OUT 指定的字符串。根据参数 IN 的数据类型，转换后的字符串长度是固定的，输出字符串中的值为右对齐，且值的前面用空格字符填充，正数字符串不带符号。

图 5-54 中右边的 S_CONV 指令的参数 OUT 的实参为字符串 DB1. String。M2.0 的常开触点闭合时，S_CONV 指令将 – 4321 转换为字符串′ – 4321′，替换了 DB1. String1 原有的字符串，如图 5-55 所示。

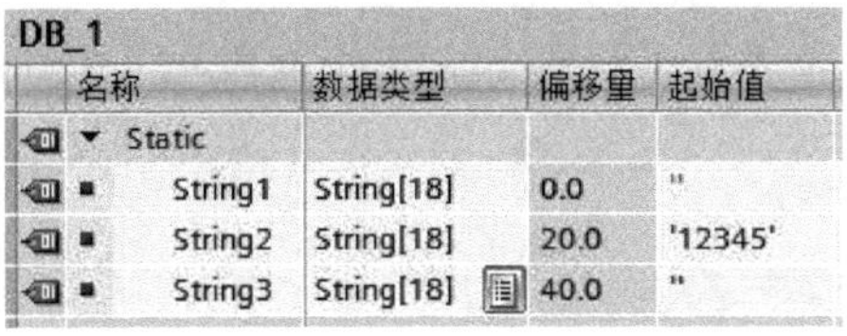

DB_1				
	名称	数据类型	偏移量	起始值
▼	Static			
■	String1	String[18]	0.0	" "
■	String2	String[18]	20.0	'12345'
■	String3	String[18]	40.0	" "

图 5-55 数据块中的字符串变量

（3）复制字符串

如果 S_CONV 指令输入、输出的数据类型均为 String，输入 IN 指定的字符串将复制到输出 OUT 指定的地址中。

2. 将字符串转换为数值指令 STRG_VAL

将字符串转换为数值指令 STRG_VAL 用于将数值字符串转换为对应的整数或浮点数。从参数 IN 指定的字符串第 P 个字符开始转换，直到字符串结束，允许的字符包括数字 0 ~ 9、加减号、句号、逗号、"e" 和 "E"，转换后的数值保存在参数 OUT 指定的存储单元中。如图 5-56 所示，在线修改 DB1. String2 为 13579，输出 OUT 变为 13579。

输入参数 P 是要转换的第一个字符的编号，数据类型为 UInt。P 等于 1 时，从字符串的第一个字符开始转换。图 5-56 中，若将左侧 P 在线修改为 2，输出 OUT 将变为 3579。

参数 FORMAT 是输出格式选项，数据类型为 Word，输出格式可以设置为小数表示法或指数表示法，以及是否用英语句号或英语逗号作十进制数的小数点。

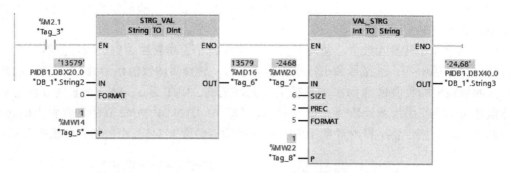

图 5-56　STRG_VAL 和 VAL_STRG

3. 将数值转换为字符串指令 VAL_STRG

将数值转换为字符串指令 VAL_STRG 用于将输入参数 IN 中的数字，转换为输出参数 OUT 中对应的字符串。参数 IN 的数据类型可以是整数和实数。

被转换的字符串将取代 OUT 字符串，从参数 P 提供的字符偏移量开始、到参数 SIZE 指定的字符数结束的字符。参数 FORMAT 数据类型的意义与指令 STRG_VAL 基本相同，此外增加是否使用符号字符 " + " 和 " – "，还是仅使用符号字符 " – "。

参数 PREC 用来设置精度或字符串小数部分的位数。如果参数 IN 的值为整数，PREC 指定小数点的位置。如图 5-56 所示 IN 的数据值为 – 2468，PREC 为 2，FORMAT 为 5 时，转换结果为字符串′ –24,68′。Real 数据类型支持最高精度为 7 位的有效数字。

其他字符串转换指令，请参考博途软件在线帮助或 S7 – 1200 的系统手册。

习　题

一、填空题

1. S7 – 1200 PLC 的指令包括：＿＿＿ 、 ＿＿＿ 、 ＿＿＿和 ＿＿＿ 。

2. 常开触点的指令符号为＿＿＿ ，常闭触点的指令符号为＿＿＿ 。

3. 上升沿检测触点的指令符号为＿＿＿ ，下降沿检测触点的指令符号为＿＿＿ 。

4. 置位输出指令 S 与复位输出指令 R 最主要的特点是有＿＿＿功能。

5. S7 – 1200 的定时器为＿＿＿ ，有＿＿＿种定时器，使用定时器需要使用定时器相关的背景数据块或者数据类型为 IEC_TIMER 的 DB 块变量。

6. 定时器的 PT 为＿＿＿值，ET 为定时开始后经过的时间，称为＿＿＿值，它们的数据类型为＿＿＿位的＿＿＿ ，单位为＿＿＿ 。

7. 接通延时定时器用于将＿＿＿ 操作延时 PT 指定的一段时间；关断延时定时器用于将＿＿＿操作延时 PT 指定的一段时间。

8. S7 – 1200 有 3 种 IEC 计数器：＿＿＿ 、 ＿＿＿和 ＿＿＿ 。

9. CU 和 CD 分别是＿＿＿ 输入和＿＿＿输入，在 CU 或 CD 由＿＿＿状态变为 ＿＿＿ 状态时，当前计数器值 CV 被加 1 或减 1。

10. "检查有效性"指令和"检查无效性"指令用来检测输入数据是否是有效的＿＿＿ 。

11. 加、减、乘、除指令分别是_____、_____、_____和_____，它们执行的操作数的数据类型可选_____和_____。

12. 使用"计算"指令_____定义和执行数学表达式，根据所选的数据类型计算复杂的数学运算或逻辑运算。

13. ABS 用来求输入 IN 中的_____或_____的绝对值，并将结果保存在输出 OUT 中。

14. MIN 比较输入 IN1 和 IN2 的值，将其中_____的值送给输出 OUT。MAX 比较输入 IN1 和 IN2 的值，将其中_____的值送给输出 OUT。

15. "标准化"指令 NORM_X 输入、输出之间的线性关系为：OUT =_____。

16. 在程序中设置_____可提高 CPU 的程序执行速度。

17. 右移 n 位相当于_____2^n，将十进制数 -800 右移 3 位，右移结果为_____。

18. "读取时间"指令_____将读取的 PLC 时钟当前日期和系统时间保存在输出 OUT 中。"读取本地时间"指令_____将读取的 PLC 时钟当前日期和本地时间保存在输出 OUT 中。

19. 转换字符串指令_____用于将输入的字符串转换为对应的数值，或者将数值转换为对应的字符串。

二、简答题

1. 函数和函数块有什么区别？

2. 组织块与 FB 和 FC 有什么区别？

三、编程题

1. 某温度变送器的量程为 $-100 \sim 500$℃，输出信号为 $4 \sim 20$mA，模拟量输入模块将 $0 \sim 20$mA 电流信号转换为数字 $0 \sim 27648$，并计算以℃为单位的温度值。

2. 某轧钢厂的成品库可存放钢卷 1000 个，因为不断有钢卷进库、出库，需要对库存的钢卷数进行统计。当库存数低于下限 100 时，指示灯 HL1 亮；当库存数大于 900 时，指示灯 HL2 亮；当达到库存上限 1000 时，报警器 HA 响，停止进库。写出 I/O 分配表和梯形图。

3. 设计循环程序，求 DB1 中 10 个浮点数数组元素的平均值。

4. 用循环中断组织块 OB30，每 2.8s 将 QW1 的值加 1。在 I0.2 的上升沿，将循环时间修改为 1.5s。设计出主程序和 OB30 的程序。

5. 编写程序，要求用 I0.2 启动时间中断，在指定的日期时间将 Q0.0 置位。在 I0.3 的上升沿取消时间中断。

6. 编写程序，要求在 I0.3 的下降沿时调用硬件中断组织块 OB40，将 MW10 加 1。在 I0.2 的上升沿时调用硬件中断组织块 OB41，将 MW10 减 1。

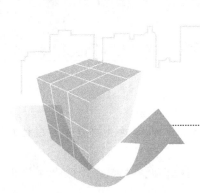

第6章

S7-1200 PLC的通信与网络

6.1 网络通信简介

6.1.1 通信基础知识

一般来讲，通信是指在计算机与计算机之间或计算机与终端设备之间进行信息传递的方式。PLC 的通信包括 PLC 与计算机的通信、PLC 与具有通用通信接口（如 RS-232、RS-485 等）的外部设备之间的通信、PLC 与远程 I/O 之间的通信、PLC 与 PLC 之间的通信等。

1. 通信方式

（1）有线通信和无线通信　有线通信是指利用金属导线、光纤等有形媒介传送信息的方式。无线通信是指利用电磁波信号可以在自由空间中传播的特性进行信息交换的一种通信方式，常见的无线通信有微波通信、短波通信、移动通信和卫星通信等。

（2）串行通信与并行通信　串行通信是使用一条数据线，将数据一位一位地依次传输，每一位数据占据一个固定的时间长度。其只需要少数几条线就可以在系统间交换信息，特别适用于远距离通信。采用串行通信时，发送和接收到的每一个字符实际上都是一次一位传送的，每一位为 1 或者为 0。通常 PLC 与计算机、PLC 与 PLC、PLC 与人机界面、PLC 与变频器之间通信采用串行通信。

并行通信是以字节或字为单位的数据传输方式，除了 8 根或 16 根数据线、1 根公共线外，还需要数据通信联络用的控制线。并行通信的传送速度快，但是传输线的根数多，成本高，一般用于近距离的数据传送。并行通信一般用于 PLC 的内部，如 PLC 内部元件之间、PLC 主机与扩展模块之间或近距离智能模块之间的数据通信。

（3）异步通信和同步通信　串行通信又可分为异步通信和同步通信。异步通信一般是以字符为传输单位，每个字符都要附加 1 位起始位和 1 位停止位，以标记一个字符的开始和结束，并以此实现数据传输同步。PLC 与其他设备通信主要采用串行异步通信方式。

同步通信通常是以数据块为传输单位。每个数据块的头部和尾部都要附加一个特殊的字符或比特序列，标记一个数据块的开始和结束，一般还要附加一个校验序列（如 16 位或 32 位 CRC 校验码），以便对数据块进行差错控制。同步通信传输速度快，但由于同步通信要求发送端和接收端严格保持同步，这需要用复杂的电路来保证，所以 PLC 一般不采用这种通信方式。

（4）单工通信和双工通信　在串行通信中，根据数据的传输方向不同，可分为三种通信方式：单工通信、半双工通信和全双工通信。

1）单工通信：是指消息只能单方向传输的工作方式。

2）半双工通信：可以实现信息的双向传输，但不能在两个方向上同时进行。

3）全双工通信：数据可以双向传输，通信的双方都有发送器和接收器。由于有两条数据线，所以双方在发送数据的同时可以接收数据。

2. 通信介质

有线通信采用的传输介质主要有双绞线、同轴电缆和光缆。

（1）双绞线　双绞线分为屏蔽双绞线和非屏蔽双绞线，由两根相互绝缘的导线绞合在一起组成。它可以传输模拟信号，也可以传输数字信号，有效带宽可达250MHz，通信距离一般为几到十几公里。

（2）同轴电缆　同轴电缆分为基带同轴电缆和宽带同轴电缆，其结构是在包有一层绝缘的实心导线外，再套上一层外面也有一层绝缘的空心圆形导线。其高带宽（高达300 ~ 400Hz）、低误码率、性能价格比高，但价格较双绞线高。

（3）光缆　光缆以光纤作为载体，利用光的全反射原理传播光信号。其优点是直径小、重量轻、传输频带宽、通信容量大，抗雷电和电磁干扰性能好，无串音干扰，保密性好，误码率低。但光电接口的价格相对较贵。实际应用中，由于通信双方发送和接收的都是电信号，因此通信双方都需要价格昂贵的光纤设备进行光电转换，另外光纤连接头的制作与光纤连接都需要专门的工具和技术人员。

3. RS－485标准串行接口

由于RS－485是从RS－422基础上发展而来的，所以RS－485许多电气规定与RS－422相仿。如都采用平衡传输方式、都需要在传输线上接终端电阻等。RS－485可以采用二线与四线方式，四线制可实现真正的多点双向通信。RS－485接口常采用9针连接器。RS－485接口的引脚功能如表6-1所示。

表6-1　RS－485接口的引脚功能

连接器	针	信号名称	信号功能
	1	SG 或 GND	机壳接地
	2	24V 返回逻辑地	逻辑地
	3	RXD + 或 TXD +	RS－485信号 B，数据发送/接收端
	4	发送申请	RTS（TTL）
	5	5V 返回	逻辑地
	6	5V	5V、100Ω 串联电阻
	7	24V	24V
	8	RXD － 或 TXD －	RS－485信号 A，数据发送/接收端
	9	不用	10 位协议选择（输入）
	连接器外壳	屏蔽	机壳接地

西门子 PLC 通信的物理层中广泛采用 RS－485 方式，例如自由口通信、PPI 通信、MPI

通信和 PROFIBUS – DP 现场总线通信等，其电缆和接头都是专用的。西门子提供的标准网络接头（用于连接 PLC 与 PROFIBUS 子站，子站有内置的终端电阻，如果该站为通信网络节点的终端，则需将终端电阻连接上，即将开关拨至 ON 端），如图 6-1 所示。

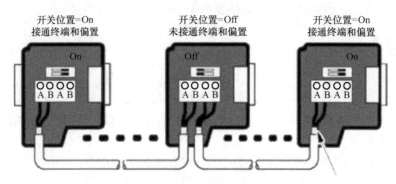

图 6-1   网络总线连接器

4. S7 – 1200 支持的通信类型

S7 – 1200 CPU 集成 1 ~ 2 个以太网端口，支持非实时和实时通信等通信服务。非实时通信包括 PG 通信、HMI 通信、S7 通信、OUC 通信、MODBUS TCP 通信，而实时通信主要用于 PROFINET IO 通信。同时，S7 – 1200 PLC 支持串口通信，但需要扩展串口通信模块。串口通信模块有 3 种型号，分别为 CM1241 RS – 232、CM1241 RS – 485 和 CM1241 RS422/485。CM1241 RS – 232 支持基于字符的点到点（PtP）通信，如自由口协议和 MODBUS RTU 主从协议。CM1241 RS – 485 支持基于字符的点到点（PtP）通信，如自由口协议、MODBUS RTU 主从协议及 USS 协议。通信模块都必须安装在 CPU 的左侧，且数量之和不能超过 3 块。

6.1.2   西门子工业通信网络

工业通信网络与信息技术的彻底结合改变了传统的信息管理方式，缩短了从生产现场到工厂控制层和公司管理层的信息流。工业通信在当今企业中的地位变得越来越重要。

西门子工业自动化通信网络 SIMATIC NET 从简单的传感器连接到整个工厂质量、生产数据的采集和传输，为企业提供丰富的工业通信解决方案，满足企业中各个 PLC 与远程 I/O 设备的生产现场分散控制。SIMATIC NET 中应用最广泛的是工业以太网，它作为控制级的应用网络，同单元级的 PROFIBUS 和现场级的 AS Interface 共同组成了西门子完整的工业网络体系。

1. 工业以太网

西门子的工业自动化通信网络 SIMATIC NET 的顶层为工业以太网，它是基于国际标准 IEEE802.3 的开放式网络，可以集成到互联网。网络规模可达 1024 站，距离 1.5km（电气网络）或 200km（光纤网络）。S7 – 1200/1500 的 CPU 都集成了 PROFINET 以太网接口，可以与编程计算机、人机界面和其他 S7 PLC 通信。基于 PROFINET 工业以太网的连接如图 6-2 所示。

图 6-2　西门子工业以太网连接示意图

2. PROFIBUS 现场总线

PROFIBUS 符合国际标准 IEC6158，是一种用于工厂自动化车间级监控和现场设备层数据通信与控制的现场总线技术。可实现分散式数字控制和现场通信网络，从而为实现工厂综合自动化和现场设备智能化提供了可行的解决方案。PROFIBUS 传输速率最高 12Mbps，使用屏蔽双绞线电缆（最长 9.6km）或光缆（最长 90km），最多可以连接 127 个从站。

PROFIBUS 可提供下列通信服务。

1）PROFIBUS – DP（Decentralized Periphery，分布式外部设备）用得最多，特别适用于 PLC 与现场级分布式 I/O（例如西门子的 ET 200）设备之间的通信。主站之间的通信为令牌方式，主站与从站之间为主从方式，以及这两种方式的组合。

2）PROFIBUS – PA（Process Automation，过程自动化）是用于 PLC 与过程自动化的现场传感器和执行器的低速数据传输，由于传输技术采用 IEC 61158 – 2 标准，确保了本质安全，因此特别适合于有防爆要求的过程工业使用。

3）PROFIBUS – FMS（现场总线报文规范）主要用于系统级和车间级不同供应商的自动化系统之间传输数据。现在 FMS 已基本上被以太网通信取代，很少使用。

此外，基于 PROFIBUS 总线技术还推出了用于运动控制的 PROFIdrive 驱动技术和故障安全通信技术 PROFIsafe。

3. PROFINET 现场总线

PROFINET 是基于工业以太网的开放的现场总线（IEC 61158 的第 10 种类型）。通过它可以将分布式 I/O 设备直接连接到工业以太网，可用于对实时性要求较高的自动化解决方案中，例如运动控制。

所有对时间要求严格的实时数据都是通过标准的 PROFIBUS – DP 技术传输，数据可以从 PROFIBUS – DP 网络通过代理集成到 PROFINET 系统。PROFINET 采用开放的通信标准，与以太网的 TCP/IP 标准兼容，提供了实时功能，能满足自动化的需求。PROFINET 能与现有的现场总线系统无缝集成，如图 6-3 所示，而且用户无需改动现有的组态和编程。

使用 PROFINET IO，现场设备可以直接连接到以太网，与 PLC 进行高速数据交换。PROFIBUS 各种丰富的设备诊断功能同样也适用于 PROFINET。

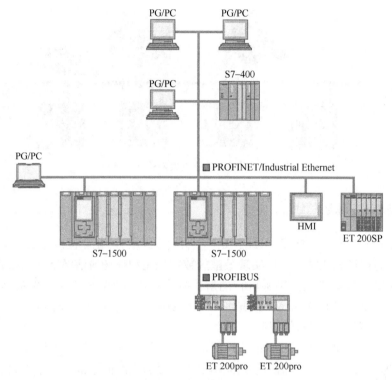

图6-3 基于工业以太网的 PROFINET

4. AS-i 现场总线

AS-i 是 Actuator Sensor Interface（执行器-传感器接口）的缩写，是传感器和执行器通信的国际标准（IEC 62026-2），属于西门子通信网络的底层。AS-i 采用非屏蔽的双绞线，由总线提供供电电源，最长通信距离为300m，最多可设置62个从站，适合连接需要传输开关量的传感器和执行器。AS-i 网络属于主从式网络，每个网段只能有一个主站。

S7-1200 PLC 和 ET 200SP 通过通信模块，支持基于 AS-i 网络的主站协议服务和 ASI-safe 服务。扩展模块 CM 1243-2 作为网络中的 AS-i 主站，仅需一条 AS-i 电缆，即可将传感器和执行器经由 CM 1243-2 连接到 CPU。CM 1243-2 可处理 AS-i 网络协调事务，并通过为其分配的 I/O 地址中传输从传感器和执行器到 CPU 的数据和状态信息。根据从站类型，可以访问二进制值或模拟值。AS-i 从站是 AS-i 系统的输入和输出通道，并且只有在由 CM 1243-2 调用时才会被激活。

如图6-4所示，S7-1200 PLC 作为 AS-i 主站，AS-i 数字量/模拟量 I/O 模块作为从站设备的网络连接示意图。

5. 点对点连接（Point-to-Point Connection）

严格来说，点对点连接并不是网络技术。在 SIMATIC 中，点对点连接通过串口连接模块来实现，典型的串行通信标准是 RS-232 和 RS-485，它们定义了电压，阻抗等，但不对

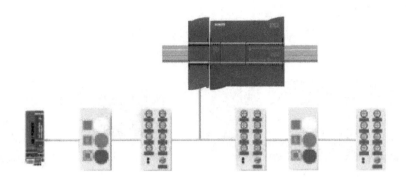

图 6-4　AS-i 网络连接

软件协议给予定义。

S7-1200 PLC 支持基于字符串行协议的点对点（PtP）通信，通过扩展通信模块能够实现与其他设备（例如打印机、条形码扫描器、RFID 读写器、GPS 设备、第三方照相机或视觉系统、无线调制解调器以及更多其他设备）交换信息（发送和接收数据）。

以上的 PtP 通信应用属于串行通信，它使用标准 UART（Universal Asynchronous Receiver/Transmitter）来支持多种波特率和奇偶校验选项。RS-232 和 RS-422/485 通信模块（CM 1241）以及 RS-485 通信板（CB 1241）提供了用于执行 PtP 通信的电气接口。

6.2　S7-1200 PLC 以太网通信

6.2.1　S7-1200 以太网通信概述

西门子工业以太网可应用于单元级、管理级的网络，其通信数据量大、传输距离长。西门子工业以太网可同时运行多种通信服务，例如 PG/OP 通信、S7 通信、开放式用户通信（OUC，Open User Communication）和 PROFINET 通信。S7 通信和开放式用户通信为非实时性通信，它们主要应用于站点间数据通信。基于工业以太网开发的 PROFINET 通信具有很好的实时性，主要用于连接现场分布式站点。

S7-1200 CPU 本体集成了以太网接口，CPU1215C 和 CPU1217C 内置了一个双端口的以太网交换机，有 2 个以太网接口。S7-1200 CPU 以太网接口可以通过直接连接或交换机连接的方式与其他设备通信。

1）直接连接。当一个 CPU 与一个编程设备或一个 HMI 或另外一个 CPU 通信时，也就是说只有两个通信设备时，直接使用网线连接两个设备即可，如图 6-5 所示。

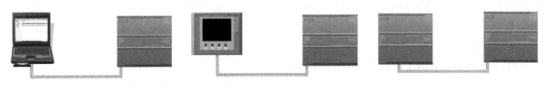

图 6-5　网线直连示意图

2）交换机连接。当两个以上的设备进行通信时，需要使用交换机实现网络连接。

CPU1215C 和 CPU1217C 内置的双端口以太网交换机可连接 2 个通信设备。也可以选择使用西门子 CSM1277 4 端口交换机或 SCALANCE X 系列交换机连接多个 PLC 或 HMI 等设备，如图 6-6 所示。

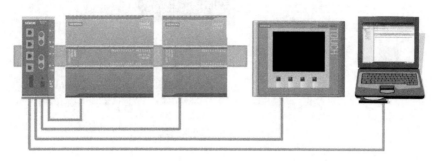

图 6-6　多个设备的交换机连接示意图

6.2.2　S7‑1200 CPU 集成以太网接口的通信功能和连接资源

1. 通信功能

S7‑1200 CPU 集成的以太网接口可以支持非实时通信和实时通信等通信服务。非实时通信包括 PG 通信、HMI 通信、S7 通信、OUC 通信和 Modbus TCP 等。实时通信可支持 PROFINET IO 通信。CPU 固件 V4.0 或更高版本还可以作为 PROFINET IO 智能设备（I‑device）；V4.1 版本开始支持共享设备（Shared‑device）功能，可与最多 2 个 PROFINET IO 控制器连接。

1）PG 通信。使用 TIA 博途软件对 CPU 进行在线连接、上下载程序、测试和诊断时使用的就是 CPU 的 PG 通信功能。

2）HMI 通信。S7‑1200 CPU 的 HMI 通信可用于连接西门子精简面板、精致面板、移动面板以及一些带有 S7‑1200CPU 驱动的第三方 HMI 设备。

3）S7 通信。S7 通信作为 SIMATIC 的同构通信，用于 SIMATIC CPU 之间的相互通信，该通信标准未公开，不能用于与第三方设备通信。相对于 OUC 通信来说，S7 通信是一种更加安全的通信协议。

4）OUC 通信。开放式用户通信采用开放式标准，可与第三方设备或 PC 进行通信，也适用于 S7‑300/400/1200/1500 之间的通信。S7‑1200 CPU 支持 TCP（遵循 RFC793）、ISO‑on‑TCP（遵循 RFC1006）和 UDP（遵循 RFC768）等开放式用户通信。

5）Modbus TCP 通信。Modbus 协议是一种简单、经济和公开透明的通信协议，用于在不同类型总线或网络中设备之间的客户端/服务器通信。Modbus TCP 结合了 Modbus 协议和 TCP/IP 网络标准，它是 Modbus 协议在 TCP/IP 上的具体实现，数据传输时是在 TCP 报文中插入了 Modbus 应用数据单元。Modbus TCP 使用 TCP（遵循 RFC793）作为 Modbus 通信路径，通信时其将占用 CPU 开放式用户通信资源。

6）PROFINET IO 通信。PROFINET IO 是 PROFIBUS/PROFINET 国际组织基于以太网自动化技术标准定义的一种跨供应商的通信、自动化系统和工程组态的模型。PROFINET IO 主要用于模块化、分布式控制。S7‑1200 CPU 可使用 PROFINET IO 通信连接现场分布式站点（例如 ET200SP、ET200MP 等）。S7-1200 CPU 固件 V4.0 或更高版本还可以作为 PROFI-NET IO 智能设备（I-device）；V4.1 版本开始支持共享设备（Shared-device）功能，可与最多 2 个 PROFINET IO 控制器连接。

2. 连接资源

连接是指两个通信伙伴之间为了执行通信服务建立的逻辑链路，而不是指两个站之间用物理媒介（例如电缆）实现的连接。例如 S7 连接是需要组态的静态连接，静态连接要占用 CPU 的连接资源。S7-1200 CPU 系统预留了 8 个可组态的 S7 连接资源。

S7-1200 CPU 操作系统除了预先为这些通信服务分配了固定的连接资源，还额外提供了 6 个可组态的动态连接。S7-1200 CPU 集成的以太网接口连接资源如表 6-2 所示。

表 6-2　S7-1200 CPU 连接资源

CPU	非实时通信连接资源						实时通信连接资源	
	PG	HMI	S7	OUC	Web	动态连接	IO 控制器	I-Device
连接资源	4	12	8	8	30	6	16	最多 2 个 IO 控制器

在 TIA 博途软件中，选择一个在线连接的 CPU，巡视窗口中选择"诊断 > 连接信息"查看 PLC 站点连接资源的在线信息，如图 6-7 所示。

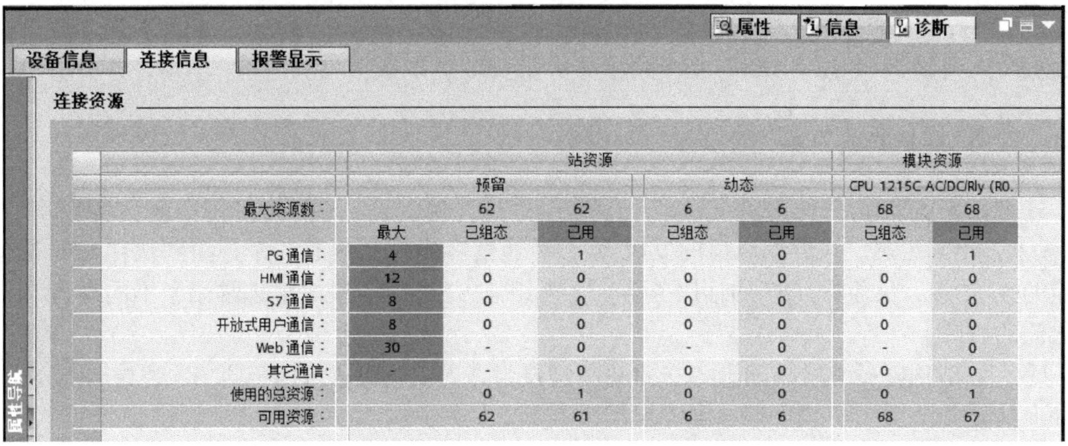

图 6-7　S7-1200 CPU 在线连接资源

1）PG 连接资源。S7-1200 CPU 具有 4 个连接资源用于编程设备通信，但是同一时刻也只允许 1 个编程设备的连接。

2）HMI 连接资源。S7-1200 CPU 具有 12 个与 HMI 设备通信的连接资源。HMI 设备根据使用功能的不同，占用的连接资源也不同。例如 SIMATIC 精简面板会占用 1 个连接资源；精致面板最多会占用 2 个连接资源；而 WinCC RT Professional 则最多会占用 3 个连接资源。因此 S7-1200 CPU 实际连接 HMI 设备的数量取决于 HMI 设备的类型和使用功能，但是可以确保至少 4 个 HMI 设备的连接。

3）S7 连接资源。S7-1200 CPU 系统预留了 8 个可组态的 S7 连接资源，再考虑上 6 个动态连接资源，最多可组态 14 个 S7 连接。在这些组态的 S7 连接中，S7 - 1200 CPU 可作为客户端或服务器。

4）OUC 连接资源。S7 - 1200 CPU 系统预留了 8 个 OUC 可组态的 S7 连接资源，再考虑上 6 个动态连接资源，最多可组态 14 个 OUC 连接。即 TCP、ISO - on - TCP、UDP 和 Modbus TCP 这 4 种通信同时可建立的连接数总和不超过 14 个。

5）Web 连接资源。S7 - 1200 CPU 系统预留了 30 个 Web 服务器连接资源，可用于 Web 浏览器访问。

6）PROFINET IO 连接资源。S7 - 1200 CPU 作为 PROFINET IO 控制器时支持 16 个 IO 设备，所有 IO 设备的子模块的数量最多为 256 个。

西门子 S7 - 1200 支持的以太网通信较多，下面只介绍 PLC 之间的 S7 通信和 OUC 通信。

6.2.3　S7 - 1200 CPU 的 S7 通信

1. S7 通信简介

S7 - 1200 CPU 与其他 S7 - 1200/1500/300/400CPU 通信可采用多种通信方式，但是最常用、最简单的还是 S7 通信。S7 协议是专门为西门子控制产品优化设计的通信协议，它是面向连接的协议，在进行数据交换之前，必须与通信伙伴建立连接。面向连接的协议具有较高的安全性。

S7 - 1200 CPU 进行 S7 通信时，需要在客户端调用 PUT/GET 指令。"PUT" 指令用于将数据写入到伙伴 CPU，"GET" 指令用于从伙伴 CPU 读取数据。

2. S7 通信组态方式

进行 S7 通信需要使用组态的 S7 连接进行数据交换，S7 连接可单端组态或双端组态。

1）单端组态。只需在通信的发起方（S7 通信客户端）组态一个连接到伙伴方的未指定的 S7 连接，伙伴方（S7 通信服务器）无需组态 S7 连接。单端组态常用于不同项目 CPU 之间的通信。

2）双端组态。需要在通信双方都进行连接组态。双端组态常用于同一项目中 CPU 之间的通信。

3. 不同项目 S7 - 1200 间的 S7 通信举例（单端组态）

将 PLC_1（CPU1215C）的 IB0 中的数据通过以太网发送到 PLC_2（CPU1215C）中的接收数据区 QB0 中，PLC_2 的 QB0 接收来自 PLC_1 的 IB0 中的数据。

（1）PLC_1 的组态编程

1）设备组态。打开 TIA 博途，创建一个名为 "S7_One_Side_Client" 的新项目，并将 PLC_1（CPU 1215C）添加到项目中。在 "PROFINET 接口" 属性中，为 CPU 添加新子网，并设置 IP 地址 192.168.0.1 和子网掩码 255.255.255.0。启用 CPU 属性中的系统和时钟存储字节 MB1 和 MB0。

2）添加 S7 连接。在网络视图中为 PLC_1 添加未指定的 S7 连接，创建 S7 连接的操作如图6-8所示。

　　① 单击"连接"按钮。

　　② 在下拉菜单中选择"S7连接"。

　　③ 右击PLC_1的CPU图标，在弹出菜单中选择"添加新连接"。

图6-8　选择S7连接

　　在弹出的"创建新连接"对话框中选择"未指定"，单击"添加"后，将会创建一条
"未指定"的S7连接，如图6-9所示。

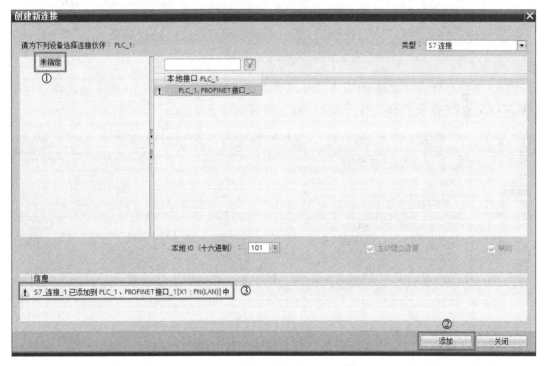

图6-9　添加"未指定"S7连接

　　① 选择"未指定"。

　　② 单击右下角"添加"按钮。

③ 未指定的连接已添加。

单击"关闭"按钮返回，创建的 S7 连接将显示在网络视图右侧"连接"表中。在巡视视图新创建的 S7 连接属性中设置伙伴 CPU 的 IP 地址 192.168.0.2，如图 6-10 所示。

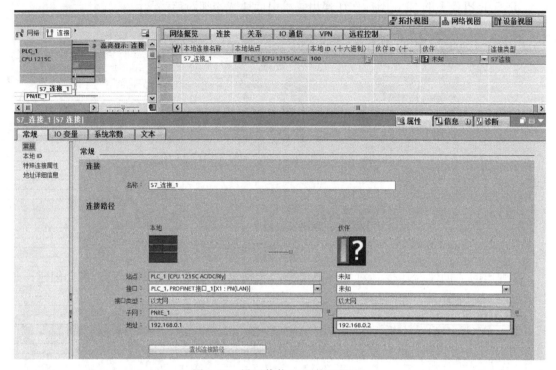

图 6-10　设置伙伴 CPU 的 IP 地址

在 S7 连接属性的"本地 ID"中，可以查询到本地连接 ID，该 ID 用于标识网络连接，需要与 PUT/GET 指令中的"ID"参数一致，如图 6-11 所示。

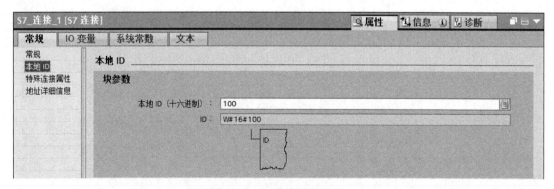

图 6-11　S7 连接的本地 ID

在 S7 连接属性的"地址详细信息"中，需要配置伙伴方 TSAP（Transport Service Access Point，传输服务访问点）。伙伴 TSAP 设置值与 CPU 类型有关。更详细的设置请参考《S7 - 1200 可编程控制器系统手册》或 TIA 博途的帮助信息。伙伴 CPU 侧 TSAP 可能设置值如下。

伙伴为 S7 - 1200/1500：03.00 或 03.01。

伙伴为 S7-300/400：03.02 或 03. XY，XY 取决于 CPU 所在的机架号和插槽号。

本示例中，伙伴 CPU 为 CPU1215C，因此伙伴方 TSAP 可设置为 03.00 或 03.01，如图 6-12 所示。

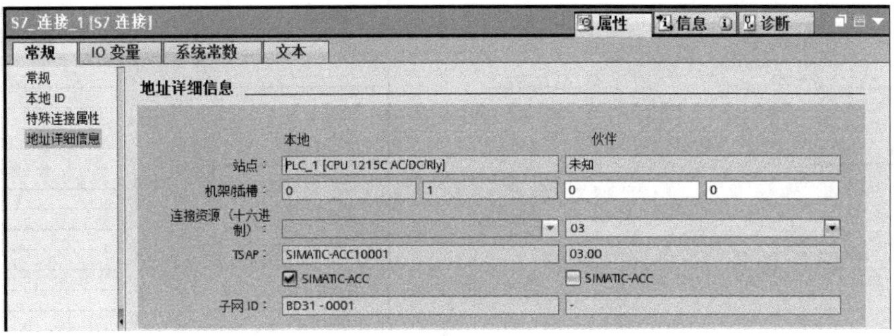

图 6-12　设置伙伴方 TSAP

成功建立 S7 连接，是 PUT/GET 指令数据访问成功的先决条件。连接建立后，就可以通过 GET 指令获取伙伴 CPU 的数据，通过 PUT 指令发送数据给伙伴 CPU。

3）编写程序。

步骤一：在程序块中，添加用于 PUT/GET 数据交换的数据块 "S7 通信数据块"，在 DB 块的属性中取消 "优化的块访问" 功能，在 DB 块里面建立两个数据类型为 Byte 的变量，分别命名为 "RcvBuff" 和 "SendBuff"。RcvBuff 用于存储 GET 指令从伙伴 CPU 读取到的数据，SendBuff 为 PUT 指令发送到伙伴 CPU 的数据，如图 6-13 所示。

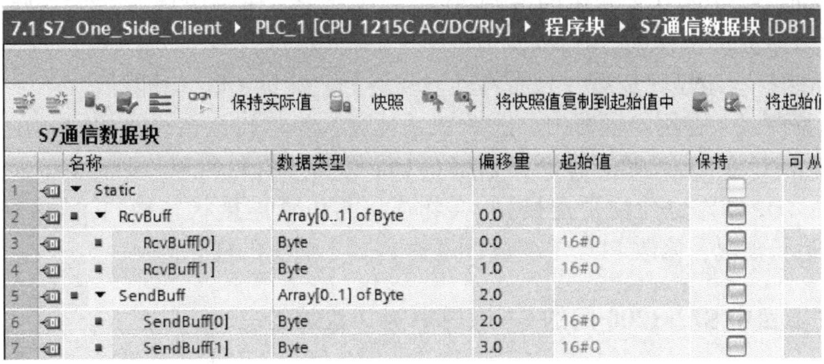

图 6-13　创建用于数据交换的数据块

步骤二：在 OB1 中，调用 "GET" 指令，读取伙伴 CPU 的数据 IB0 ~ IB1 并保存到 "S7 通信数据块". RcvBuff，如图 6-14 所示。

步骤三：在 OB1 中，调用 "PUT" 指令，将本地数据 "S7 通信数据块". SendBuff 写到伙伴 CPU 的 QB0 ~ QB1，如图 6-15 所示。

注意："PUT/GET" 指令通信时，伙伴 CPU 待读写区域不支持优化访问的数据区域。

4）下载组态和程序。组态配置与程序编写完成后，下载到 PLC_1 的 CPU 中。

（2）PLC_2 组态编程　单端组态的 S7 连接通信中，S7 通信服务器侧无需组态 S7 连接，也无需调用 PUT/GET 指令，所以本例 PLC_2 只需进行设备组态，而无需相关通信编程。

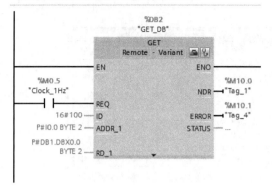

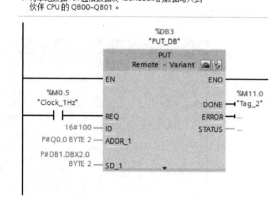

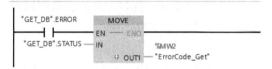

图 6-14　调用 GET 指令　　　　　　　　　　　　图 6-15　调用 PUT 指令

1）设备组态。打开 TIA 博途，创建一个名为"S7_One_Side_Server"的新项目，并将 PLC_2（CPU 1215C）添加到项目中。在"PROFINET 接口"属性中，为 CPU 添加新子网，并设置 IP 地址 192.168.0.2 和子网掩码 255.255.255.0。在"防护与安全"属性的"连接机制"中激活"允许来自远程对象的 PUT/GET 通信访问"，参考 3.4.14 节。

2）下载组态。组态完成后，只需将其下载到 PLC_2 的 CPU 中即可。

（3）通信测试　在网络视图中，选择 PLC 站点，并"转至在线"模式，在"连接"选项卡中可以对 S7 通信连接进行诊断，如图 6-16a 所示为断开状态，图 6-16b 所示为仿真连接状态（在 STOP 状态也建立了连接），实物连接与仿真连接状态相同，如图 6-16c 所示。监视程序的运行情况，修改 PLC_1 变量，观察 PLC_2 数据的变化。

4. 相同项目中 S7-1200 间的 S7 通信举例（双端组态）

在同一个 TIA 博途项目中使用两台 S7-1200PLC（CPU 1215C），CPU 之间通过双端组态方式创建 S7 连接。

（1）S7 双端组态编程步骤

1）设备组态。打开 TIA 博途，创建一个名为"S7_Two_Side"的新项目，并将 PLC_1（CPU 1215C）和 PLC_2（CPU 1215C）添加到项目中。在"PROFINET 接口"属性中，为 CPU 添加子网，并分别设置 PLC_1 的 IP 地址 192.168.0.1，PLC_2 的 IP 地址 192.168.0.2，子网掩码 255.255.255.0。PLC_1 启用属性中的系统和时钟存储字节 MB1 和 MB0。PLC_2 在"防护与安全"属性的"连接机制"中激活"允许来自远程对象的 PUT/GET 通信访问"。

2）组态 S7 连接。在网络视图中单击"连接"按钮，按钮右边下拉菜单中选择"S7 连接"，选择 CPU1 图标，鼠标右键菜单选择"添加新连接"，如图 6-8 所示。在弹出"创建新连接"对话框中，选择指定伙伴 PLC_2（CPU1215），单击"添加"后，即可创建双端组态的 S7 连接，如图 6-17 所示。

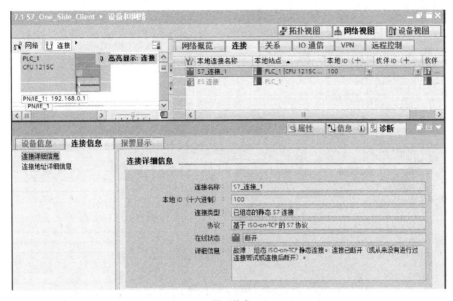

a) 断开状态

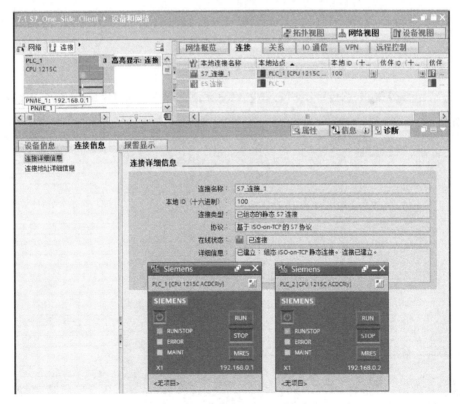

b) 仿真连接状态

图 6-16　监控 S7 连接状态

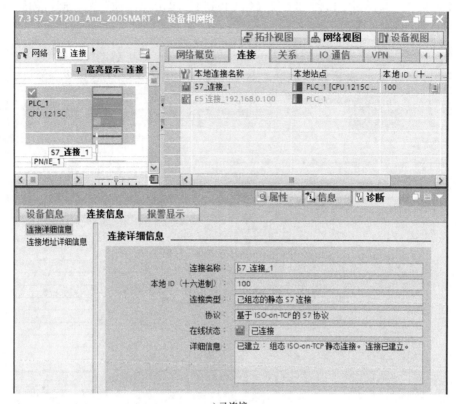

c) 已连接

图 6-16　监控 S7 连接状态（续）

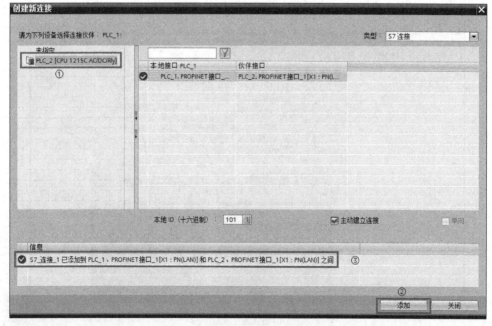

图 6-17　创建双端组态的 S7 连接

① 选择指定伙伴 PLC_2（CPU1215）。

② 单击右下角"添加"按钮，创建 S7 连接。

③ 双端组态的 S7 连接已添加。

单击"关闭"按钮返回，创建的 S7 连接将显示在网络视图右侧"连接"表中。在巡视视图中，在新创建的 S7 连接中组态 S7 连接的属性，如图 6-18 所示。

图 6-18　组态 S7 连接的属性

3）编写程序。与单端组态例子相同，双端组态的 S7 连接通信中，只在 PLC_1 中组态 S7 连接并调用 PUT/GET 指令。PLC_2 只需进行设备组态，在"防护与安全"属性的"连接机制"中激活"允许来自远程对象的 PUT/GET 通信访问"，而无需相关通信编程。

4）下载组态和程序。分别下载 PLC_1 和 PLC_2 的组态和程序。

（2）通信测试　在网络视图中，选择任一站点，并"转至在线"模式，在"连接"选项卡中可以对 S7 通信连接进行诊断，见图 6-16。随后监视程序的运行情况。修改 PLC_1 的 DB1.SendBuff，观察 PLC_2 数据的变化；修改 PLC_2 的数据，观察 PLC_1 的变化，如图 6-19 所示。

测试时，修改 PLC_1 的 DB1.SendBuff，不管 PLC_2 在"STOP"还是"RUN"状态，监控表_1 的 QB0 和 QB1 都随之变化。在 PLC_2 的强制表中强制 IB0 或 IB1 时，观察 PLC_1 的 DB1.RcvBuff，PLC_2 为"STOP"状态时不变，PLC_2 为"RUN"状态时会随着强制值变化。

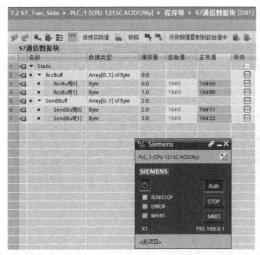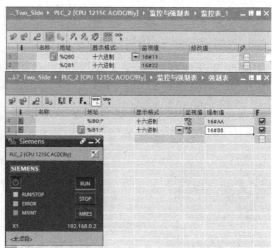

图6-19　测试连接

5. S7－1200 与 S7－200SMART 间的 S7 通信举例

将 S7－1200 数据区 DB1. DBB0 开始的 10 个字节的数据发送到 S7－200 SMART 的 VB0～VB9 中。S7－1200 读取 S7－200 SMART VB100 中的数据，存储到 S7－1200 的数据区 DB1. DBB10 中。

（1）任务分析与方案确认　本例需要完成两台西门子不同系列 PLC 之间的数据交换，S7 通信作为 SIMATIC 的同构通信，用于 SIMATIC CPU 之间的相互通信，是一种安全的通信协议。S7－1200 PLC 支持 S7 通信，但 S7－1200 和 S7－200 SMART 使用不同的软件组态和编程，所以不能组态在同一个 TIA 博途项目中。

查阅 S7－200 SMART 系统手册得知，固件版本为 V2.2 版本以上且使用以太网通信时，支持 S7 通信、OUC 通信，也包括 MODBUS TCP 通信。打开 S7－200 SMART PLC 的编程软件 STEP 7－MicroWIN SMART，查看指令系统发现有多条通信指令（包括 GET/PUT），如图6-20所示。由此可见 S7－200 SMART 支持 S7 通信，既可以作为服务器，也可以作为客户端。

本例使用 S7－1200 PLC 作为本地站（即客户端），S7－200 SMART PLC 作为远程站（即服务器），通过 PROFINET 接口将 2 台 PLC 直接连接，如图6-21所示，采用 S7 通信。通信组态及程序只需要在 S7－1200 中完成即可。

也可以用 S7－200 SMART 作为客户端。打开 STEP 7－MicroWIN SMART，新建项目名为"S7_S7200SMART_And_1200"的项目，使用 GET/PUT 指令向导编写通信程序。S7－1200PLC 端设置"防护与安全"属性的"连接机制"激活"允许来自远程对象的 PUT/GET 通信访问"，通信测试结果与 S7－1200 作为客户端时相同。

（2）S7－1200 PLC 端组态　两台不同系列 PLC 使用不同的软件组态和编程，所以不能组态在相同的项目中。其中一台是 S7－1200，和"不同项目 S7－1200 间的 S7 通信举例（单端组态）"的组态及 S7 连接都相同。打开 TIA 博途，创建一个名为"S7_S71200_And_200SMART"的新项目，并将 PLC_1（CPU1215C）添加到项目中。只需稍稍改变程序中

PUT/GET 的块参数即可。

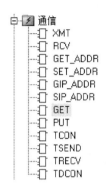

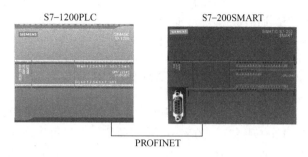

图 6-20　S7 – 200 SMART 通信指令　　　图 6-21　S7 – 1200 与 S7 – 200 SMART 直接连接

（3）S7 – 1200 PLC 端程序编写　参考"不同项目 S7 – 1200 间的 S7 通信举例（单端组态）"PLC_1 程序。

步骤一：在程序块中，添加用于 PUT/GET 数据交换的数据块"S7 通信数据块"，在 DB 块的属性中取消"优化的块访问"功能，并在 DB 块里面建立两个数据类型为 Array ［0..9］ of Byte 的变量，分别命名为"Send_data"和"Recev_data"，如图 6-22 所示。

	名称	数据类型	偏移量	起始值	保持	可从HMI/...
1	▼ Static				□	
2	▶ Send_data	Array[0..9] of Byte	0.0		□	☑
3	▶ Recev_data	Array[0..9] of Byte	10.0		□	☑

图 6-22　创建用于数据交换的数据块

步骤二：在 OB1 中，调用 PUT 指令，将本地数据"S7 通信数据块". Send_data 写到伙伴 CPU S7 – 200SMART 的 VB0 中；调用 GET 指令，读取伙伴 CPU S7 – 200SMART 中 VB100 开始的数据并保存到"S7 通信数据块". Rcv_data 中，如图 6-23 所示。程序的发送区域 SD_1 和接收区域 RD_1 操作的都是 DB1 数据块，刻意采用的不同地址给定方式。

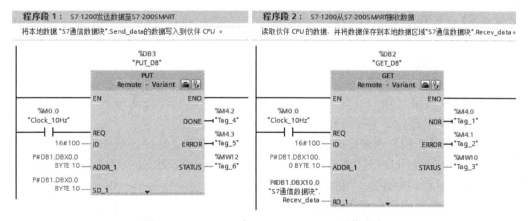

图 6-23　S7 – 1200 与 S7 – 200 SMART 通信程序

（4）下载组态和程序　组态配置与程序编写完成，下载到 S7 - 1200 CPU 中。

（5）通信测试　在网络视图中，选择 PLC 站点，并"转至在线"模式，在"连接"选项卡中可以对 S7 通信连接进行诊断，见图 6-16。随后监视程序的运行情况。修改 S7 - 1200PLC 的"S7 通信数据块".Send_data，观察 S7 - 200SMART 数据的变化；修改 S7 - 200SMART 的数据，观察 S7 - 1200PLC 数据的变化。

6. S7 - 1200 与 S7 - 300 间的 S7 通信举例

（1）任务分析与方案确认　本例需要完成两台西门子不同系列 PLC 之间的数据交换，S7 - 1200 和 S7 - 300 都支持 S7 通信，并且可以使用相同的软件组态和编程。既可以组态在同一个 TIA 项目中（双端组态），也可以组态在不同项目中（单端组态）。

前面例子都是用 S7 - 1200 作为客户端，本例讲解相同项目中以 S7 - 300 作为客户端，S7 - 1200 作为服务器的 S7 通信。通信组态及程序只需要在 S7 - 300 中完成即可。

读者也可以试着用 S7 - 1200 作为客户端，S7 - 300 作为服务器编写程序，测试数据交换结果。

（2）S7 - 300 PLC 端组态

1）设备组态。打开 TIA 博途，创建一个名为"S7_S7300_And_1200"的新项目，并将 PLC_1（CPU 315 - 2 PN/DP）和 PLC_2（CPU 1215C）添加到项目中。在"PROFINET 接口"属性中，为 CPU 添加子网，并分别设置 PLC_1 的 IP 地址 192.168.0.1，PLC_2 的 IP 地址 192.168.0.2，子网掩码 255.255.255.0。PLC_1 启用属性中的时钟存储字节 MB0。PLC_2 在"防护与安全"属性的"连接机制"中激活"允许来自远程对象的 PUT/GET 通信访问"。

2）组态 S7 连接。方法和"相同项目中 S7 - 1200 间的 S7 通信举例（双端组态）"的组态及 S7 连接都相同，这里不再赘述。

3）编写程序。只在 PLC_1（CPU 315 - 2 PN/DP）中组态 S7 连接并调用 PUT/GET 指令。PLC_2 只需进行设备组态，而无需相关通信编程。

4）下载组态和程序。分别下载 PLC_1 和 PLC_2 的组态和程序。

（3）通信测试　分别修改 S7 - 300 和 S7 - 1200PLC 的数据，观察对方相关数据的变化。

6.2.4　S7 - 1200 CPU 的 OUC 通信

1. OUC 通信简介

开放式用户通信（Open User Communication，简称 OUC）是通过 S7 - 300/400/1200/1500 的 PN/IE 接口进行程序控制通信过程。

由于此通信仅由用户程序中的指令进行控制，因此可建立和终止事件驱动型连接。在运行期间，也可以通过用户程序修改连接。对于具有集成 PN/IE 接口的 CPU，可使用 TCP（Transmission Control Protocol）、ISO - on - TCP 和 UDP（User Datagram Protocol）连接类型进行开放式用户通信。通信伙伴可以是两个 SIMATIC PLC，也可以是 SIMATIC PLC 和相应的第三方设备。开放式用户通信的主要特点是在所传送的数据结构方面具有高度的灵活性。这就允许 CPU 与任何通信设备进行开放式数据交换，前提是这些设备支持该集成接口可用的连接类型。

2. OUC 通信指令

TIA 博途为 S7 - 1200 CPU 提供了两套开放式用户通信（OUC）指令：带连接管理的通信指令和不带连接管理的通信指令，如图 6-24 所示。

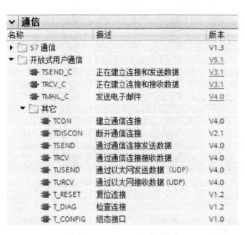

图 6-24　OUC 通信指令

不带连接管理的通信指令需要首先建立连接，然后进行数据交换，最后断开连接，指令功能如表 6-3 所示，指令通信流程如图 6-25 所示。

表 6-3　不带连接管理的通信指令功能

指　令	功　能
TCON	建立连接
TDISCON	断开连接
TSEND	TCP 或 ISO-on-TCP 通信时发送数据
TRCV	TCP 或 ISO-on-TCP 通信时接收数据
TUSEND	UDP 通信时发送数据
TURCV	UDP 通信时接收数据

带连接管理的通信指令包括 TSENT_C 和 TRCV_C，其中 TSENT_C 指令实现的是 TCON、TSEND 和 TDISCON 三个指令的综合功能，而 TRCV_C 指令实现的是 TCON、TRCV 和 TDISCON 三个指令的综合功能。指令功能如表 6-4 所示，指令通信流程如图 6-26 所示。

表 6-4　带连接管理的通信指令功能

指　令	功　能
TSENT_C	建立以太网连接并发送数据
TRCV_C	建立以太网连接并接收数据

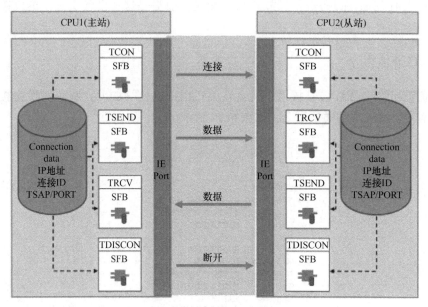

图 6-25   不带连接管理的通信流程

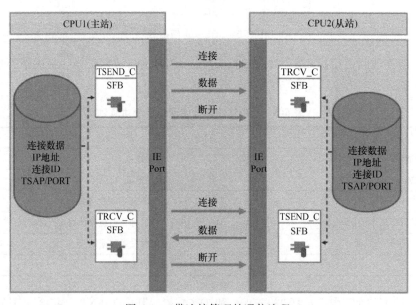

图 6-26   带连接管理的通信流程

3. 不同项目 S7-1200 间 OUC 通信举例

将 PLC_1 数据块中的数据通过以太网发送到 PLC_2 数据块中，PLC_1 接收来自 PLC_2 数据块中的数据。

PLC_1 作为 OUC 通信本地站，调用 "TSENT_C" 指令将 PLC_1 的数据传送到 PLC_2，PLC_2 作为 OUC 通信伙伴，调用 "TRCV_C" 指令接收 PLC_1 发送过来的数据。

同一项目中两个 PLC 之间 OUC 通信与不同项目中两个 PLC 之间通信相比组态步骤更为

简单，TCP、ISO-on-TCP 和 UDP 组态和编程方法区别也不大。因此本文以 TCP 为例介绍不同项目中两个 CPU 之间的 OUC 通信。

（1）PLC_1 组态编程

1）设备组态。打开 TIA 博途，创建一个名为"OUC_Tcp_One_Side_本地"的新项目，并将 PLC_1（CPU 1215C）添加到项目中。在"PROFINET 接口"属性中，为 CPU 添加新子网，并设置 IP 地址 192.168.0.1 和子网掩码 255.255.255.0。启用 CPU 属性中的系统和时钟存储字节 MB1 和 MB0。

2）PLC_1 端的通信编程。

步骤一：新建用于数据交换的数据块"OUC 通信数据块［DB3］"，数据块结构参考图 6-22。在 OB1 中打开 PLC_1 的 OB1，从右侧指令窗口中选择"通信"中的"开放式用户通信"下的 TSEND_C 指令，自动跳出"调用选项"对话框，如图 6-27 所示。单击"确定"，自动生成背景块 TSEND_C_DB。

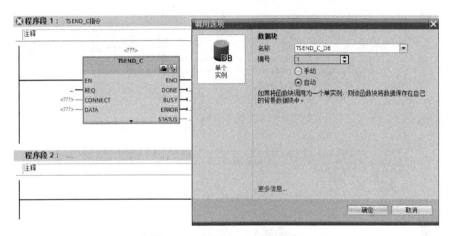

图 6-27　调用 TSEND_C 指令

可单击指令块下方的"下箭头"，使指令展开显示所有接口参数。

步骤二：配置 TSEND_C 连接参数。TSEND_C 指令的连接参数是建立两台 CPU 连接及实现数据通信的方法定义，需要进行配置。单击 TSEND_C 指令，打开"属性\组态\连接参数"选项，如图 6-28 所示。

配置 TSEND_C 连接参数，如图 6-29 所示。

① 通信伙伴不在同一个项目，选择"未指定"，如果伙伴在同一个项目则选择指定伙伴。

② 在"连接数据"选择"新建"时，系统将自动创建一个连接数据块 PLC_1_Send_DB。

③ 在"连接类型"中选择"TCP"，其他选项还有 ISO-on-TCP 和 UDP。

④ 设置伙伴方 IP 地址 192.168.0.2。

⑤ 选择 TCP 客户端，本例 PLC_1 为客户端，选择"主动建立连接"。

⑥ "连接类型"选择 TCP、ISO-on-TCP 或 UDP。

⑦ "伙伴端口"定义通信双方的端口号，如果"连接类型"选择 ISO on TCP 协议，则

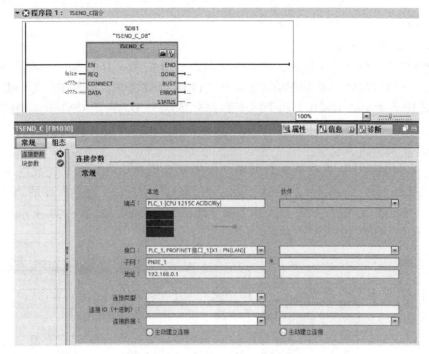

图 6-28 未配置 TSEND_C 连接参数

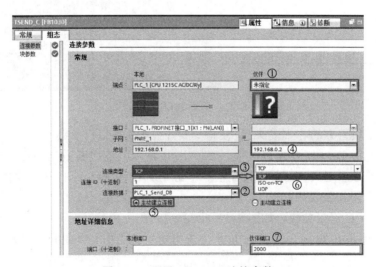

图 6-29 配置 TSEND_C 连接参数

需要设定 TSAP 地址（ASCII 码形式）。本地 PLC 作为客户端时，则需要设置服务器侧的"伙伴端口"。

本例中，"伙伴"处选择"未指定"，如果通信双方是同一个项目中同一子网下的两个设备，则"伙伴"处可以选择指定的通信伙伴。

步骤三："连接参数"配置完毕，单击"块参数"选项，配置块参数，如图 6-30 所示。

当 TSEND_C 指令块的输入输出参数配置完毕后，程序编辑器中的指令将会同步更新，如图 6-31 所示为块参数配置完毕后的程序。

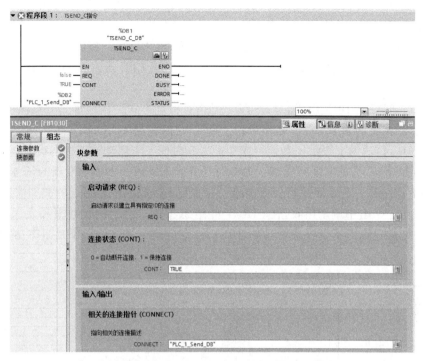

图 6-30　未配置 TSEND_C 块参数

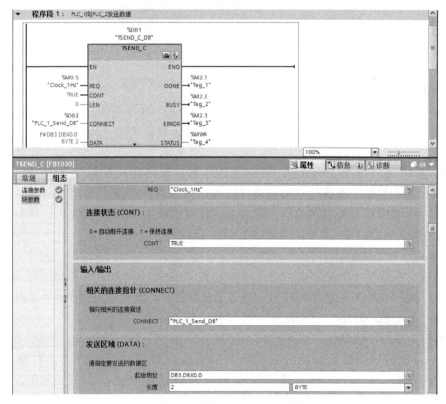

图 6-31　配置 TSEND_C 块参数

在请求信号 REQ 的上升沿，根据参数 CONNECT 指定的数据块连接描述，启动数据发送任务。发送成功后，参数 DONE 在一个扫描周期内容为 1。

CONT（Bool）：为 1 时建立和保持连接；为 0 时断开连接，接收缓冲区的数据会消失。连接被成功建立时，参数 DONE 在一个扫描周期内为 1。CPU 进入 STOP 模式时，已有的连接被断开。

DATA：其实参 P#DB3. DBX0. 0 BYTE 2 是指针寻址方式，该地址是数据区的绝对地址，BYTE 2 表示发送数据的字节数。也可采用"OUC 通信数据块 . Send_data"寻址。

DONE（Bool）：为 1 表示任务执行成功；为 0 时任务未启动或正在运行。

BUSY（Bool）：为 0 时任务完成；为 1 时任务尚未完成，不能触发新的任务。

ERROR（Bool）：为 1 时执行任务出错，字变量 STATUS 中是错误的详细信息。

步骤四：在 OB1 中调用接收指令 TRCV 并组态参数。由于接收数据和发送数据使用同一连接，因此我们使用不带连接管理的 TRCV 指令。调用 TRCV 指令及组态参数如图 6-32 所示。

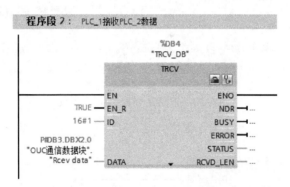

图 6-32　调用接收指令 TRCV 并设置参数

其中，"EN_R"参数为 1，表示已准备好接收数据；ID 号为 1，使用的是 TSEND_C 连接参数中的"连接 ID"地址；"DATA"为" OUC 通信数据块". " Rcev data"，表示接收的数据区。

注意：本地 PLC 使用 TSEND_C 指令发送数据，在通信伙伴站（远程站）必须使用 TRCV_C 指令接收数据。在进行双向通信时，由于使用同一连接，因此本地调用 TSEND_C 指令发送数据和 TRCV 指令接收数据，同时在伙伴站上调用 TRCV_C 接收数据和 TSEND 发送数据。TSEND 和 TRCV 指令只需做块参数的设置即可。

（2）PLC_2 组态编程。

1）设备组态。打开 TIA 博途，创建一个名为"OUC_Tcp_One_Side_伙伴"的新项目，并将 PLC_2（CPU 1215C）添加到项目中。在"PROFINET 接口"属性中，为 CPU 添加新子网，并设置 IP 地址 192. 168. 0. 2 和子网掩码 255. 255. 255. 0。

2）PLC_2 端的通信编程。

步骤一：新建用于数据交换的数据块"OUC 通信数据块［DB3］"。打开 PLC_2 的 OB1，从右侧指令窗口中选择"通信"中的"开放式用户通信"下的 TRCV_C 指令，自动跳出"调用选项"对话框，如图 6-33 所示。单击"确定"，自动生成背景块 TRCV_C_DB。

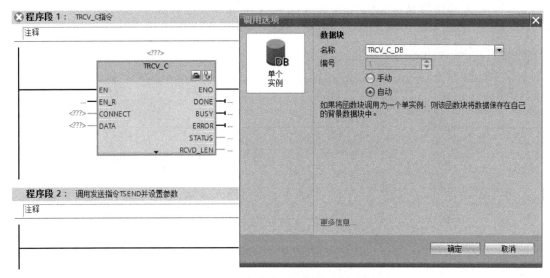

图 6-33 调用 TRCV_C 指令

步骤二：配置 TRCV_C 连接参数。TRCV_C 指令的连接参数是建立两台 CPU 连接及实现数据通信的方法定义，需要进行配置。单击 TRCV_C 指令，打开"属性\组态\连接参数"选项。

配置 TRCV_C 连接参数，如图 6-34 所示。"连接类型"选择"TCP"，与"OUC_Tcp_One_Side_本地"PLC_1 相同。

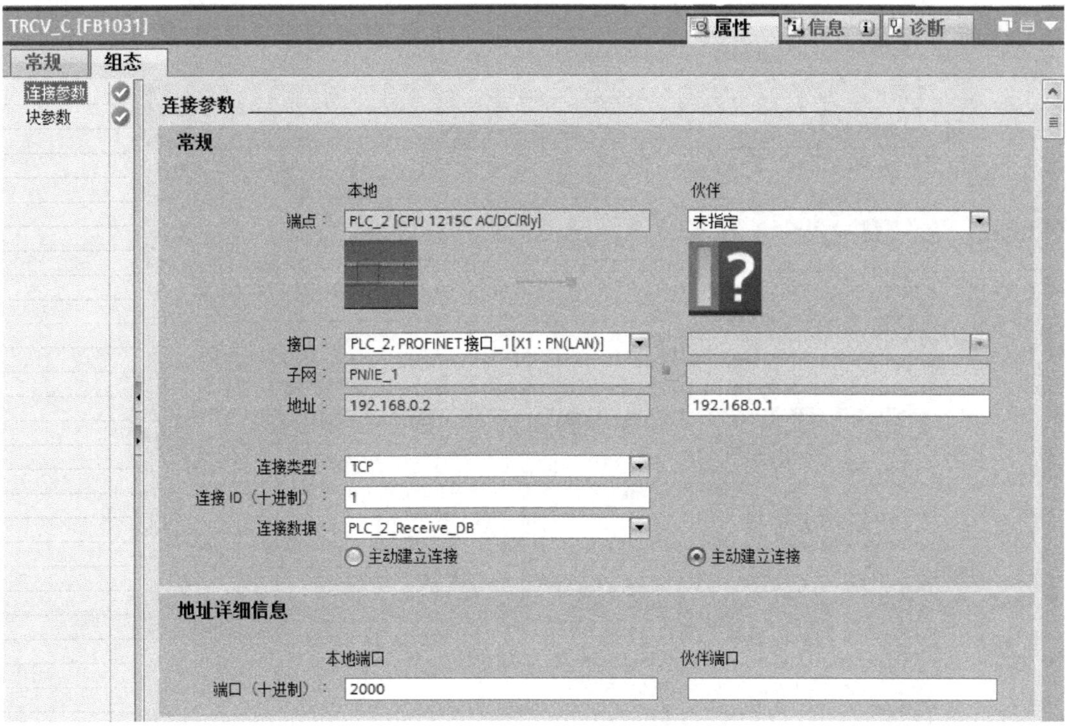

图 6-34 配置 TRCV_C 连接参数

步骤三："连接参数"配置完毕，单击"块参数"选项，配置块参数。

步骤四：调用发送指令 TSEND 并组态参数，如图 6-35 所示。

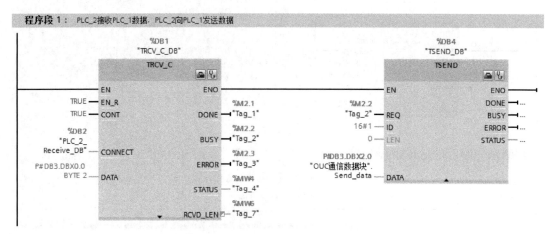

图 6-35　配置 TRCV_C 和 TSEND 指令

（3）下载组态和程序　将组态配置与程序分别下载到 PLC_1 和 PLC_2 中。

（4）通信测试　在网络视图中，选择 PLC 站点，并"转至在线"模式，在"连接"选项卡中可以对 S7 通信连接进行诊断，见图 6-16。

修改 PLC_1 的"OUC 通信数据块". Send_data 为"AA"和"BB"，观察 PLC_2 的"OUC 通信数据块". Rcev_data 数据的变化；修改 PLC_2 的"OUC 通信数据块". Send _data 的数据为"11"和"22"，观察 PLC_1 的"OUC 通信数据块". Rcev_data 数据的变化，如图 6-36 所示。

	7.5 OUC_Tcp_One_Side_本地 ▶ PLC_1 [CPU 1215C AC/DC/Rly] ▶ 程序块 ▶ OUC通信数据块 [DB3]

保持实际值　快照　将快照值复制到起始值中　将起始值加载为实际

OUC通信数据块

		名称	数据类型	偏移量	起始值	监视值	保持
1	▼	Static					
2	▼	Send_data	Array[0..1] of Byte	0.0			
3	■	Send_data[0]	Byte	0.0	16#0	16#AA	
4	■	Send_data[1]	Byte	1.0	16#0	16#BB	
5	▼	Rcev data	Array[0..1] of Byte	2.0			
6	■	Rcev data[0]	Byte	2.0	16#0	16#11	
7	■	Rcev data[1]	Byte	3.0	16#0	16#22	

	7.5 OUC_Tcp_One_Side_伙伴 ▶ PLC_2 [CPU 1215C AC/DC/Rly] ▶ 程序块 ▶ OUC通信数据块 [DB3]

保持实际值　快照　将快照值复制到起始值中　将起始值加载为实际

OUC通信数据块

		名称	数据类型	偏移量	起始值	监视值	保持
1	▼	Static					
2	▼	Rcev_data	Array[0..1] of Byte	0.0			
3	■	Rcev_data[0]	Byte	0.0	16#0	16#AA	
4	■	Rcev_data[1]	Byte	1.0	16#0	16#BB	
5	▼	Send_data	Array[0..1] of Byte	2.0			
6	■	Send_data[0]	Byte	2.0	16#0	16#11	
7	■	Send_data[1]	Byte	3.0	16#0	16#22	

图 6-36　监控 OUC 通信数据

6.3 S7-1200 串口通信

S7-1200 所支持的串行通信方式包括点对点（PtP）通信、Modbus 主从通信以及 USS 通信，可以选择相应的串口通信模块来实现以上通信过程。

6.3.1 S7-1200 串口通信模块简介

S7-1200 PLC 主要支持三种类型的串口通信模块，分别为 CM1241 RS-232、CM1241 RS-485 和 CM1241 RS422/485。CM1241 RS-232 模块支持基于字符的自由口协议（ASCII）和 Modbus RTU 主从协议；RS-485 模块除支持以上两种协议外，还支持 USS 协议。通信模块须安装于 CPU 模块的左侧，且最多安装 3 块。串行接口与内部电路采用隔离措施并由 CPU 模块供电。RS-232 和 RS-485 串口通信模块的特性如表 6-5 所示。

表 6-5 S7-1200 RS-232 和 RS-485 串口通信模块的特性

类　　型	CM 1241 RS-232	CM 1241 RS422/485	CB 1241 RS-485
订货号	6ES7 241-1AH32-0XB0	6ES7 241-1CH32-0XB0	6ES7 241-1CH30-1XB0
通信口类型	RS-232	RS422/485	RS-485
流量控制	硬件流控，软件流控	软件流控（仅 RS422）	不支持
电源规范（DC 5V）	220mA	240mA	50mA
波特率（bit/s）	300、600、1.2k、2.4k、4.8k、9.6k、19.2k、38.4k、57.6k、76.8k、115.2k		
校验方式	None（无校验、Even（偶校验）、Odd（奇校验）、Mark（校验位始终置为1）、Space（校验位始终为0）		
接收缓冲区	1KB		
通信距离（屏蔽电缆）	最长 10m	最长 1000m	

6.3.2 Modbus RTU 协议与通信实例

Modbus 通信协议是莫迪康公司提出的，是工业通信领域简单、经济和公开透明的通信协议，广泛应用于 PLC、变频器、人机界面、自动化仪表等设备之间的通信。

Modbus 是请求/应答协议，并且提供功能码规定的服务。Modbus 功能码是 Modbus 请求/应答 PDU 的元素。启动 Modbus 事务处理的客户端创建应用数据单元 ADU，功能码用于向服务器指示将执行哪种操作。Modbus 服务器执行功能码定义的操作，并对客户端的请求给予应答。

Modbus 协议根据使用网络的不同，可分为串行链路上的 Modbus RTU/ASCII 和 TCP/IP 上的 Modbus TCP。Modbus TCP 结合了 Modbus 协议和 TCP/IP 网络标准，它是 Modbus 协议在 TCP/IP 上的具体实现，数据传输时在 TCP 报文中插入了 Modbus 应用数据单元 ADU。

1. Modbus RTU 通信概述

Modbus 具有两种串行传输模式，分别为 ASCII 和 RTU（远程终端单元）。S7-1200 通过调用软件中的 Modbus RTU 指令来实现 Modbus RTU 通信，而 Modbus ASCII 则需要用户按照协议格式自行编程。Modbus RTU 是一种单主站的主从通信模式，主站发送数据请求报文帧，从站回复应答数据报文帧。Modbus 网络上只能有一个主站存在，主站在 Modbus 网络上没有地址，每个从站必须有唯一的地址。从站的地址范围为 0 ~ 247，其中 0 为广播地址，用于将信息广播到所有 Modbus 从站，只有 Modbus 功能码 05、06、15 和 16 可用于广播。S7 – 1200 用作 Modbus RTU 主站或从站时支持的 Modbus RTU 功能码如表 6-6 所示。使用功能代码 3、6 及 16 可实现主站对 Modbus 保持寄存器（即数据块）中字的读写。

表 6-6　Modbus RTU 地址和功能码

Modbus 地址	读写	功能码	说　　明	S7 – 1200 地址
00001 ~ 0XXXX	读	1	读取单个/多个开关量输出线圈状态	Q0. 0 ~ QXXXX. X
00001 ~ 0XXXX	写	5	写单个开关量输出线圈	Q0. 0 ~ QXXXX. X
	写	15	写多个开关量输出线圈	
10001 ~ 1XXXX	读	2	读取单个/多个开关量输入触点状态	I0. 0 ~ IXXXX. X
10001 ~ 1XXXX	写	—	不支持	
30001 ~ 3XXXX	读	4	读取单个/多个模拟量输入通道数据	IW0 ~ IW1XXXX
30001 ~ 3XXXX	写	—	不支持	
40001 ~ 4XXXX	读	3	读取单个/多个保持寄存器数据	字 0 ~ XXXXX
40001 ~ 4XXXX	写	6	写单个保持寄存器数据	
	写	16	写多个保持寄存器数据	

注意：

1）使用通信模块 CM 1241 RS – 232 作为 Modbus RTU 主站时，只能与一个从站通信。

2）每个 Modbus 网段最多可有 32 个设备，达到 32 个限制时，必须使用中继器。

3）Modbus 网络上所有的站都必须选择相同的传输模式和串口通信参数，如波特率、校验方式、停止位等。

2. Modbus RTU 指令应用举例

使用 S7 – 1200PLC 读取两台温湿度仪和一台风速仪数据。

（1）硬件选择与连接　温湿度仪和风速仪都为 RS – 485 通信协议，本例 PLC 与温湿度仪和风速仪通信选择通信板 CB 1241（订货号6ES7 241 – 1CH30 – 1XB0），也可选择其他 RS – 485 或 RS – 422/485 通信模块。CB 1241 允许 S7 – 1200 CPU 通过该模块连接到别的 Modbus 设备，实现 S7 – 1200 Modbus RTU 主站通信功能，还支持 USS、点对点等通信连接。

需要注意的是西门子 CB 1241（RS – 485）模板 485 的 A（TxD/RxD –）和 B（TxD/RxD +）与温湿度仪和风速仪不同，温湿度仪和风速仪的 A 为正、B 为负。为此接线时需要将温湿度仪和风速仪的 B 接 CB 1241 的 A，A 接 CB1241 的 B。两个终端接端接电阻，如图 6-37 所示。

（2）硬件组态　打开 TIA 博途，创建一个名为"Modbus RTU 读温湿度仪及风速仪"的新项目，并将 PLC_1（CPU 1215C）添加到项目中，启用 CPU 属性中的系统和时钟存储字

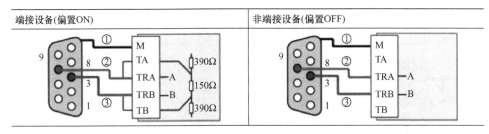

图 6-37 端接和偏置电阻

节 MB1 和 MB0。添加通信板 CB 1241（RS-485），设置 IO-LINK 中的波特率、奇偶校验、数据位、停止位与温湿度仪和风速仪相同，如图 6-38 所示。温湿度仪和风速仪参数设置方法请参照各自说明书。

图 6-38 添加通信板 CB 1241

（3）调用 MB_COMM_LOAD 指令组态端口 使用 Modbus RTU 指令进行串口通信的过程非常简单。首先调用 MB_COMM_LOAD 指令设置通信端口参数，然后调用 MB_MASTER 指令或 MB_SLAVE 指令作为主站或从站与支持 Modbus RTU 通信协议的第三方设备通信。

MB_COMM_LOAD 指令可以在程序块编辑界面右侧的"通信"选项卡中找到，如图 6-39 所示。

"PORT"引脚不能直接填写"硬件标识符"269，而应该按图 6-40 所示在"系统常量"中选择。MB_COMM_LOAD 指令的其他功能引脚请参考 S7-1200 系统手册或在线帮助。

（4）调用 MB_MASTER 指令 新建数据类型为"Array［0..4］of Int"的"RTU 读取缓冲区"和数据类型为"Array［1..3］of Bool"的"通信状态"全局数据块。MB_MASTER 指令可通过由 MB_COMM_LOAD 指令组态的端口作为主站，访问一个或多个 MODBUS 从站，如图 6-41 所示为读取地址为 1 的风速仪的寄存器 400100，并将当前值保存到 DB3.DBW0。

图 6-42 所示为读取地址为 2 的温湿度仪的寄存器 40001（温度）和寄存器 40002（湿度），并将当前值保存到 DB3.DBW2 和 DB3.DBW4 中。

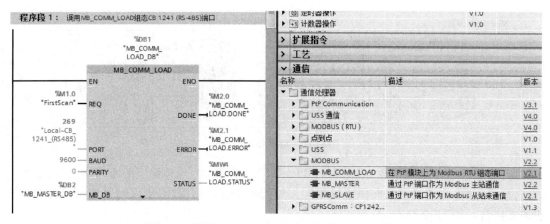

图 6-39　调用 MB_COMM_LOAD 组态 CB 1241 端口

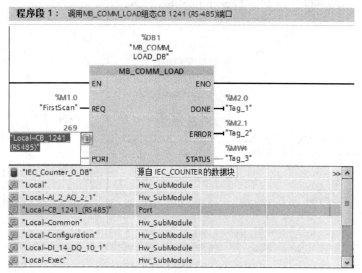

图 6-40　MB_COMM_LOAD 指令中组态 PORT

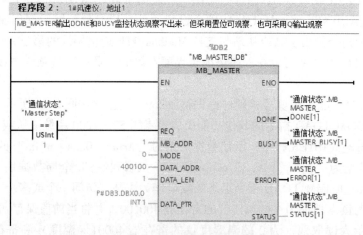

图 6-41　MB_MASTER 指令读风速仪数据

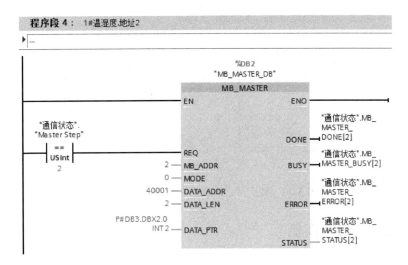

图 6-42　MB_MASTER 指令读温湿度仪数据

MB_MASTER 指令的主要功能引脚说明见下，详细内容请参考 S7-1200 系统手册或在线帮助。

1) REQ：=TRUE 时请求向 Modbus 从站发送数据，建议采用上升沿触发。

2) MB_ADDR：Modbus RTU 从站地址，默认地址范围 0~247，0 被保留用于将消息广播到所有 Modbus 从站。

3) MODE：模式选择，指定请求类型，读或写分别对应 0 或 1。

4) DATA_ADDR：从站中的寄存器起始地址，指定 Modbus 从站中将供访问的数据的起始地址，如 40001。

5) DATA_LEN：数据长度，指定要在该请求中访问的位数或字数，如图 6-42 中 DATA_LEN = 2，表示读取 40001 和 40002 共两个寄存器。

6) DATA_PTR：数据指针，指向要写入或读取数据的 DB 地址。该 DB 必须为"非仅符号访问"DB 类型。当 MB_MASTER 指令的"DATA_PTR"指向非优化访问的数据块时，该输入参数需要使用指针方式填写，如 P#DB3.DBX2.0 INT2 方式填写。

7) DONE：如果上一个请求完成并且没有错误，DONE 位将变为 TRUE 并保持一个周期。

8) ERROR：如果上一个请求完成出错，则 ERROR 位将变为 TRUE 并保持一个周期。

9) STATUS：参数中的错误代码，仅在 ERROR = TRUE 的周期内有效。

当 Modbus RTU 网络中存在多个 Modbus RTU 从站或一个 Modbus RTU 从站同时需要读操作和写操作时，则需要调用多个 MB_MASTER 指令，MB_MASTER 指令之间可以采用轮询方式调用。即可用第 1 个 MB_MASTER 指令的"DONE"位触发第 2 个 MB_MASTER 指令的"REQ"位，之后用第 2 个 MB_MASTER 指令的"DONE"位触发第 3 个 MB_MASTER 指令的"REQ"位，最后用第 3 个 MB_MASTER 指令的"DONE"位触发第 1 个 MB_MASTER 指令的"REQ"位，循环执行，也可采用定时查询方式，如图 6-43 所示。

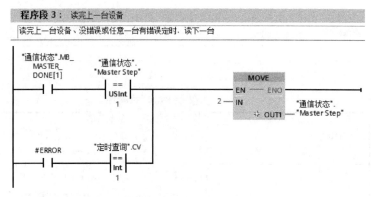

图 6-43   轮询或定时执行 MB_MASTER 指令

6.3.3   自由口通信与实例

1. 自由口通信概述

自由口通信无固定的通信格式，用户可根据通信设备使用的协议格式自由编程，将信息直接发送到外部设备，例如打印机，并且能够从其他设备，例如条码阅读器接收信息。

2. 自由口通信应用举例

使用 S7-1200PLC 读取条码扫描器数据。

（1）硬件选择与连接   本例选择通信模块 CM 1241（订货号 6ES7 241-1CH32-0XB0）。S7-1200 通过 CM 1241 模块连接到条码扫描器，采用点对点通信连接。

（2）硬件组态   打开 TIA 博途，创建一个名为"PtP 读条码扫描器"的新项目，并将 PLC_1（CPU 1215C）添加到项目中，启用 CPU 属性中的系统和时钟存储字节 MB1 和 MB0，添加通信模块 CM1241。

1）端口组态。组态端口的"协议"为自由口，"操作模式"为半双工（RS-485）2 线制模式，波特率、奇偶校验、数据位、停止位与条码扫描器相同，如图 6-44 所示。条码扫描器参数设置方法请参照说明书。

2）组态传送消息，如图 6-45 所示。

3）组态所接收的消息-消息开始，属性设置如图 6-46 所示。

4）消息结束，属性设置如图 6-47 和图 6-48 所示。

（3）调用 Receive_P2P 指令   新建数据类型为"Array［0..100］of Char"全局数据块"ReceiveBuffer［DB1］"，根据条形码长度适当修改。使用 Receive_P2P 指令进行串口通信的过程非常简单，只调用 Receive_P2P 指令并设置通信端口参数即可。

Receive_P2P 指令可以在程序块编辑界面右侧的"通信"选项卡中找到，如图 6-49 所示。

与上例相同，"PORT"引脚不能直接填写"硬件标识符"275，而应该在"系统常量"中选择。"BUFFER"为接收缓冲区地址。输出引脚可以用来读取错误代码、接收数据长度等，如图 6-50 所示。

图 6-44　添加通信模块 CM 1241 状态端口

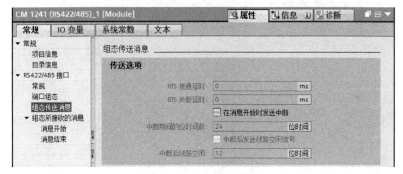

图 6-45　组态传送消息

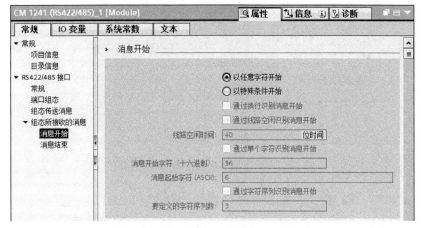

图 6-46　组态所接收的消息–消息开始

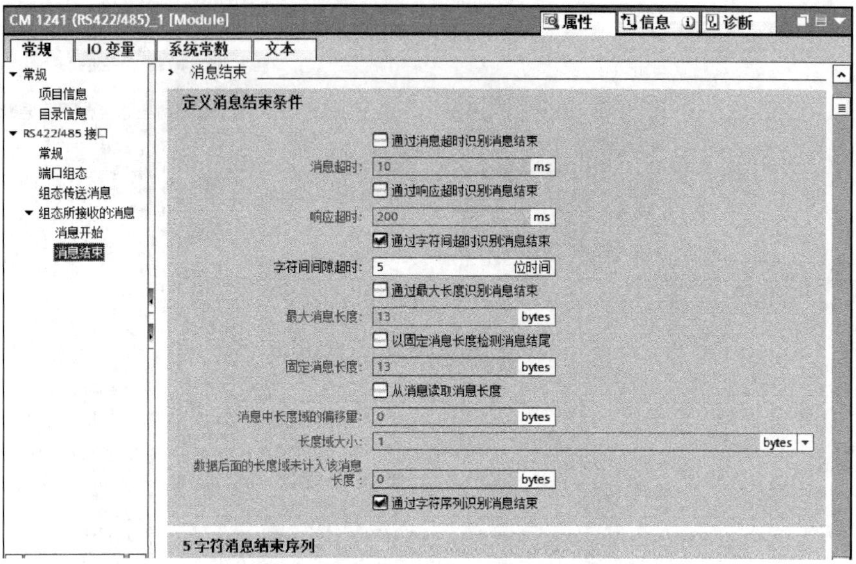

图 6-47　组态所接收的消息-消息结束 1

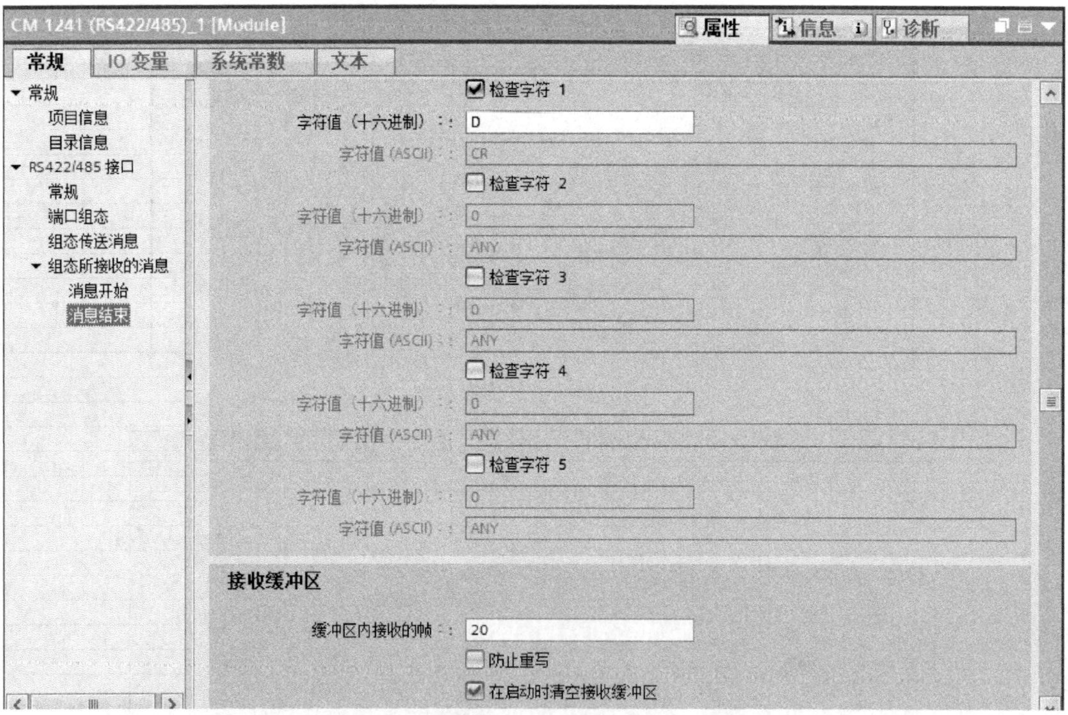

图 6-48　组态所接收的消息-消息结束 2

（4）测试通信　通过 9 针连接器连接条码扫描器和 CM1241 通信模块，在线监视 ReceiveBuffer［DB1］，如图 6-51 所示为扫描某香烟盒的条形码数据结果。

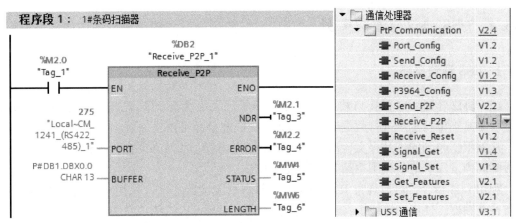

图 6-49　调用 Receive_P2P 指令

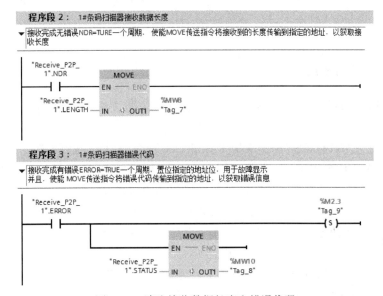

图 6-50　读取接收数据长度和错误代码

ReceiveBuffer						
		名称	数据类型	偏移量	起始值	监视值
1	⬜	▼ Static				
2	⬜ ■	▼ RCV_Data	Array[0..100] of Char	0.0		
3	⬜ ■	RCV_Data[0]	Char	0.0	' '	'6'
4	⬜ ■	RCV_Data[1]	Char	1.0	' '	'9'
5	⬜ ■	RCV_Data[2]	Char	2.0	' '	'0'
6	⬜ ■	RCV_Data[3]	Char	3.0	' '	'1'
7	⬜ ■	RCV_Data[4]	Char	4.0	' '	'0'
8	⬜ ■	RCV_Data[5]	Char	5.0	' '	'2'
9	⬜ ■	RCV_Data[6]	Char	6.0	' '	'8'
10	⬜ ■	RCV_Data[7]	Char	7.0	' '	'1'
11	⬜ ■	RCV_Data[8]	Char	8.0	' '	'9'
12	⬜ ■	RCV_Data[9]	Char	9.0	' '	'1'
13	⬜ ■	RCV_Data[10]	Char	10.0	' '	'0'
14	⬜ ■	RCV_Data[11]	Char	11.0	' '	'9'
15	⬜ ■	RCV_Data[12]	Char	12.0	' '	'8'

图 6-51　在线监视条形码数据

6.3.4 USS 协议与通信实例

1. USS 通信概述

USS 协议（通用串行接口协议）用于西门子公司专为驱动装置开发的通用通信协议，它是一种基于串行总线进行数据通信的协议。USS 通信总是由主站发起，并不断轮巡各个从站，从站根据收到的主站报文，决定是否以及如何响应。从站必须在接收到主站报文之后的一段时间内发回响应，否则主站将视该从站出错。

利用 USS 指令，可以通过 RS-485 连接与多个驱动器通信。采用 USS 协议以通信的方式监控变频器，使用的接线少，传输的信息量大，而且可以连续地对多台变频器进行监视和控制。通过通信修改变频器参数，可实现多台变频器的联动控制和同步控制。

USS 协议只能采用 CM 1241 RS-485 通信模块，每个 CM1241 RS-485 通信模块最多支持 16 台变频器。

2. USS 指令使用要点

S7-1200 PLC 通过 CM 1241 RS-485 模块与变频器进行 USS 通信时，需要注意如下几点。

1）当同一个 CM1241 RS-485 模块带有多个（最多16个）变频器时，这个时候通信的 USS_DB 是同一个，USS_DRV 功能块调用多次，每个 USS_DRV 功能块调用时，相对应的 USS 站地址与实际的变频器要一致，而且其他的控制参数也要一致。

2）当同一个 S7-1200 PLC 带有多个 CM1241 RS-485 模块（最多3个）时，这个时候通信的 USS_DB 相对应的是 3 个，每个 CM1241 RS-485 模块的 USS 网络使用相同的 USS_DB，不同的 USS 网络使用不同的 USS_DB。

3）当对变频器的参数进行读写操作时，注意不能同时进行 USS_RPM 和 USS_WPM 的操作，并且同一时间只能进行一个参数的读或者写操作，而不能同时进行多个参数。

在 S7-1200 PLC 与变频器的 USS 通信的实际使用过程中，需要根据网络的现场情况，对问题进行具体的解决。

3. S7-1200 PLC 与 V20 变频器 USS 通信实例

S7-1200 PLC 通过 USS 控制变频器的起停和频率，并轮巡修改和读取变频器的加减速时间。

（1）硬件选择与连接 采用通信板 CB 1241（订货号 6ES7 241-1CH32-1XB0），SINAMICS V20 变频器。通信板 CB 1241 与 SINAMICS V20 变频器 USS 通信总线采用 RS-485 网络，设备之间可以使用 PROFIBUS 电缆连接，也可采用屏蔽电缆连接，屏蔽层双端接地。通信板 CB 1241 作为终端设备连接到网络，连接"TA"和"TRA"以及"TB"和"TRB"以终止网络，如图6-37所示。SINAMICS V20 变频器通信端口为端子连接，端子6、7用于 RS-485 通信，当变频器处于通信总线终端时，需要加终端电阻和偏置电阻，其中 P+ 与 N- 之间的终端电阻为 120Ω，10V 与 P+ 之间的上拉偏置电阻为 1.5kΩ，0V 与 N- 之间的下拉偏置电阻为470Ω。接线如图6-52所示。

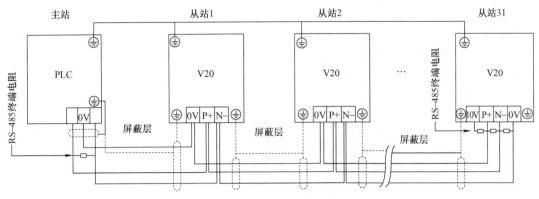

图6-52 CB 1241 与 V20 变频器 USS 通信连接

（2）SINAMICS V20 变频器设置

1）恢复工厂设置。设置 P0010（调试参数）＝30，执行恢复工厂设置操作将所有参数以及所有用户设置复位至工厂状态，但 P0970 = 21 时，参数 P2010、P2021、P2023 的值不受工厂复位影响。

2）设置用户访问级别。设置 P0003（用户访问级别）＝3（专家访问级别）。

3）设置变频器参数值。S7 - 1200PLC 与 SINAMICS V20 变频器 USS 通信需要对变频器设置命令源、数据源、协议、波特率、地址等参数。若选择连接宏 Cn010 后，需要将 P2013 的值由 127（PKW 长度可变）修改为 4（PKW 长度为 4），并且将参数 P2010 的值由 8（波特率 38.4k）修改为 6（9.6k）。变频器参数设置如表6-7所示。

表6-7 SINAMICS V20 变频器参数设置

参数	描述	设置值	说明
P0700 [0]	选择命令源	5	命令源来源于 RS - 485 总线
P1000 [0]	选择数据源	5	数据来源于 RS - 485 总线
P2023 [0]	RS - 485 协议选择	1	=1（USS），=2（MODBUS）
P2010 [0]	USS/MODBUS 波特率	6	=6（9.6k），=7（19.2k），=8（38.4k），最大 = 12（115.2k）
P2011 [0]	设置变频器的唯一地址	1	0～31，根据变频器台数，设置地址
P2012 [0]	USS PZD 长度	2	定义 USS 报文的 PZD 部分中 16 位字的数量，范围 0～8
P2013 [0]	USS PKW 长度	4	定义 USS 报文的 PKW 部分中 16 位字的数量，= 0，3，4 或 = 127（可变长度），工厂缺省值
P2014 [0]	USS/MODBUS 报文间断时间 [ms]	500	=0 缺省值时，不进行超时检查；如果设定了超时时间，报文间隔超过此时间还没有接收到下一条报文信息，变频器将会停止运行

4）变频器重新上电。在更改通信协议 P2023 后，需要对变频器重新上电。

（3）硬件组态　打开 TIA 博途，创建一个名为"S7－1200 与变频器 USS 通信"的新项目，并将 PLC_1（CPU 1215C）添加到项目中，添加通信板 CB 1241（RS－485），如图 6-53 所示。

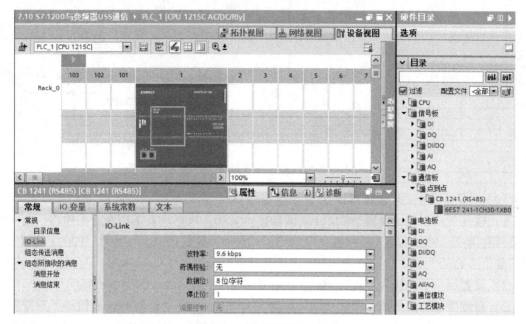

图 6-53　添加通信板 CB 1241

（4）USS 通信编程

1）调用 USS_Drive_Control 控制变频器的起停和改变速度。USS_Drive_Control 指令可以在程序块编辑界面右侧的"通信"选项卡中找到。将 USS_Drive_Control 指令拖入 OB1 的程序段时，默认生成一个名为"USS_Drive_Control_DB"的背景数据块，对指令的输入输出引脚赋值。输入给定速度百分比到 SPEED_SP，当 RUN 为 1 时，变频器以基准速度百分比运行；当 RUN 为 0 时，变频器减速停止，指令执行状态和变频器返回的状态显示在指令输出，如图 6-54 所示。

该指令引脚的含义如下：

输入 RUN：驱动器起动位，该位为 1 时，驱动器以给定的速度运行。在驱动器运行时，如果 OFF2 变为 0，电动机将在没有制动的情况下自由停车；如果 OFF3 变为 0，将通过制动的方式使驱动器快速停车。

OFF2：自由停止位。

OFF3：快速停止位。

F_ACK：故障确认位。

DIR：驱动器方向控制。

DRIVE：驱动器的 USS 地址（1~16），应与变频器的参数 P2011［0］相同。

PZD_LEN：PZD 数据的字长度（2、4、6 或 8 个字）。

SPEED_SP：用基准频率（P2000［0］）的百分数表示的频率给定值，有效值范围 －200.00~200.00。

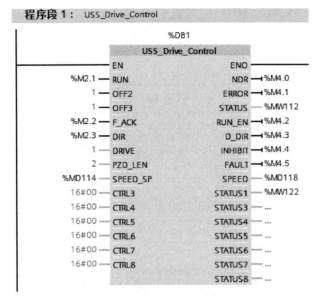

图 6-54　调用 USS_Drive_Control 指令

CTRL3 ~ CTRL8：控制字，写入变频器用户定义参数的值，需要在变频器中对其进行组态（可选参数）。

NDR：新数据就绪，成功接收到一个新的信息，置为 1 并保持一个周期。

ERROR：错误位，如果为 1，表示发生错误且 STATUS 输出有效，所有其他输出都置 0。

STATUS：错误代码。

RUN_EN：驱动器运行状态位，此位表示驱动器是否在运行，1 运行，0 停止。

D_DIR：驱动器运行方向位，1 反向，0 正向。

INHIBIT：禁止状态位，1 禁止，0 未禁止。

FAULT：驱动器故障位。

SPEED：以组态基准频率百分数表示的驱动器当前值。

STATUS1 ~ STATUS8：驱动器返回的状态字。

2）通过 USS_Write_Param 修改变频器的加减速时间。USS_Write_Param 用于通过 USS 通信设置变频器的参数，指令执行状态显示在指令输出，如图 6-55 所示。

该指令引脚的含义如下：

REQ：发送请求位，为 1 时发送一个新的写入请求。

DRIVE：驱动器 USS 地址，有效范围 1 ~ 16。

PARAM：要写入的驱动器参数，有效范围 0 ~ 2047。

INDEX：要写入的驱动器参数索引。

EEPROM：把参数存储到驱动器的 EEPROM，1 存储在 EEPROM 中（不能频繁写入），0 写操作是临时的，驱动器再次上电后不保留。

VALUE：要写入的参数值。

USS_DB：指向 USS_Drive_Control_DB，必须连接到背景数据块的静态 USS_DB 参数，该参数是在向程序中添加 USS_Drive_Control 指令时生成并初始化的。

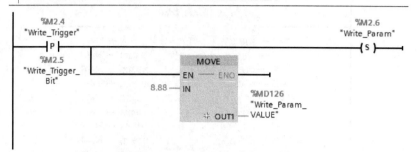

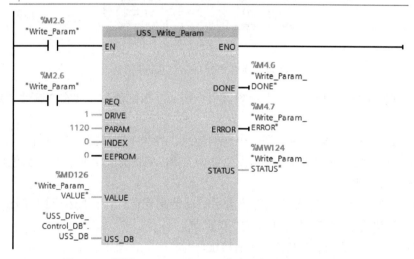

图 6-55　调用 USS_Write_Param 指令写加速时间到变频器

DONE：写入驱动器数据完成位。

ERROR：错误位，有错误时置位为 1 并保持一个周期。

STATUS：请求的错误状态值。

3）通过 USS_Read_Param 读取变频器的加减速时间。USS_Read_Param 用于通过 USS 通信读取变频器的参数，指令执行状态显示在指令输出，如图 6-56 所示。当 USS_Write_Param 完成位 DONE = 1 或出现非 "16#818A" 错误时，复位写操作并置位读操作。因为 USS 执行参数读写请求完成后，还需发送空的 PKW 请求到变频器并由指令确认才能对变频器执行下次读写。如果立即调用读写指令将导致 "16#818A" 错误，所以当 ERROR = 1 且报错为 "16#818A" 时不能复位本次操作，直到 DONE = 1 或出现其他错误时才能复位本次操作。

该指令引脚的含义如下：

EN、REQ：当 EN、REQ 为 1 时读取驱动器参数。

DONE：读取驱动器数据完成位。

VALUE：已读取的参数值。

其他输入输出引脚与 USS_Write_Param 相同。

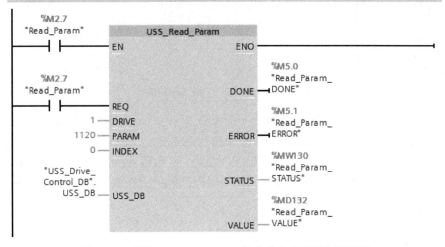

图 6-56　调用 USS_Read_Param 指令读取变频器加速时间

为了实现对变频器读写参数的轮询，当 USS_Read_Param 完成位 DONE = 1 或出现非"16#818A"错误时，需要复位本次操作并置位写操作，如图 6-57 所示。

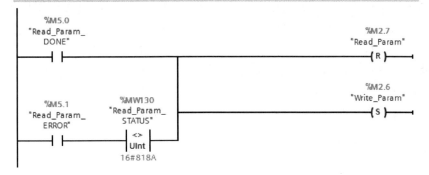

图 6-57　返回写操作轮询

4）控制 USS 网络进行通信。为确保通信响应时间恒定，防止驱动器超时，建议从循环中断 OB 调用"USS_Port_Scan"。在程序块下双击添加新块，选择循环中断"Cyclic interrupt"，默认编号为30，为尽快处理 USS 通信任务，应该设置较短循环时间，本例中循环时间设置为30ms。

在循环中断 OB30 中，将"USS_Port_Scan"指令拖入程序段默认自动分配背景数据块"USS_Port_Scan_DB"，并对指令的输入输出引脚赋值，如图6-58所示。

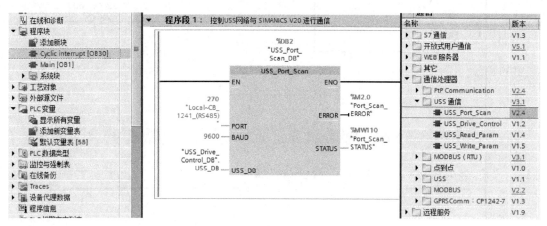

图 6-58　调用 USS_Port_Scan 指令

每个 CM1241（CB1241）有且必须有一个 USS_Port_Scan。每次执行该指令将处理与一台变频器的一次数据交换，因此用户必须频繁执行 USS_Port_Scan 指令以防止与变频器通信超时，并给 USS_Drive_Control 提供最新的 USS 数据。一般可在循环中断组织块中调用 USS_Port_Scan 指令。S7 – 1200 PLC 与变频器通信的时间间隔应大于调用 USS_Port_Scan 的最小时间间隔。

习　题

一、填空题

1. 串行通信是指以_____为单位的数据传输方式，并行通信是指以_____或_____为单位的数据传输方式。

2. 并行通信包含_____数据线、_____公共线，还有数据通信联络用的_____。

3. 串行通信按其传输的信息格式可分为_____通信和_____通信两种方式。

4. 异步通信一般是以_____为传输单位，同步通信通常是以_____为传输单位。

5. 在串行通信中，根据数据的传输方向不同，可分为三种通信方式：_____通信、_____通信和_____通信。

6. 全双工通信由于有_____数据线，所以双方在发送数据的同时可以接收数据。

7. 同轴电缆分为_____同轴电缆和_____同轴电缆。

8. 同步通信的信息格式是一个包括同步信息、固定长度的_____及_____组成的数据帧。

9. RS – 485 是多点双向通信，RS – 485 接口常采用_____连接器。

10. S7-1200/1500 的 CPU 都集成了＿＿＿＿＿＿＿，可以与编程计算机、人机界面和其他 S7 PLC 通信。

11. PROFIBUS 符合国际标准＿＿＿＿＿＿＿，是一种用于工厂自动化车间级监控和现场设备层数据通信与控制的现场总线技术。

12. PROFINET 采用＿＿＿＿＿＿＿的通信标准，与以太网的＿＿＿＿＿＿＿兼容，提供了实时功能，能满足自动化的需求。

13. PROFIBUS 传输速率最高＿＿＿＿＿＿＿，使用屏蔽双绞线电缆或光缆，最多可以接＿＿＿＿＿＿＿个从站。

14. AS-i 是＿＿＿＿＿＿＿和＿＿＿＿＿＿＿通信的国际标准（IEC 62026-2），属于西门子通信网络的底层。

15. AS-i 网络属于＿＿＿＿＿＿＿网络，每个网段只能有＿＿＿＿＿＿＿主站。

16. S7-1200 CPU 集成的＿＿＿＿＿＿＿可以支持非实时通信和实时通信等通信服务。

17. S7 连接需要＿＿＿＿＿＿＿静态连接，静态连接要占用 CPU 的连接资源。

18. S7-1200 CPU 支持＿＿＿＿＿＿＿、ISO-on-TCP 和＿＿＿＿＿＿＿等开放式用户通信。

19. S7-1200 CPU 进行 S7 通信时，需要在客户端调用＿＿＿＿＿＿＿指令。

20. S7-1200 和 S7-300 都支持 S7 通信，并且可以使用相同的软件组态和编程。既可以＿＿＿＿＿＿＿组态，也可以＿＿＿＿＿＿＿组态。

21. 开放式用户通信通过 S7-300/400/1200/1500 CPU 集成的＿＿＿＿＿＿＿接口进行程序控制通信过程。

22. TIA 博途为 S7-1200 CPU 提供了两套开放式用户通信（OUC）指令：＿＿＿＿＿＿＿的通信指令和＿＿＿＿＿＿＿的通信指令。

23. TSENT_C 指令实现的是＿＿＿＿＿＿＿、＿＿＿＿＿＿＿和＿＿＿＿＿＿＿三个指令的综合功能。

24. S7-1200 所支持的串行通信方式包括＿＿＿＿＿＿＿通信、＿＿＿＿＿＿＿通信以及＿＿＿＿＿＿＿通信。

25. Modbus 具有两种串行传输模式：分别为＿＿＿＿＿＿＿和＿＿＿＿＿＿＿。

26. Modbus 是＿＿＿＿＿＿＿协议，并且提供功能码规定的服务，Modbus 功能码是 Modbus ＿＿＿＿＿＿＿的元素。

27. Modbus 网络上只能有＿＿＿＿＿＿＿主站存在，主站在 Modbus 网络上＿＿＿＿＿＿＿地址，每个从站必须有＿＿＿＿＿＿＿的地址。

28. 每个 Modbus 网段最多可有＿＿＿＿＿＿＿设备，达到限制时，必须使用＿＿＿＿＿＿＿。

29. USS 协议用于西门子公司专为＿＿＿＿＿＿＿开发的通用通信协议，它是一种基于＿＿＿＿＿＿＿总线进行数据通信的协议。

30. 利用 USS 指令，可以通过＿＿＿＿＿＿＿连接与多个驱动器通信。

二、简答题

1. 并行通信的通信过程是什么？

2. PROFINET 可以提供哪些通信服务？

3. 什么是偶校验？

4. 什么是半双工通信方式？

5. S7-1200 CPU 与其他设备通信有哪几种方式？

6. 简述开放式用户通信的组态和编程的过程。

7. UDP 协议通信有什么特点？

8. 怎样建立 S7 连接？

9. 客户机和服务器在 S7 通信中各有什么作用？

10. S7 - 1200 作 S7 通信的服务器时，在安全属性方面需要做什么设置？

11. 简述 S7 - 1200 作为 PROFINET 的 IO 控制器的组态过程。

12. S7 - 1200 PLC 通过 CM1241 RS - 485 模块与变频器进行 USS 通信时，需要注意什么？

13. Modbus 串行链路协议有什么特点？

14. 通过 USS 协议通信，S7 - 1200 最多可以控制多少台变频器？

15. 怎样实现 S7 - 1200 CPU 与 HMI 的以太网通信？

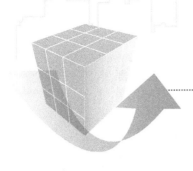

第7章

PLC控制系统设计与调试

在介绍电气控制基础、PLC指令、编程语言、程序设计、组态与调试等内容时，涉及了控制系统设计与调试的部分内容。本章将系统地介绍 PLC 控制系统设计的一般原则、内容和步骤以及系统调试的一般程序和要点。

7.1 PLC 控制系统设计的原则、内容和步骤

理想的电气控制希望能够实现并提升被控系统的自动化程度，最大限度去除人为干扰，从而提高生产效率和产品的质量。传统继电器-接触器控制系统设计，由于不存在软件程序的设计调试，全靠硬件设计组合来完成，所以设计或再改造都非常麻烦；现代 PLC 控制将系统的硬件和软件分开，使硬件的设计及构建更加规范化和模式化，而系统控制原理和目标效果的实现完全可以依靠软件的设计修改来完成，这使得 PLC 控制更加的灵活、经济和高效。现代工业控制系统的核心设备及关键技术的多样化，使电气控制系统设计的中心内容有了很大的差异。但不论什么控制系统，在设计规划时，必须符合电气控制系统设计的基本原则。

7.1.1 PLC 控制系统设计的原则与内容

1. 设计原则

1）最大限度地满足生产机械和生产工艺对电气控制的要求，这些要求是电气控制系统设计的依据。因此在设计前，应深入现场调查，搜集资料，并与生产有关人员、机械设计人员、实际操作者密切配合，明确控制要求，共同拟定电气控制方案，协同解决设计中的各种问题，使设计成果满足设备运行和生产工艺的要求。

2）在满足工艺要求前提下，设计方案力求简单、经济、合理，不要盲目追求自动化和高指标。力求使控制系统操作简单、使用及维修方便。

3）正确、合理地选用电气元器件，确保控制系统安全可靠地工作，同时考虑产品的先进性，造型应美观。

4）为适应生产的发展和工艺的改进，在选择控制设备时，设备能力应留有适当余量。

2. 设计内容

1）拟订控制系统设计的技术条件。技术条件一般以设计任务书的形式来确定，它是整个设计的依据。

2）选择电气传动形式和电动机、电磁阀等执行机构。

3）选定 PLC 的型号。

4）原理设计。设计工艺设备布置图、电气原理图、编制材料清单等。

5）编写软件规格说明书，用相应的编程语言进行程序设计。

6）人机界面的设计。

7）工艺设计。设计元件布置图、安装接线图、控制台（柜）等。

8）编制整理技术文件。整理完整的技术文件，编写使用、维护说明书。

根据具体任务，上述内容可适当调整。

7.1.2 PLC 控制系统设计的一般步骤

PLC 控制系统设计可以按以下步骤进行：熟悉控制对象并计算输入/输出设备、PLC 选型及确定硬件配置、原理图设计、工艺设计、控制程序编制、系统调试、编制技术文件。

1）熟悉控制对象，设计系统框图或工艺设备布置图。这一步是系统设计的基础。首先应详细了解被控对象的工艺过程和它对控制系统的要求，各种机械、液压、气动、仪表、电气与系统之间的关系，系统工作方式（如自动、半自动、手动等），PLC 与系统中其他智能装置之间的关系，人机界面的种类，通信联网的方式，报警的种类与范围，电源停电及紧急情况的处理等。

其次，此阶段还要选择系统输入设备（按钮、操作开关、限位开关、传感器、变送器等），输出设备（继电器、接触器、变频器、指示灯等）以及由输出设备驱动的控制对象（电动机、电磁阀、电动阀、气动或液压阀等）。

同时，还应确定哪些信号需要输入给 PLC，哪些负载由 PLC 驱动，并分类统计出各输入量和输出量的性质及数量，是数字量还是模拟量，是直流还是交流以及电压等级，为 PLC 的选型和硬件配置提供依据。

最后，将控制对象和控制功能进行分类，可按信号用途也可按控制区域进行划分，确定检测设备和控制设备的物理位置，分析每一个检测信号和控制信号的型式、功能、规模以及互相之间的关系。信号点确定后，设计出工艺设备布置图或信号布置图（过程控制系统称为 P&ID 图）。

2）PLC 选型及确定硬件配制。正确选择 PLC 对于保证整个控制系统的经济技术指标起着重要的作用。PLC 的选型首先选择品牌系列，然后才是技术内容的选择。其中，包括机型的选择、容量的选择、扩展模块的选择、电源模块的选择等。

根据被控对象对控制系统的要求及 PLC 的输入、输出的类型和点数，确定出 PLC 的型号和硬件配置。对于整体式 PLC，应确定基本单元和扩展单元的型号；对于模块式 PLC，应确定框架（或基板）的型号及所需模块的型号和数量。

具体订货型号应查对产品说明书或咨询生产厂家，以免因产品更新或改型影响工作的进行。

3）设计电气原理图并编制材料清单。PLC 硬件配置确定后，根据工艺设备布置图及外部输入输出元件与 PLC 的 I/O 点的连接关系，设计绘制电气原理图。对于像变频器、仪表、变送器等具体的技术参数，根据需要编制材料清单。

4）设计控制台（柜）。根据电气原理图及材料的具体规格尺寸，设计控制台（柜）。

5）设计制作、安装所需的图样。设计元件布置图、安装接线图等以便进行硬件装配。

6）编制控制程序。根据被控对象的工艺过程，在硬件设计的基础上，通过控制程序完成系统的各项控制功能。对于较简单系统的控制程序，可以直接设计；对于比较复杂的系统，一般要先画出系统的工艺流程图，然后再编制控制程序。控制程序的编制应随编随查，即编好某一控制程序块后，一般先做程序的编译以自动检查语法错误。若有则修改、仿真或模拟检查控制功能，认为无错误后再编写其他程序块。

7）程序调试。控制程序编写完成后必须经过反复仿真或模拟检查、修改，直到满足控制要求为止。

8）编制整理技术文件。系统调试好后，应根据调试的最终结果，整理出完整的技术文件，如工艺设备布置图、电气原理图、材料及备品备件清单、元件布置图、安装接线图、控制程序、使用说明书等。在技术文件整理过程中必须图物相符。

7.2 PLC 控制系统的硬件设计

7.2.1 PLC 机型的选择

PLC 的品种繁多，其结构形式、性能、容量、指令系统、编程方法、价格等各有不同，使用场合也各有侧重。因此，合理选择 PLC 机型对于提高 PLC 控制系统的技术、经济指标起着重要作用。

PLC 机型的选择应是在满足控制要求的前提下，追求系统运行的可靠性、维护使用的便捷性以及最佳性价比。具体应考虑以下几方面。

（1）性能与任务相适应 对于控制功能简单、IO 点数较少的小型设备，一般的小型 PLC 都可以满足要求。

对于以数字量控制为主，带少量模拟量控制的应用系统，如工业生产中常遇到的温度、压力、流量等连续量的控制，应选用模拟量输入和模拟量输出模块，并选择运算、数据处理功能较强的小型 PLC，如西门子的 S7 - 200/200SMART、S7 - 1200，OMRON 的 CJ2，三菱的 FX，A - B 的 Micro800，施耐德的 M340 等。

对于控制比较复杂，控制功能要求更高的工程项目，例如要求实现 PID 运算、闭环控制、运动控制、通信联网等功能时，可视控制规模及复杂程度，选用中档或高档机，如西门子的 S7 - 1500、S7 - 300/400，OMRON 的 NJ、NX，A - B 的 CompactLogix、Control Logix，施耐德的 Quantum 等。斟酌情况优选 FCS 现场总线控制系统。

（2）结构合理、安装方便、机型统一 按照物理结构，PLC 分为整体式和模块式。整体式每一个 I/O 点的平均价格比模块式便宜，所以人们一般倾向于在小型控制系统中采用整体式 PLC。但是模块式 PLC 的功能扩展方便灵活，在 I/O 点的数量、输入点数与输出点数的比例、I/O 模块的种类、特殊 I/O 模块的使用等方面的选择余地都比整体式 PLC 大得多，并且维修时模块更换、故障判断也更为方便。因此，对于较复杂的和要求较高的系统一般应选用模块式结构。

根据 I/O 设备距 PLC 之间的距离和分布范围确定 PLC 的安装方式为集中式、远程 I/O 式还是多台 PLC 联网的分布式。

对于一个企业，控制系统设计中应尽量做到机型统一。因为同一机型的 PLC，其模块可互为备用，便于备品、备件的采购与管理；其功能及编程方法统一，有利于技术力量的培训、技术水平的提高和功能的开发；其外部设备通用，资源可共享。同一机型 PLC 的另一个好处是，在使用上位计算机对 PLC 进行管理和控制时，通信程序的编制也比较方便。这样，容易把多台各独立的 PLC 联成一个多级分布式控制系统，相互通信，集中管理，充分发挥网络通信的优势。

（3）编程设备的选择 PLC 的特点之一是使用灵活。当被控设备的工艺过程改变时，只需用编程器重新修改程序或参数，就能满足新的控制要求，给生产带来很大方便。

PLC 的编程一般可采用三种方式。

1）用一般的手持编程器编程，这种方式只能用商家规定的语句表编程，效率较低，目前已基本被淘汰。

2）用图形编程器编程，这种方式既可用梯形图编程又可用语句表编程，方便直观，但编程器价格较高，目前也已基本被淘汰。

3）个人计算机安装 PLC 软件包编程，这种是目前应用最多的一种方式。并且现在的软件包已远远不止能给 PLC 编程，基本上已经把整个工业自动化控制都集成在了一起。比如西门子 TIA 博途软件就为全集成自动化的实现提供了统一的工程平台；欧姆龙 CX ONE 可以组态编程 PLC、人机界面、变频器、运动控制、仪表、现场总线等。

（4）是否满足响应时间的要求 由于现代 PLC 有足够高的速度处理大量的 I/O 数据和解算梯形图逻辑，因此对于大多数应用场合来说，PLC 的响应时间并不是主要的问题。然而，对于某些个别的场合，则需要考虑 PLC 的响应时间。为了减少 PLC 的 I/O 响应延迟时间，可以选用扫描速度高的 PLC，使用高速 I/O 处理这一类功能指令，或选用快速响应模块和中断输入模块。

（5）对联网通信功能的要求 近年来，随着工厂自动化的迅速发展，企业内小到一块温度控制仪表、再到生产车间级监控管理、大到整个企业的运行管理都需要联网通信。PLC 作为工厂自动化的主要控制器，大多数产品都具有联网通信能力。选择时应根据需要选择通信方式。

（6）其他特殊要求 考虑被控对象的特殊性，需要选用有相应特殊功能的 PLC，如安全型 PLC。对可靠性要求极高的系统，应考虑采用冗余或热备。

7.2.2 PLC 容量估算

PLC 的容量指 I/O 点数和用户存储器的存储容量两方面。在选择 PLC 型号时不应盲目追求过高的性能指标，在 I/O 点数和存储器容量方面除了要满足控制系统要求外，还应留有余量，以做备用或系统扩展时使用。

I/O 点数以实际计算的数量为基础，在最终确定时，应留有适当余量。通常可按实际计算的 10%~15% 考虑余量；当 I/O 模块较多时，一般按上述比例留出备用模块。

用户程序占用多少存储容量与许多因素有关，如 I/O 点数、控制要求、运算处理量、参与运算的数据类型、程序结构等，因此在设计阶段只能粗略的估算。对于大多数应用场合 PLC 的存储器容量都不是问题；对整体式结构 PLC 来说，本身 I/O 扩展能力有限，集成的存储器容量基本可以认为随便用。但假设只有几百个数字 I/O 点的系统，却编了几千上万条指令，那程序结构肯定很差。

7.2.3 输入/输出模块的选择

在 PLC 控制系统中，为了实现对生产过程的控制，要将对象的各种测量参数，按要求的方式送入 PLC。经过 CPU 运算、处理后，再将结果输出，此时也要把该输出变换为适合于对生产过程进行控制的量。所以，在 PLC 和生产过程之间，必须设置信息的传递和变换装置。这个装置就是输入/输出（I/O）模块。不同的信号形式，需要不同类型的 I/O 模块。对 PLC 来讲，信号形式可分为四类。

（1）数字量输入信号　生产设备或控制系统的许多状态信息，如开关、按钮、继电器的触点等，它们只有两种状态：通或断。对这类信号的拾取需要通过数字量输入模块来实现。

（2）数字量输出信号　还有许多控制对象，如指示灯的亮和灭、电动机的起动和停止、晶闸管的通和断、阀门的打开和关闭等，对它们的控制只需通过逻辑"1"和"0"来实现。这种信号通过数字量输出模块去驱动。

（3）模拟量输入信号　生产过程中的许多参数，如温度、压力、液位、流量都可以通过不同的检测装置转换为相应的模拟量信号，然后再将其转换为数字信号输入 PLC。完成这一任务的就是模拟量输入模块。

（4）模拟量输出信号　生产设备或生产过程中的许多执行机构，往往要求用模拟信号来控制，如阀门的开度、变频器的频率等。完成这一任务的就是模拟量输出模块。

此外，有些传感器如旋转编码器输出的是一连串的脉冲，并且输出的频率较高（20kHz以上），尽管这些脉冲信号也可算作数字量，但普通数字量输入模块的信号采集速度无法与之匹配，应选择高速计数模块。

不管是 PLC 模块的选择，还是其他器件的选择都应遵循实用性、一致性原则。

1. 数字量输入模块的选择

数字量输入模块最常见的为直流 24V，还有直流 5V、12V、48V，交流 110V/220V 等。按公共端接入正负电位的不同分为漏型和源型。当公共端接入负电位时，就是源型接线；接入正电位时，就是漏型接线。有的模块既可以源型接线，也可以漏型接线，比如 S7 - 1200，有的只能接成源型或漏型其中一种。

选择输入模块应注意以下几个方面。

（1）电压的选择　应根据现场设备与模块之间的距离来考虑，距离较远的设备应选用较高电压或电压范围较宽的模块。

（2）漏型和源型的选择　输入模块的选择应与晶体管输出的检测开关（光电开关、接近开关等）统一考虑。例如 NPN 输出的接近开关就需要漏型接线。

（3）同时接通的点数　对于高密度的输入模块如 32 点、64 点，允许同时接通的点数与输入电压的高低和环境温度有关。但对于控制过程，比如自动/手动、启动/停止等输入点同时接通的几率不大，所以一般无需考虑。

2. 数字量输出模块的选择

数字量输出模块按输出方式不同分为继电器输出型、晶体管输出型、晶闸管输出型等。

此外，输出电压值和输出电流值也各有不同。

选择输出模块应注意以下几个方面。

(1) 输出方式　继电器输出型适用于驱动较大电流负载，电压范围较宽，导通压降小；但它属于有触点元件，其动作速度较慢、寿命较短，因此适用于不频繁通断的负载；当驱动电感性负载时，其最大通断频率一般不超过1Hz。对于频繁通断的负载，应采用无触点开关元件输出，即选用晶体管输出（直流负载）或晶闸管输出（交流负载）。

(2) 驱动能力　应根据被控设备的电流大小来选择输出模块的输出电流。如果被控设备的电流较大，输出模块无法直接驱动，可增加中间放大环节，如中间继电器、SSR（固态继电器）等。中间继电器、SSR还有电平变换功能。假设某系统大多数是直流24V指示灯、小功率电磁阀和SSR等负载，但有两台交流220V线圈的接触器，这种情况选择晶体管输出型模块驱动中间继电器线圈，中间继电器触点带交流接触器线圈可能最经济合理。

(3) 同时接通的点数　输出模块同时接通点数的电流累计值必须小于公共端所允许通过的电流值。一般来讲，同时接通的点数不要超出同一公共端输出点数的60%。

3. 模拟量输入/输出模块的选择

典型模拟量模块的量程为 -10 ~ 10V、0 ~ 10V、4 ~ 20mA 等，根据实际变送器和执行器的需要选用，同时还应考虑其分辨率和转换精度等因素。一些 PLC 厂家还提供特殊模拟量输入模块，如热电阻模块、热电偶模块等。

7.2.4　分配输入/输出点

PLC 机型及输入/输出（I/O）模块类型选择完毕，依据工艺设备布置图，参照具体的模块说明书或手册将输入信号与输入点、输出控制信号与输出点一一对应设计 PLC 输入/输出电气原理图。参照电气原理图中 I/O 模块使用类型和数量，设计 PLC 系统总体配置图。

PLC 机型选择完后，输入/输出点数的多少是决定控制系统价格及设计合理性的重要因素，因此，在完成同样控制功能的情况下，应通过合理设计来简化输入/输出点数。下面，介绍输入/输出点简化的几种常用方法。

1. 输入点的简化

(1) 合并输入　如果某些信号的逻辑关系总是以"串联"或"并联"的方式整体出现，这样可以在信号接入输入点前，按"串联"或"并联"的逻辑关系接好线，再接到输入点。例如某一控制区有 5 台驱动电动机，采用热继电器保护，不管哪一台驱动电动机启用了保护，5 台驱动电动机都不能运转。这种情况一般是将 5 台热继电器的动断触点分别串入5 台接触器的线圈，动合触点并联后输入 1 个 PLC 点。

(2) 分时分组输入　有些信号可以按输入时刻分成几组，例如自动情况有 7 个输入信号，手动情况有 6 个不同的输入信号，但自动/手动程序又不会同时执行。这样在只增加一个自动/手动指令选择信号的基础上就可将 7 个自动情况信号和 6 个手动情况信号输入 7 个输入点，合计 8 点输入，而节省 5 点输入。

（3）采用拨码开关　有些控制系统有多种工作模式，此时若采用一位"BCD码"拨码开关只使用4点输入就可有10种模式可供选择，当然若两位拨码开关8点输入更可有00～99，即100种状态可用。

（4）减少多余信号的输入　如果通过PLC程序就可判定输入信号的状态，则可以减少一些多余信号的输入。例如自动化生产线大多设有"自动""检修"和"手动"三种工作状态，采用三位旋钮，一般只将"自动""手动"输入PLC，中间位置通过程序就可判定为"检修"状态，节省了1个输入点。

（5）某些输入设备可不进PLC　有些输入信号功能简单、涉及面很窄，将它们放在外部电路中同样可以满足要求，就没有必要作为PLC的输入。

2. 输出点的简化

（1）负载的并联使用　系统中有些负载的通/断状态完全相同，可以共用一个输出点驱动。例如某设备打开/关闭电磁阀和设备状态指示灯就可共用一个输出点驱动。当然若负载并联必须符合负载并联的条件：首先负载电压必须一致，总负荷容量不能超过输出模块允许的负载容量；另外两电感量相差极大的直流电压线圈也不能直接并联。

（2）接触器辅助触点的使用　控制电动机等大功率负载时，一般都是PLC输出带接触器线圈，而接触器除主触点外，还有辅助触点，可用辅助触点控制状态指示灯。在PLC控制电路设计中可充分利用这些辅助触点。

（3）用闪烁的方法扩展指示灯的功能　指示灯实际上不止"亮""灭"两种状态，在有些情况下可使用指示灯的"闪烁"状态以节省输出点。

（4）用数码显示器代替指示灯　如果系统的状态指示灯很多，可以用数码显示器代替指示灯，这样可以节省输出点数。如果使用8个PLC输出点驱动两位数码显示器，可显示数字00～99共100个状态，而直接驱动指示灯只能显示8个状态。因此显示状态越多，用数码显示器的优越性越大。但状态太多，尤其是有些状态同时出现，查找起来也不很方便，此时最好采用人机界面，既有显示功能又有输入功能。

需要注意的是，上述简化I/O点数的措施，仅供参考，实际应用中应该根据具体情况，灵活使用。尤其不要为了过份减少I/O点数，而使外部附加电路变得复杂，从而影响系统的可靠性。

7.2.5　输出点的保护

在带感性负载时，要抑制关闭电源时电压的升高，可以采用下面的方法来设计合适的抑制电路。设计的有效性取决于实际的应用，所以必须根据实际调整参数，以保证所有的器件参数与实际应用相符合。

1. 晶体管输出的保护

对于大电感或频繁开关的感性负载可以使用外部二极管或稳压二极管来保护内部电路。如图7-1和图7-2所示。

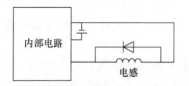

图 7-1　晶体管输出的普通二极管保护

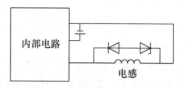

图 7-2　晶体管输出的稳压二极管保护

2. 继电器输出控制直流负载的保护

如图 7-3 所示的电阻-电容网络能用于低压（30V）直流继电器电路，与负载跨接，起到保护作用。也可以使用图 7-1 和图 7-2 所示的反接二极管。若换成稳压二极管，则阈值电压应大于 36V。

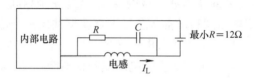

图 7-3　直流负载跨接电阻-电容网络的保护电路

3. 继电器或晶闸管输出控制交流负载的保护

当使用继电器或晶闸管输出来开关交流 220V 负载时，可使用电阻-电容网络保护，如图 7-4 所示。也可以使用 MOV（金属氧化物可变电阻）来限制峰值电压，但一定要保证 MOV 的工作电压比电路的峰值电压至少高出 20%。

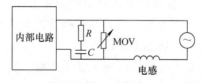

图 7-4　交流负载电阻-电容网络保护电路

当开关断开时，电容为漏电流提供了通道，漏电流 $I = 2\pi fCU$。例如：一个 NEMA 2 型交流接触器，线圈电压 AC220V，吸合功率 183V·A，吸持功率 17V·A，吸合电流 $I = 183\text{V·A}/220\text{V} = 0.83\text{A}$，这在输出继电器的触点 2A 电流开关能力范围之内。电阻 $R = 0.5 \times 220\Omega = 110\Omega$，选标称值为 120Ω 的电阻。电容选标称值为 $0.01\mu\text{F}$ 标准电容。漏电流 $I = 2 \times 3.14 \times 50\text{Hz} \times 0.01 \times 10^{-6}\text{F} \times 220\text{V} = 0.69\text{mA}$。

7.2.6　安全回路设计

安全回路是保护负载或控制对象，防止操作错误或控制失败而设计的连锁控制回路。在直接控制负载的同时，安全保护回路还给 PLC 提供输入信号，以便于 PLC 进行保护处理。安全回路一般考虑以下几个方面。

（1）短路保护　应该在 PLC 外部输出回路中加装上熔断器或断路器，起短路保护作用。

最好在每个负载回路中都加装短路保护。

（2）互锁与联锁措施　除在程序中保证电路的互锁关系，PLC外部接线中还应该采取硬件的联锁措施，以确保系统安全可靠地运行。

（3）失电压保护与紧急停车措施　PLC外部负载的供电线路应具有失电压保护措施。当临时停电再恢复供电时，不按下"启动"按钮，PLC的外部负载就不能自行起动。这种接线方法的另一个作用是，当特殊情况下需要紧急停机时，按下"急停"按钮就可以切断负载电源，同时"急停"信号输入PLC。

（4）极限保护　在控制有些如提升机类负载时，超过限位就有可能产生危险，因此要设置极限保护。当极限保护动作时，直接切断负载电源，同时将信号输入PLC。

7.3　PLC控制系统的软件设计

软件设计是PLC控制系统设计的核心，通过PLC的应用软件设计来实现系统的各项控制功能。要设计好PLC的应用软件，必须充分了解被控对象的生产工艺、技术特性、控制要求等。

7.3.1　PLC应用软件设计的内容

PLC的应用软件设计是指根据控制系统硬件结构和工艺要求，使用相应的编程语言，对用户控制程序的编制和相应文件的形成过程。主要内容包括：确定程序结构；定义输入/输出、中间标志、定时器、计数器和数据区等参数表；编制程序；编写程序说明书。PLC应用软件设计还包括文本显示器或触摸屏等人机界面（HMI）设备及其他特殊功能模块的组态。

7.3.2　PLC控制系统软件设计步骤

1. 熟悉被控制对象制定设备运行方案

在系统硬件设计基础上，根据生产工艺的要求，分析各输入/输出与各种操作之间的逻辑关系，确定检测量和控制方法，并设计出系统中各设备的操作内容和操作顺序。对于较复杂的系统，可按物理位置或控制功能将系统分区控制，一般还需画出系统控制流程图，用以清楚表明动作的顺序和条件，简单系统一般可省略此步骤。

2. 熟悉编程语言和编程器

熟悉编程语言和编辑器是进行程序设计的前提。这一步骤的主要工作是根据相关手册详细了解并选择一种或几种合适的编程语言，并熟悉其指令系统。尤其注意那些在编程中可能要用到的指令和功能。

熟悉编程语言最好的办法就是上机操作，并编制一些试验程序，在仿真或模拟平台上试运行，以便详尽地了解指令的功能和用途，为后面的程序设计打下良好的基础，避免走弯路。

3. 声明或定义变量表

变量表的声明或定义包括对输入/输出、中间标志、定时器、计数器和数据区的描述。不同品牌系列的 PLC 或编程软件，对变量表的叫法也不尽相同，例如 S7-1200 称为变量表，S7-200 称为符号表，欧姆龙也称为符号表，A-B 称为标签，但所包含的内容基本是相同的。

开始程序编制以前首先定义输入/输出变量表。主要依据是 PLC 输入/输出电气原理图。每一种 PLC 的输入点编号和输出点编号都有自己明确的规定，在确定了 PLC 型号和配置后，要对输入/输出信号分配 PLC 的输入/输出编号（地址），并编制成表。表 7-1 是使用西门子 STEP 7-Micro/WIN 软件编制的 S7-200 PLC I/O 符号表。

表 7-1 S7-200 PLC I/O 符号表

符 号	地 址	注 释
SB_1	I0.0	启动按钮
SB_2	I0.1	停止按钮
FR	I0.2	电动机热保护
KM3_NC	I0.3	星形联结脱开确认
KM1	Q0.0	主电源
KM2	Q0.1	三角形联结运行
KM3	Q0.2	星形联结起动

表 7-2 为使用 OMRON CX-ONE 软件编制的 C 系列 PLC I/O 符号表，S7-1200 PLC 新建 I/O 变量见图 4-6。

表 7-2 欧姆龙 C 系列 PLC I/O 符号表

名称	类型	地址/值	机架位置	使用	注释
SB1	BOOL	0.00	主机架：槽 00	输入	启动按钮
SB2	BOOL	0.01	主机架：槽 00	输入	停止按钮
FR	BOOL	0.02	主机架：槽 00	输入	电动机热保护
KM1	BOOL	1.00	机架 01：槽 00	输出	主电源
KM2	BOOL	1.01	机架 01：槽 00	输出	三角形联结运行
KM3	BOOL	1.02	机架 01：槽 00	输出	星形联结起动

一般情况下，输入/输出变量表要明显地标识出变量名称、变量类型、绝对地址、注释等，尤其变量表的注释内容应尽可能详细。地址尽量按由小到大的顺序排列，已配置硬件但还没有使用的点或备用的点也要定义，这样便于在编程、调试和修改程序时查找使用。

输入/输出变量在编程之初就可以定义，而中间标志、定时器、计数器和数据区编程一般是在编程过程中随使用随定义，在程序编制过程中间或编制完成后连同输入/输出变量表统一整理。

变量表定义之初，尽量提前规定好变量命名原则及后续数据区使用原则，并在程序说明书中表达清楚。

4. 程序的编写

在程序编写过程中，根据实际需要，对于需要但还没有定义的变量，如中间标志、数据区、定时器等需要逐个定义，要注意变量命名符合开始规定好的原则。

编写程序过程中要及时对编写的程序进行注释，或者说，应该先描述出程序段想要完成的功能，然后根据功能要求采用某种编程语言去编写程序。注释应包括程序段功能、逻辑关系、设计思想、信号的来源和去向等，以便于程序的编制、阅读和调试。

5. 测试程序

程序的测试是整个程序设计工作中的一项重要的内容，它可以初步检查程序的实际运行效果。程序测试和程序编写是分不开的，程序的许多功能都是在测试中修改和完善的。

测试时先从各功能单元入手，设定输入信号，观察输入信号的变化及其对程序逻辑的作用，必要时可以借助仪器仪表。各功能单元测试完成后，再连通全部程序，测试各部分的接口情况，直到满意为止。

程序测试可以在实验室进行，也可以在现场进行。如果是在现场进行程序测试，程序测试之前，首先要检查 I/O 点安装位置与设计的位置相符，确保动作与设计相符，以免引起事故。

6. 编写程序说明书

程序说明书是整个程序内容的综合性说明文档，是整个程序设计工作的总结。编写的主要目的是让程序的使用者了解程序的基本结构和某些问题的处理方法，以及程序阅读方法和使用中应注意的事项。

程序说明书一般包括程序设计的依据、程序的基本结构、各功能单元分析、使用的公式和原理、各参数的来源和运算过程、程序的测试情况等。

上面流程中各个步骤都是应用程序设计中不可缺少的环节，要设计一个好的应用程序，必须做好每一个环节的工作。但是，应用程序设计中的核心是程序的编写，其他步骤都是为其服务的。

7.4　PLC 控制系统的抗干扰设计

尽管 PLC 是专为在工业环境下的应用而设计，有较强的抗干扰能力（空间干扰和电源干扰），但是如果环境过于恶劣，电磁干扰特别强烈或 PLC 的安装和使用方法不当，还是有可能给 PLC 控制系统的安全可靠运行带来隐患。因此，在 PLC 控制系统设计中，还需要注意系统的抗干扰设计。

7.4.1　抗电源干扰的措施

实践证明，因电源引入的干扰造成 PLC 控制系统故障的情况很多。PLC 系统的正常供电电源由电网供给。由于电网覆盖范围广，它将受到所有空间电磁干扰而在线路上感应出电压和电流。尤其是电网内部的变化，开关操作浪涌、大型电力设备起停、交直流传动装置引起的谐波、电网短路暂态冲击等，都会通过输电线路传到电源中。在实际应用过程中，主要采取以下措施以减少因电源干扰造成的 PLC 控制系统故障。

1）采用性能优良的电源，抑制电网引入的干扰。电网干扰主要通过 PLC 系统的供电电源（如 CPU 电源、I/O 电源等）、变送器供电电源以及与 PLC 系统具有直接电气连接的仪表供电电源等耦合进入。现在，PLC 系统供电电源，一般都采用隔离性能较好的电源，而对于变送器和与 PLC 系统有直接电气连接仪表的供电电源，虽然采取了一定的隔离措施，但普遍重视还不够，主要是因为使用的隔离变压器分布参数大，抑制干扰能力差，经电源耦合后会串入共模干扰、差模干扰。所以，对于变送器和共用信号仪表供电应选择分布电容小、抑制带宽（如采用多次隔离和屏蔽及漏感技术）的配电器。此外，为保证电网供电不中断，可采用不间断供电电源（UPS），提高供电的安全可靠性。另外 UPS 还具有较强的干扰隔离性能，是一种 PLC 控制系统的理想电源。

2）硬件滤波措施。在干扰较强或可靠性要求较高的场合，应该使用带屏蔽层的隔离变压器对 PLC 系统供电。还可以在隔离变压器一次侧串接滤波器，如图7-5所示。为了改善隔离变压器的抗干扰效果，设计时还应注意以下问题。

① 滤波器与 PLC 之间最好采用双绞线连接，以抑制串模干扰。
② 隔离变压器的屏蔽层要良好接地。
③ 隔离变压器的初级、次级分离开。
④ 将 PLC 电源、I/O 电源和其他设备的供电电源分离开。

3）正确选择接地点，完善接地系统。

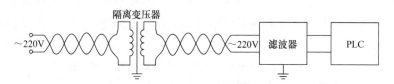

图7-5　滤波器和隔离变压器同时使用

7.4.2　控制系统的接地设计

良好的接地是保证控制系统可靠工作的重要条件，可以避免偶然发生的电压冲击危害。接地的目的通常有两个，其一为了安全，其二是为了抑制干扰。完善的接地系统是 PLC 控制系统抗干扰的重要措施之一。

PLC 控制系统的地线包括屏蔽接地、交流工作接地、直流工作接地、安全保护接地等。接地系统混乱对 PLC 系统的干扰主要是各个接地点电位分布不均，不同接地点间存在地电位差，引起地环路电流，影响系统正常工作。例如电缆屏蔽层必须一端接地，如果电缆屏蔽层两端都接地，就存在地电位差，有电流流过屏蔽层，当发生异常状态如雷击时，地线电流将更大。此外，屏蔽层、接地线和大地有可能构成闭合环路，在变化磁场的作用下，屏蔽层内又会出现感应电流，通过屏蔽层与芯线之间的耦合，干扰信号回路。PLC 工作的逻辑电压干扰容限较低，逻辑地电位的分布干扰容易影响 PLC 的逻辑运算和数据存贮，造成数据混乱、程序跑飞或死机状态。直流工作地电位的分布将导致测量精度下降，引起对信号测控的严重失真和误动作。

在设计 PLC 系统接地时，应注意以下几点。

1）接地线应尽量粗，一般用大于 $1.5mm^2$ 的接地线。

2）接地点应尽量靠近控制器，一般不大于 50m。

3）接地线应尽量避开强电回路和主回路，不能避开时，应垂直相交。

7.4.3 防 I/O 干扰的措施

由信号接口引入的干扰会引起 I/O 信号工作异常和测量精度大大降低，严重时将引起元器件损伤。对于隔离性能差的系统，还将导致信号间互相干扰，引起共地系统总线回流，造成逻辑数据变化、误动作或死机。可采取以下措施以减小 I/O 干扰对 PLC 系统的影响。

1）从抗干扰角度选择 I/O 模块。I/O 模块的选择一般要考虑以下因素。

① 输入输出信号与内部回路隔离的模块比非隔离的模块抗干扰性能好。

② 晶体管等无触点输出的模块比有触点输出的模块在控制器侧产生的干扰小。

③ 输入模块允许的输入信号 ON/OFF 电压差大，抗干扰性能好；OFF 电压高，对抗感应电压干扰是有利的。

④ 一般输入信号响应慢的输入模块抗干扰性能好。

2）安装与布线时注意事项

① 动力线、控制线、PLC 的电源线与 I/O 线应分开走线，PLC 的电源线、模拟量 I/O 线采用双绞线。现场 PLC 的 I/O 线和电动机等大功率导线分槽或分管走线，如必须在同一线槽内，线槽中间要加隔板；最好分槽走线，线槽要有良好接地。这不仅能使其有尽可能大的空间距离，而且能将干扰降到最小。

② PLC 应远离强干扰源如电焊机、大功率硅整流装置和大型动力设备，不能与高压电器安装在同一个柜内。在柜内 PLC 应远离动力线（二者之间距离应大于 200mm）。与 PLC 装在同一个柜子内的电感性负载，如功率较大的继电器、接触器的线圈，应并联 RC 电路。

③ PLC 的直流输入与交流输出最好分开走线，模拟量信号的传送应采用屏蔽线，屏蔽层一端接地。

④ 交流输出线和直流输出线不要用同一根电缆，输出线应尽量远离高压线和动力线，避免并行。

3）考虑 I/O 端的接线

① 输入接线一般不能太长，但如果环境干扰较小，电压降不大时，输入接线可适当长些，输入/输出线要分开。尽可能采用动合触点形式连接到输入端，使编制的梯形图与继电器原理图一致，便于阅读。但急停、限位保护等情况例外。

② 输出端接线分为独立输出和公共输出。在不同组中，可采用不同类型和电压等级的输出电压。但在同一组中的输出只能用同一类型、同一电压等级的电源。由于 PLC 的输出元件被封装在印制电路板上，并且连接至端子板，若将连接输出元件的负载短路，将烧毁印制电路板。采用继电器输出时，所承受的电感性负载的大小，会影响到继电器的使用寿命，因此，使用电感性负载时应合理选择，或加隔离继电器。

③ PLC 的输出负载可能产生干扰，因此要采取措施加以控制，如直流输出的续流管、

交流输出的阻容吸收电路、晶体管及晶闸管输出的旁路电阻等。

4）正确选择接地点，完善接地系统。

5）对变频器干扰的抑制。变频器的干扰处理一般有下面几种方式。

① 加隔离变压器，主要是针对来自电源的传导干扰，可以将绝大部分的传导干扰阻隔在隔离变压器之前。

② 使用滤波器。滤波器具有较强的抗干扰能力，还可以防止将设备本身的干扰传导给电源，有些还兼有尖峰电压吸收功能。

③ 使用输出电抗器，在变频器到电动机之间增加交流电抗器主要是减少变频器在能量传输过程中线路产生电磁辐射，影响其他设备正常工作。

7.5　PLC控制系统的调试

系统调试是系统在正式投入使用之前的必经步骤。与继电器-接触器控制系统不同，PLC控制系统既有硬件部分的调试，还有软件的调试。PLC控制系统的硬件调试要简单得多，主要是PLC程序的调试。PLC系统调试一般可按以下几个步骤进行：应用程序的编制和离线调试、控制系统硬件检查、应用程序在线调试、现场调试。调试完成总结整理相关资料，系统就可以正式投入使用了。

7.5.1　应用程序离线测试

应用程序的离线测试首先是应用程序的检查过程。应用程序的编制应随编随查，即编好某一程序块后，对照注释的段功能、逻辑关系、设计思想，认为控制逻辑及控制方式无误后再编制其他程序块。然后反复检查修改完善程序块内以及程序段之间的逻辑关系、前后顺序，直到认为能够满足控制要求为止。

若条件允许，用户程序尤其是一些完成特殊控制功能的程序尽量进行仿真和模拟调试。也就是说，编好某一程序块后，经检查认为能够满足控制要求，将程序下载到仿真器或PLC，用简单的钮子开关或按钮模拟实际的输入信号，用PLC上的发光二极管显示输出量的通断状态，在线监视分析程序。在调试时应充分考虑各种可能的情况，如系统的各种不同的工作方式、有选择序列的流程图中的每一条支路、各种可能的进展路线，都应逐一检查，不能遗漏。发现问题后及时修改程序，直到在各种可能的情况下控制关系完全符合要求。如果程序中某些参数值过大，为了缩短调试时间，可以在调试时先将它们变小，模拟调试结束后再写入它们的实际设定值。如某设备定时器预设值实际1小时，模拟调试时分析好不影响其他逻辑关系时，可以先设定几分钟。

7.5.2　控制台（柜）硬件检查测试

1. 通电前检查

系统电气控制台（柜）安装配线完成后，首先必须进行的是通电前的检查工作。根据电气原理图、电气元器件布置图、电气安装接线图检查各电器元件的位置是否正确，并检查其外观有无损坏；配线导线的选择是否符合要求；接线是否正确、可靠及接线的各种具体要求是否达到；保护电器的整定值是否与保护对象相符合。

重点检查交直流间、不同电压等级间及相间、正负极之间是否有误接线等。下面以图 7-6 为例，说明控制（台）柜安装配线部分检查的主要内容和步骤。

1）检查各电气元器件的外接线与端子号是否一致，尤其 PLC 的电源和公共端。

2）由电气原理图 7-6 可知，此电路有三种电压等级 AC380V、AC220V、DC24V。所以首先用万用表的高阻档检查三相之间、相与 N 之间、相与 L + 之间、相与 M 之间阻值是否在合理范围内。在检查相与 N 之间时，应该出现其中一相阻值异常情况，从图中可以看出，原因是其中一相为 PLC 提供电源。一般方法是先将 PLC 电源相线从 PLC 电源端子上拆下，再次检查。检查确认无误后，进入下一步骤。

3）用万用表检查 PLC 的供电电源之间及 PLC 输出电源的 L + 与 M 之间的阻值是否合理。

4）最后按照电气原理图从主回路到控制回路，用万用表低阻档依次检查各个线号连接是否正确。

5）同线号是否并联到一起，例如 N、L +、M 等。

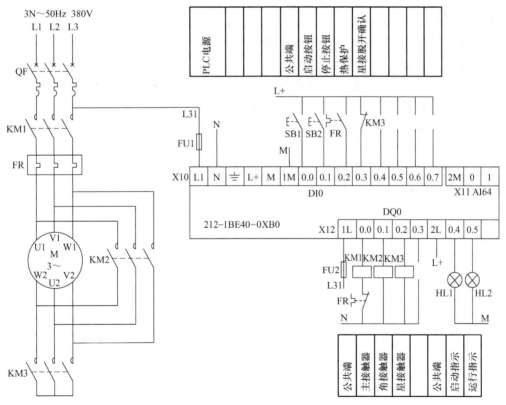

图 7-6　接线检查例图

2. 通电检查

在系统硬件电路通电前检查工作完成后方可送电。若系统不止一个回路，每次只给一个回路送电。下面还是以图7-6为例说明控制台（柜）通电检查的内容和步骤。

（1）通电检查供电电源　接通总电源开关，如图7-6的断路器QF，主回路得电（熔断器回路在断开状态），测量熔断器FU1和FU2上口和PLC电源端子N之间的电压，应在220V左右，可以合上熔断器FU1给PLC供电，此时PLC上"RUN/STOP"指示灯亮（黄色STOP、绿色RUN），通过编程软件修改PLC为"STOP"（或确认PLC没有被强制也没有用户程序）。如有异常，立刻断开电源，检查原因。一切正常后，进入下一步。

电路逐层检查，第一层检查完毕，接通下一层电源，测量电压，以此类推。

（2）检查输入点　从电气原理图7-6中可以看出，PLC输入点I0.3指示灯应该亮，依次按下SB1、SB2按钮，检查输入点I0.0和I0.1，按下热继电器的测试钮检查输入点I0.2。最后，手动轻轻按下接触器KM3，输入点I0.3指示灯应该灭，使用的输入点检查完毕。按上面方法依次检查有接线的其他输入点。

（3）检查输出点　输出点的检查比输入点麻烦一些，一般通过编程软件监控表修改输出或使用检查无误的简单输入编写简单程序检查输出。本例首先采用修改输出的办法使Q0.0为1，接触器KM1吸合，然后使Q0.0为0，接触器KM1断开。依次修改其他输出点，从而检查PLC输出。输出点的通电检查中需注意的是，除指示灯外的其他负载，要一个输出点检查完毕断开后，再检查另一个输出点。还有就是要充分了解设备和整个控制系统的功能。本例中，若使Q0.1和Q0.2同时为1即KM2和KM3同时吸合，将产生相间短路故障。从以上分析可以看出KM2和KM3线圈应该硬件互锁。

控制柜检查因为不带负载，可以采用修改的办法；若带负载尽量不用监控表修改法，以免发生危险。而是通过使用检查无误的简单输入设备（控制钮）编写简单程序检查输出，思路是简单就不容易出错。本例前面已经确认两个简单输入SB1（I0.0）和SB2（I0.1）配线无误，编写最简单的点动程序，一个常开触点带一个输出，如图7-7所示。因为本例只有两个简单输入，所以每次可以检查两个输出，下载程序并将PLC由"STOP"改为"RUN"；按住/松开SB1或SB2按钮，Q0.0或Q0.1输出指示灯应该亮并能听到接触器KM1或KM2吸合/断开的声音。Q0.0和Q0.1检查完毕，修改程序将Q0.1改为Q0.2，依次检查全部输出。

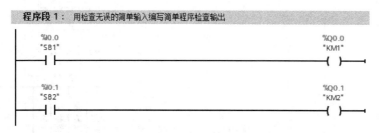

图7-7　用简单输入编写简单程序检查输出

假设按住/松开按钮，输出指示灯都熄灭，即听不到接触器吸合/断开的声音，分析图7-6，外部故障除了FU2熔体问题（前面已经测量熔断器FU2上口和PLC电源端子N之间电压在220V左右）或N线问题（2根N没有跨线），就应该怀疑PLC内部继电器了。

再假设Q0.1和Q0.2检查都没问题，只是按住SB1，没有听到KM1吸合的声音，分析图7-6可以看出，三个带负载输出点用的是一个公共端，所以不可能是公共端问题，只能是

KM1 线圈回路多串联了热继电器的常闭触点。可以按热继电器的复位钮，观察 PLC 的 I0.2 输入指示灯若熄灭了，问题肯定出在热继电器。

3. 测试变频器

上面检查输出带的是接触器或指示灯这种简单负载，若 PLC 输出控制的是变频器就相对复杂一些。如图 7-8 所示为 PLC 数字输出控制变频器正反转（设备前进后退），变频器速度由 PLC 扩展模拟量输出模块给定。图中只画出了 PLC 数字量输出 Q0.0 和 Q0.1 以及模拟量输出模块部分。PLC 输入：前进按钮 SB1（I0.0）、后退按钮 SB2（I0.1）、变频器故障 VFD1_F（I0.2）没有在图中画出。测试过程可按下面步骤进行。

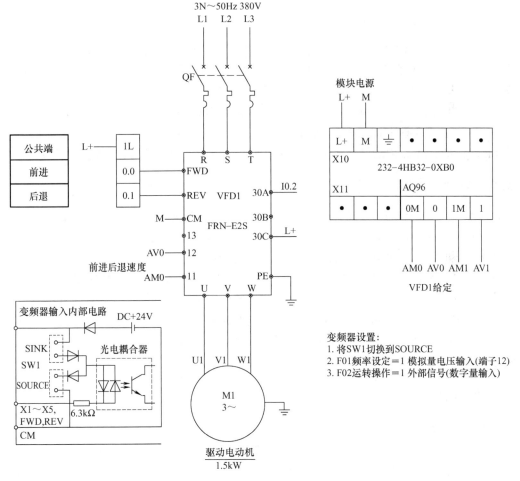

图 7-8 PLC 输出控制变频器测试

1）按前面方法检查输入点无误。

2）查找所用变频器说明书（图中所用变频器为富士 FRN0004E2S‑4C），详细内容请参照变频器说明书。从图 7-8 的变频器输入内部电路可以看出，变频器输入 X1～X5、FWD、REV 内部电路与 PLC 输入内部电路组成及原理基本相同。

3）按图中所示，首先将变频器输入类型开关 SW1 切换到 SOUSE（源输入，默认在

SINK）。设定变频器参数：F01 频率设定 = 1 模拟量电压输入，F02 运转操作 = 1 外部信号（数字量输入），其他如加速时间 F07、减速时间 F08 等根据实际情况设定并记录，待整理资料时使用。设置完成，给变频器断电再重新上电。变频器速度设定为 F01 = 1 后，因为 PLC 没有输出给定值，变频器显示屏应该闪烁 0Hz 左右的数字。

4）通过编程软件监控表给定变频器速度，首先修改 QW96 的值为 13824，观察显示屏数字是否为 25 左右，再次修改 QW96 的值为 2765 和 27648。若显示屏数字为 5 或 50 左右，速度给定正确。修改 Q0.0 和 Q0.1，观察变频器是否正反转运行。

5）也可以编写前进按钮 SB1（I0.0）常开触点带输出 Q0.0、后退按钮 SB2（I0.1）常开触点带输出 Q0.1 的点动程序，下载测试变频器是否正反转运行，并与图样定义的前进后退一致。

7.5.3 应用程序在线调试

应用程序的在线调试主要是控制台（柜）的不带载试验。将仿真模拟测试好的程序下载到控制台（柜）的 PLC，并运行。按工艺要求，使用控制台（柜）的实际硬件调试程序，发现问题，及时解决。现场检测信号可以采用短接线进行模拟。

在图 7-6 的例子中，将前面测试好的程序下载到 PLC，使 PLC 工作在运行状态，按下启动按钮 SB1，首先应该 KM3、KM1 吸合，过几秒后，KM3 断开、KM2 吸合，手动按下热继电器 FR 测试钮，热保护动作，按下停止按钮 SB2，KM1、KM2 断开，实现控制要求。

7.5.4 现场调试

程序编制、控制台（柜）的安装配线及测试工作和现场设备的安装接线工作可同步进行，以缩短整个工程的周期。将控制台（柜）安装到控制现场后，进行联机调试，并及时解决调试时发现的软件和硬件方面的问题。调试以前必须参照工艺设备布置图、电气原理图、电气安装接线图等了解电气设备、被控设备和整个工艺过程。了解具体设备的安装位置、功能以及与其他设备之间的关系。现场调试的内容和步骤依据系统的规模和控制方式不同也不尽相同，但总体也可按通电前检查、通电检查、通电测试、单机或分区调试、联机调试等步骤进行。有条件的话，调试后进行空载试运行、半载试运行、满载试运行以及过载实验。

1. 通电前检查

首先确认总电源开关和各个分电源开关处于断开状态。

1）检查各电气元器件的安装位置是否正确。

2）用万用表或其他测量设备检查各控制台（柜）之间连线，现场检测开关和操作开关等输入器件、电动机和电磁阀等执行器件与控制台（柜）之间连线是否正确。测量三相电动机三个绕组阻值是否平衡、对地阻值是否合理（若使用绝缘电阻表测量接地，需要断开与变频器的连接）。测量电磁阀两端的阻值是否在合理范围内，例如一个标称 DC24V 6W 电磁阀，估算阻值 96Ω，若测量出来 100Ω，电磁阀基本没问题。

注意重点检查交直流间、不同电压等级间及相间、正负极之间的连接。

3）检查被控设备上、被控设备附近是否有阻挡物、是否有人员施工等。

对于采用远程I/O或现场总线的控制系统，可能控制台（柜）较多，硬件投资又较大，尤其更要重视系统硬件电路通电前检查这一步，一般也是按照上述步骤首先检查各个控制台（柜），然后重点检查总控制台（柜）与分台（柜）之间的供电电源和通信线。尤其采用电缆的情况，不仅要看电缆内导线颜色，还需要用万用表等检测设备检查。电缆内导线颜色中间改变的情况已屡见不鲜，检查时需特别注意。

2. 通电检查

（1）检查供电电源 接通总电源开关，一路一路依次接通主回路和控制回路电源，接通某一路后，一般先观察一段时间，无异常再接通另一路。检查无误，断开主回路电源。

对于前面所述采用远程I/O或现场总线的控制系统，通电步骤应该是首先确认各分控制台（柜）电源开关断开，总控制台（柜）通电后先用万用表等检测设备检查总控制台（柜）本身电源及外供电源正确后，一台一台依次测量分控制台（柜）电源进线电压正常后再给分控制台（柜）供电。这样万一发生电源供电错误，可使损失降到最小。电源供电正常后，连通通信，设定站点地址等参数，检查I/O点。

（2）检查输入点 一般最少需要两人配合，一人在现场对照工艺设备布置图按照工艺流程，依次人为动作现场操作开关和检测开关，另一人在控制台（柜）旁按现场人员的要求对照电气原理图检查输入点的状态并记录，现场范围较大时一般需要对讲设备。

（3）检查输出点 输出点的检查也可通过编程软件监控表修改的方法，但现场设备安装完毕，尤其有些设备已经连接负载，尽量不采用此方法，远程操作容易发生危险。而是应该和控制柜检查测试一样，使用被控设备附近已检查无误的简单输入设备（控制钮）编写简单点动程序检查测试输出。

此步还要按生产工艺和原理图调整好电动机的旋转方向、液压气动装置的初始位置以及其他执行机构的相应状态。

3. 单机或分区调试

为调试方便，可依控制功能、控制规模、物理位置或工艺过程等，将一个复杂系统人为划分成几个或多个区，分区调试。

4. 联机总调试

分区调试完毕，分析各个分区之间的关系，将各个分区联系起来完成联机总调试。

7.5.5 资料记录与整理

安装调试过程中，应详细填写记录诸如工程物资进场报验表、设备开箱检查验收记录表、控制柜安装记录、电缆敷设记录、电动机试运转记录、单机试运转记录、空载试运行记录、半载试运行记录、满载试运行记录以及过载实验记录等技术数据。

根据现场调试结果修改完善系统使用说明书、系统维护说明书等。

习 题

一、填空题

1. 将控制对象和控制功能进行分类，可按＿＿＿＿也可按控制区域进行划分，确定检测设备和控制设备的＿＿＿＿。

2. 信号点确定后，设计出工艺设备布置图或信号布置图，过程控制系统称为＿＿＿＿图。

3. PLC的选型首先选择＿＿＿＿，然后才是＿＿＿＿的选择，包括机型的选择、容量的选择、扩展模块的选择、电源模块的选择等。

4. PLC硬件配置确定后，根据工艺设备布置图及外部输入输出元件与PLC的I/O点的连接关系，设计绘制＿＿＿＿。

5. 按照物理结构，PLC可分为＿＿＿＿和＿＿＿＿。

6. 根据I/O设备距PLC的距离和分布范围确定PLC的安装方式为集中式、远程I/O式还是多台PLC联网的＿＿＿＿。

7. I/O点数以实际计算的数量为基础，在最终确定时，应留有适当余量。通常可按实际计算的＿＿＿＿考虑余量。

8. PLC的信号形式可分为：＿＿＿＿信号、＿＿＿＿信号、＿＿＿＿信号、＿＿＿＿信号四类。

9. 数字量输入模块按公共端接入＿＿＿＿不同分为漏型和源型。当公共端接入＿＿＿＿电位时，就是源型接线；接入＿＿＿＿电位时，就是漏型接线。

10. 数字量输出模块按输出方式不同分为＿＿＿＿输出型、＿＿＿＿输出型、＿＿＿＿输出型等。

11. ＿＿＿＿是保护负载或控制对象，防止操作错误或控制失败而设计的联锁控制回路。

12. 在PLC外部输出回路中加装熔断器或断路器，起＿＿＿＿保护作用。

13. 在控制有些如提升机类的负载时，超过限位就有可能产生危险，因此要设置＿＿＿＿。

14. 系统电气控制台（柜）安装配线完成后，首先必须进行的是＿＿＿＿工作。

15. 输出点的检查一般通过编程软件＿＿＿＿修改输出或使用检查无误的简单输入编写简单程序检查输出。

二、简答题

1. PLC控制系统设计的原则是什么？

2. PLC控制系统设计的内容有哪些？

3. 简述PLC控制系统设计的一般步骤。

4. 如何估算PLC控制系统输入/输出容量？

5. 选择PLC输出方式的依据是什么？

6. 简述PLC应用软件设计的一般步骤。

7. PLC控制系统的抗干扰性设计需注意哪些方面？

8. 举例说明PLC控制系统通电前检查的意义。

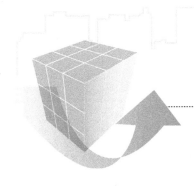

第8章

PLC应用系统设计实例

本章以实例的形式介绍 PLC 应用系统的设计。

8.1 输送线双机同步控制

电动机是拖动控制系统的主要控制对象。电动机的控制除了起动、停止、可逆、制动等开关量控制外,有时还需要调整电动机的速度,检测电动机的运行电流、输出转矩等。与起动、停止开关量不同的是,速度、电流、输出转矩等是连续变化的数值,一般称之为过程量。类似温度、流量、压力、液位等都是过程量。在自动控制系统中,首先要把这些过程信号转换为标准电信号,然后将这些标准电信号转换为计算机可以接受的数字信号,计算机对转换后的信息进行处理,并将处理结果转换为标准电信号驱动执行机构,控制被控设备。

通常,把从现场信号到 CPU 之间的各个环节称为过程通道,它是计算机控制系统中重要组成部分,用于实现信号的变换、传递与转换等功能。PLC 大都拥有实现过程通道作用的特殊功能单元,即模拟量信号的输入/输出单元,用于模拟量信号的检测与控制。

下面以两台三相异步电动机拖动的"输送线双机同步控制"为例,介绍模拟量在电动机调速控制中的应用。

8.1.1 控制要求、工艺过程、控制原理分析

在自动化生产线设计中经常会遇到单条输送线长度过长或包角过大问题,此时就需要两台或多台电动机驱动一条输送线的同步控制。如图 8-1 所示为两台电动机驱动示意图。同步控制的方法很多,例如张紧控制方式、转矩控制方式、旋转编码器测速控制方式等,不同控制方式各有适用范围和优缺点。

转矩方式通过检测变频器的输出转矩,调节变频器的输出频率,实现输送线的转矩闭环双机同步控制。例如,驱动 1 为主驱动,若驱动 2 转矩大于驱动 1 转矩则驱动 2 减速;驱动 2 转矩小于驱动 1 转矩则驱动 2 加速。原理简单,控制也较容易,也可将 PID 算法加入到控制中。

一般变频器命令源有操作面板、数字输入和通信三种;数据源有操作面板、模拟输入和通信三种。本例命令源采用数字输入,数据源采用模拟输入方式。也可采用 6.3.4 节介绍的 USS 通信方式读写变频器数据。

主速度设定可以采用拨码开关输入给 PLC 的数字量输入模块或采用电位器输入给模拟量输入模块或采用人机界面,本例采用人机界面。变频器本身的模拟量输出可用于显示或监测频率、电流、转矩等参数,本例变频器的模拟量输出直接输入到 PLC 的模拟量输入模块来检测转矩值,两转矩值经 PLC 运算后通过 PLC 模拟量输出模块调节变频器的频率。

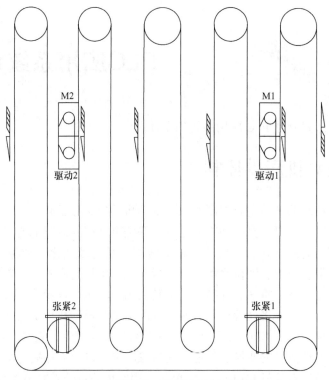

图 8-1　输送线双机同步运行示意图

8.1.2　PLC 选型和资源配置

由上面的分析可知，除一般数字量 I/O 外，转矩的检测需模拟量输入模块，而变频器实际运行速度的调节需模拟量输出模块。根据 I/O 点类型和数量，查阅 PLC 相关手册，选择 CPU 及扩展模块，如表 8-1 所示。本例实际可以使用 CPU1215C 集成的 2AI/2AO。

表 8-1　PLC 选型和资源

序号	描　　述	订货号
1	1215 CPU AC/DC/Rly	6ES7 215 - 1BG40 - 0XB0
2	SM 1234 4×13 位模拟量输入/2×14 位模拟量输出	6ES7 234 - 4HE32 - 0XB0

1. 工艺设备布置图

首先根据工艺要求，绘制工艺设备布置图。为使输送线运行更安全、可靠，在输送线张紧处设限位保护开关，实现张紧的自动保护；在适当部位设操作站，完成现场的紧急停车及点动调整，如图 8-2 所示。

2. 电气原理图

根据所选变频器、CPU 及扩展单元型号，参照用户手册，绘制主电路和辅助电路电气

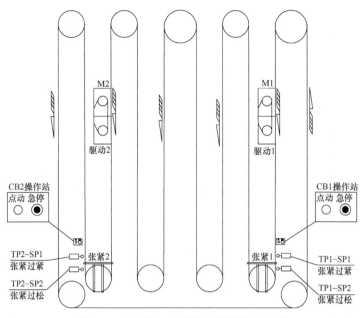

图 8-2 输送线双机同步工艺设备布置图

原理图，分为电源、主电路、系统配置、CPU 和模拟量输入/输出等，如图 8-3 ～ 图 8-7 所示，需要注意的是，每张图样都应该有标题栏。电源部分考虑控制柜散热风扇及照明、插座等，PLC 电源和 24V 直流电源前面加滤波器。主电路电气原理图中应把变频器需要设置的

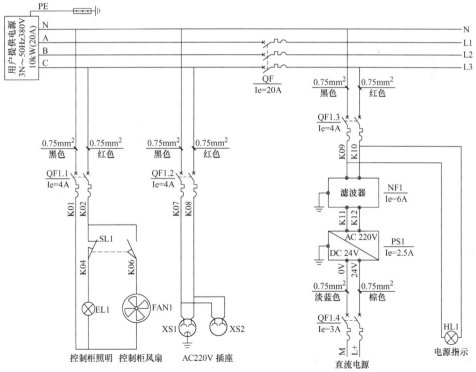

图 8-3 输送线双机同步电气原理图-电源

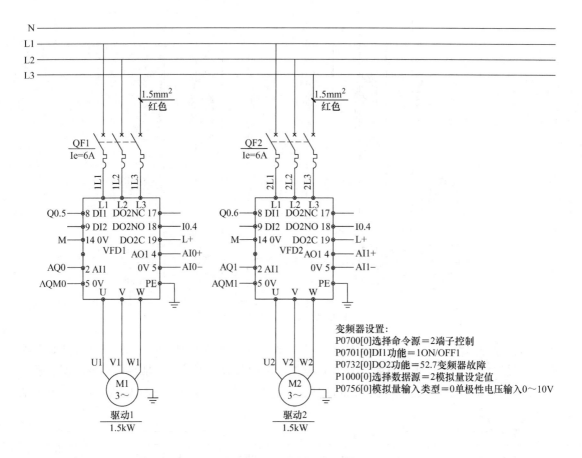

变频器设置:
P0700[0]选择命令源＝2端子控制
P0701[0]DI1功能＝1ON/OFF1
P0732[0]DO2功能＝52.7变频器故障
P1000[0]选择数据源＝2模拟量设定值
P0756[0]模拟量输入类型＝0单极性电压输入0~10V

图 8-4　输送线双机同步电气原理图-主电路

主要参数标注在图纸上，本例选择 SINAMICS V20 变频器，参数设置如表 8-2 所示。

表 8-2　SINAMICS V20 变频器参数设置

参数	描　述	设置值	说　　明
P0700［0］	选择命令源	2	命令源来源于端子
P0701［0］	数字输入 DI1 功能	1	ON/OFF1
P0732［0］	数字输出 DO2 功能	52.7	变频器故障
P1000［0］	选择数据源	2	数据源来源于模拟量设定值
P0756［0］	模拟量输入类型	0	单极性电压输入（0~10V）

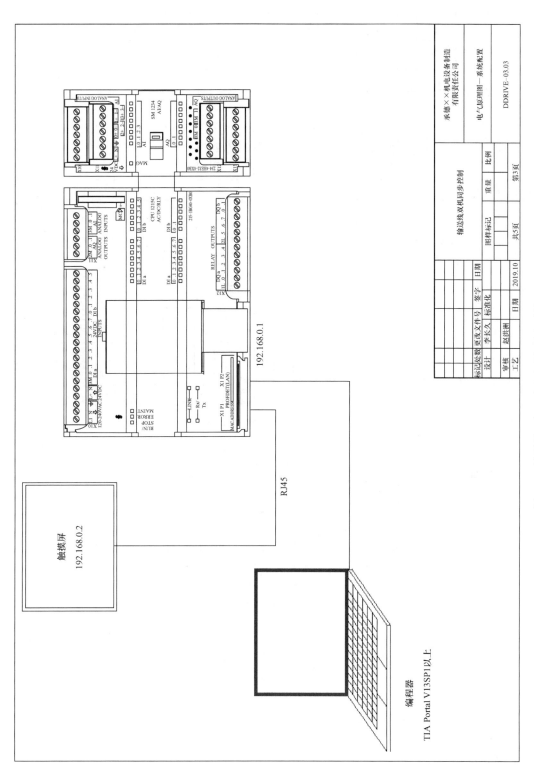

图 8-5 输送线双机同步电气原理图-系统配置

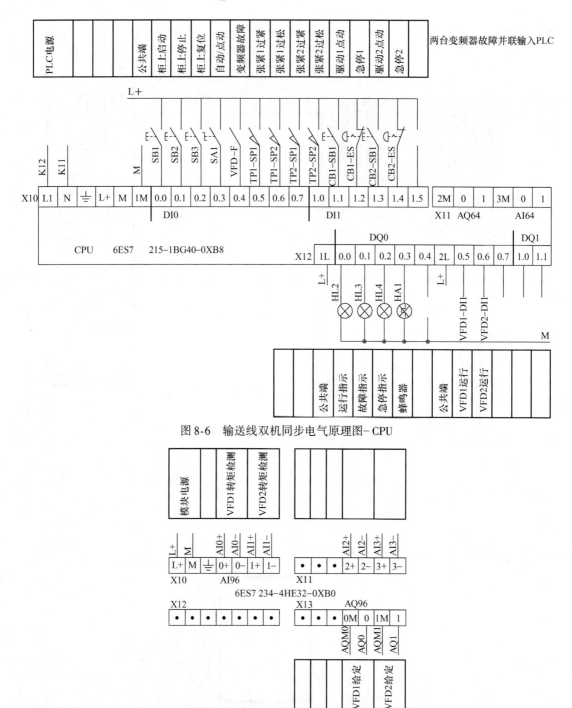

图 8-6　输送线双机同步电气原理图-CPU

图 8-7　输送线双机同步电气原理图-模拟量输入/输出

3. 材料清单

根据工艺设备布置图、电气原理图，使用 WPS 或 Excel 编写材料清单，如表 8-3 所示。

表 8-3　输送线双机同步材料清单

序号	代号	名称	规格型号	数量	单价/元	金额/元	备注
1	FAN1	散热风扇	AC220V 直径 100	1	50	50	
2	EL1	照明灯	AC220V 20W	1	25	25	
3	XS1	卡轨插座	EA9X210	1	25	25	
4	XS2	卡轨插座	EA9X310	1	28	28	
5	NF1	电源滤波器	FLBB63 - A	1	85	85	
6	PS1	直流电源	DR60 - 24	1	120	120	
7	VFD1、VFD2	变频器	6SL3210 - 5BE21 - 5CV0	2	1250	2500	
8		CPU	6ES7 215 - 1BG40 - 0XB0	1	2900	2900	
9	SM 1234	4AI/2AO	6ES7 234 - 4HE32 - 0XB0	1	1800	1800	
10		触摸屏	6AV2 123 - 2MB03 - 0AX0	1	5000	5000	
11	QF1. 1 ~ QF1. 3	断路器	IC65N/2P/C4A	3	70	210	
12	QF1. 4	断路器	IC65N/2P/C3A	1	70	70	
13	QF	断路器	IC65N/3P/D20A	1	125	125	
14	QF1、QF2	断路器	IC65N/3P/D6A	2	140	280	
15	HL1	指示灯-白	XB2BVM1C/AC220V	1	14	28	
16	HL2	指示灯-绿	XB2BVB4C/DC24V	1	14	14	
17	HL3、HL4	指示灯-红	XB2BVB3C/DC24V	2	14	28	
18	HA1	蜂鸣器	AD17 - SM/DC24	1	30	30	
19	SB1、CBX - SB1	绿按钮	XB2BA31C	3	19	57	
20	SB2	红按钮	XB2BA41C	1	19	19	
21	SB3	黄按钮	XB2BA61C	1	19	19	
22	SA1	2 位选择开关	XB2 - BD25C	1	19	19	
23	CBX - ES	蘑菇头自锁钮	XB2 - BS542C	2	32	64	
24	CB1、CB2	2 孔按钮盒	XALB02C	2	20	40	
25	TPX - SP1 - SP2	行程开关	HL - 5030	4	100	400	
合计：						13936	

8.1.3　控制程序说明

1. 新建项目组态和通信连接

（1）添加 PLC 设备　打开 TIA 博途，在项目视图中生成一个名为"输送线双机同步控制"的新项目。在 Portal 视图中选择项目树中的"添加新设备"，单击"控制器"，选择 CPU1215C，系统自动生成名为"PLC_1"的设备。在 PLC_1 的属性中设置 PLC 的 IP 地址为 192.168.0.1，子网掩码为 255.255.255.0。

（2）添加 HMI 设备　在项目树或 Portal 视图，选择"添加新设备"，单击"HMI"，选择 SIMATIC 精简系列面板中的"KTP1200 Basic/6AV2 123 – 2MB03 – 0AX0",如图 8-8 所示。

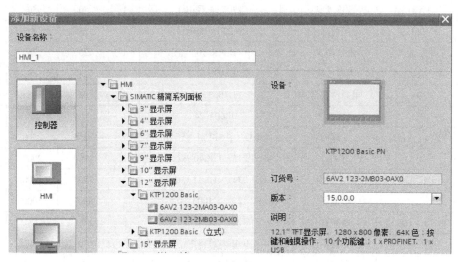

图 8-8　添加 HMI 设备

单击"确定"打开"HMI 设备向导"窗口,如图 8-9 所示。本例直接单击"完成"结束向导,将 HMI 设备添加到项目中。也可以按 HMI 设备向导,"下一步",设置 PLC 连接、画面布局、报警等。

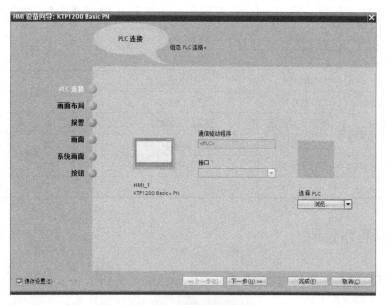

图 8-9　HMI 设备向导

设置 HMI 的 IP 地址为 192.168.0.2,子网掩码为 255.255.255.0。注意:HMI 的 IP 地址要与 PLC 的 IP 地址处于同一网段,且 IP 地址不能相同。

(3) 建立 HMI 到 PLC 的通信连接　打开项目树,双击"设备和网络",单击工具栏中"连接"按钮,它右边的选择框显示连接类型为"HMI 连接"。单击选中 PLC 的以太网接口，并将其拖拽到 HMI 的以太网口，生成"HMI_连接_1"，这样即建立了 HMI 到 PLC 的连接，如图 8-10 所示。

单击图 8-10 中网络视图右边竖条上向左的小三角形按钮▼，可以打开从右到左弹出的视图，单击"连接"选项卡，可以看到生成的 HMI 连接的详细信息。单击竖条上向右的小三角形按钮▼，关闭弹出的视图。

图 8-10　组态 HMI 和 PLC 通信连接

2. 声明变量

双击"PLC_1"/"PLC 变量"/"显示所有变量"或"添加新变量表"，根据电气原理图，声明 PLC 的 IO 变量，如表 8-4 所示。

表 8-4　声明 PLC 的 IO 变量

名称	数据类型	地址	注　释
SB1	Bool	% I0. 0	控制柜启动按钮
SB2	Bool	% I0. 1	控制柜停止按钮
SB3	Bool	% I0. 2	控制柜复位按钮
SA1	Bool	% I0. 3	自动/点动
VFD − F	Bool	% I0. 4	变频器故障
TP1 − SP1	Bool	% I0. 5	张紧 1 过紧
TP1 − SP2	Bool	% I0. 6	张紧 1 过松
TP2 − SP1	Bool	% I0. 7	张紧 2 过紧
TP2 − SP2	Bool	% I1. 0	张紧 2 过松
CB1 − SB1	Bool	% I1. 1	驱动 1 点动
CB1 − ES	Bool	% I1. 2	急停 1
CB2 − SB1	Bool	% I1. 3	驱动 2 点动
CB2 − ES	Bool	% I1. 4	急停 2
HL2	Bool	% Q0. 0	运行指示
HL3	Bool	% Q0. 1	故障指示
HL4	Bool	% Q0. 2	急停指示

（续）

名称	数据类型	地址	注　释
HA1	Bool	%Q0.3	蜂鸣器
VFD1－DI1	Bool	%Q0.5	VFD1 运行
VFD2－DI1	Bool	%Q0.6	VFD2 运行
AI0	Int	%IW96	VFD1 转矩检测
AI1	Int	%IW98	VFD2 转矩检测
AQ0	Int	%QW96	VFD1 频率设定
AQ1	Int	%QW98	VFD2 频率设定

3. 编写 PLC 程序

（1）生成数据块　添加数据块，并命名为"主数据块"用于主速度给定、预置的采样次数、VFD 采样平均值等，如图 8-11 所示。

	名称	数据类型	偏移量	起始值
1	▼ Static			
2	主速度给定	Int	0.0	0
3	预置的采样次数	UInt	2.0	0
4	VFD1采样平均值	UInt	4.0	0
5	VFD2采样平均值	UInt	6.0	0
6	VFD2和VFD1平均值的差	Int	8.0	0
7	VFD1转矩显示值	Real	10.0	0.0
8	VFD2转矩显示值	Real	14.0	0.0

图 8-11　主数据块变量

（2）初始化　用启动组织块（Startup）初始化，CPU 从 STOP 切换到 RUN 时，执行一次启动 OB100。执行完后，开始执行程序循环 OB。用于将采样计数器、采样和清零，并预置采样次数为 128，如图 8-12 所示。

（3）采样值处理　在工业现场中，来自控制现场的模拟量信号，常常会因为现场的瞬时干扰而产生波动，使得 PLC 所采集到的信号出现不真实性。如果仅仅用瞬时采样值来进行控制计算，就会产生较大的误差，因此需要对输入信号进行数字滤波，来获得一个较为稳定的值。S7－1200PLC 通过参数配置可以设置模拟量输入的积分时间、滤波属性等，方便了用户对模拟量输入数据的处理，详细介绍见第 2.2.3 和 3.4.4 节。也可在程序设计中利用软件的方法来消除干扰所带来的随机误差，常用的数字滤波方法有惯性滤波法、平均值滤波法、中间值滤波法等，本例介绍平均值滤波法。编写"求采样平均值"FB，如图 8-13 所示。

在 OB1 调用"求采样平均值"FB，求两个模拟量输入的采样平均值，如图 8-14 所示。

（4）速度调整　比较两驱动输出转矩的平均值，限幅后，如图 8-15 所示，经模拟量输出模块输出给变频器实现从驱动速度的调整，如图 8-16 所示。图 8-16 中程序段 5 从驱动VFD2 速度的给定与调整，可以采用 PID 算法。

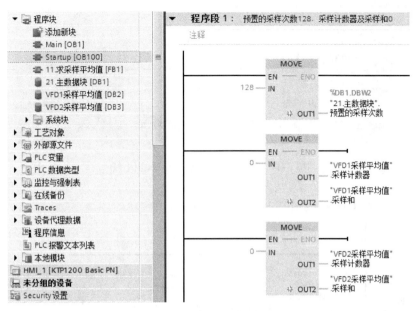

图 8-12　初始化程序 OB100

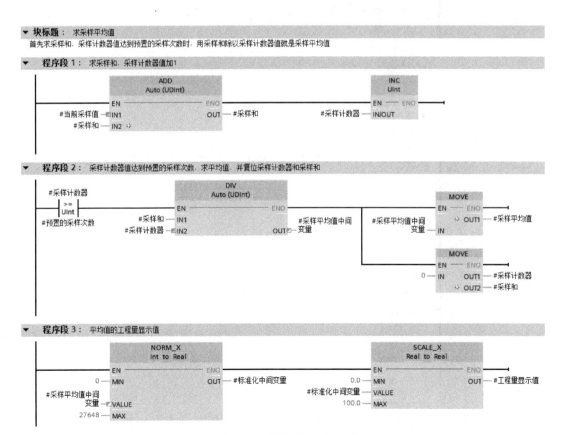

图 8-13　求采样平均值 FB

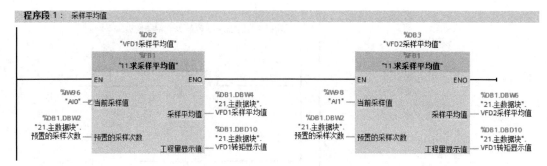

图 8-14　在 OB1 调用求采样平均值 FB

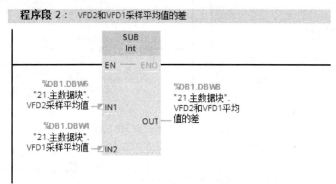

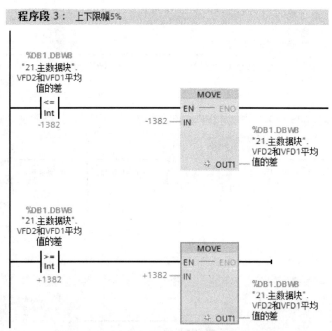

图 8-15　速度调整限幅程序

（5）主速度设定及显示　本例主速度设定采用人机界面，如图 8-17 所示为速度设定、速度显示、转矩显示画面，HMI 详细内容请参考其他资料，篇幅有限本书不做过多介绍。

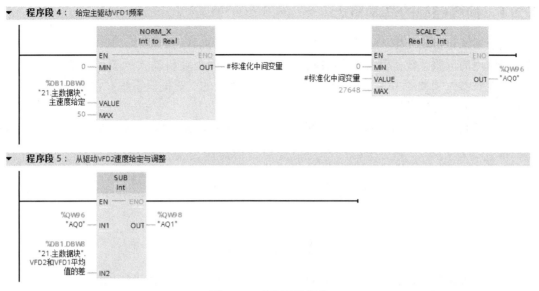

图 8-16　速度调整程序

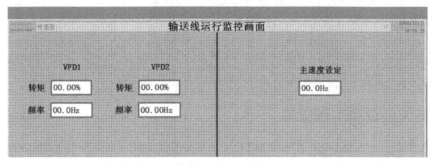

图 8-17　HMI 画面

8.2　西门子伺服控制系统的设计

伺服控制系统属于运动控制系统中的一种类型，在自动化生产、机器人等行业的应用越来越广泛，掌握其工作原理已经成为电气及自动化工程师必备的一项技能。所谓"运动控制（Motion Control）"，是指利用控制系统对机械传动的位置、速度等物理量进行控制的过程。例如，控制机床的传送带及刀具以完成准确的工件切割。伺服控制系统主要包括运动控制器、伺服驱动器、伺服电动机及编码器、负载等部件。其中，运动控制器是带有运动控制功能模块的 PLC 或专门的运动控制模块，是整个系统的大脑；伺服驱动器主要接收从运动控制器发送的指令，以及从伺服电动机内置编码器返回的位置信息，并且根据该指令与返回信息完成对伺服电动机的控制；伺服电动机内置的编码器，可以将电动机的位置反馈给伺服驱动器，从而形成闭环控制。本节讨论怎样建立及运行一个伺服控制系统。

8.2.1 伺服控制的基本概念

伺服系统是自动化生产的重要组成部分,更是工业机器人的核心。其中,交流伺服系统又是最常用的伺服系统,其技术的成熟与否直接关系到工业机器人的工作精度与效率。目前,工业机器人领域的主要方向之一就是数字化高性能的交流伺服系统,它的发展推动了整个工业机器人产业的发展。

伺服控制系统主要由控制器、功率驱动装置、反馈装置和伺服电动机组成,如图8-18所示。

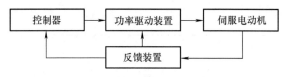

图8-18 伺服系统组成示意图

其中,控制器可以根据数控系统的给定值和反馈装置的测量值进行比较,得出偏差,然后对偏差进行计算,从而实时调节控制量。功率驱动装置是伺服系统的关键组成部分。一方面,它必须根据控制量的大小,去控制伺服电动机的转动;另一方面,又要根据伺服系统的要求,将固定电压和固定频率的电源转换成各种伺服电动机所需形式的电能。

伺服系统实际上是一个随动系统,它可以使被控对象的位置、方向和状态等被控量跟随其给定值的任意变化。其实际任务是按照控制命令放大、转换、调整功率,以使驱动装置非常灵活方便地控制转矩、速度和位置等。

8.2.2 系统组成和工作原理

本系统主要是由SIMATIC S7 – 1200 PLC、SINAMICS V90 PN 伺服驱动器、SIMOTICS S – 1FL6 低惯量伺服电动机和负载1605 – 500 型精密滚珠丝杠滑台组成,如图8-19 所示。

本系统通过 TIA 博途软件进行 PLC 程序的编写,采用 S7 – 1200 PLC 集成的运动控制功能来实现滚珠丝杠滑台的位移控制。首先,PLC 通过其运动功能模块对伺服驱动器发送速度和位移信息,伺服驱动器将该速度和位移信息转化为脉冲数,并传送给伺服电动机。伺服电动机每接收到一个脉冲,将会按照一个脉冲所对应的角度进行旋转,该旋转运动带动滚珠丝杠执行位移运动。同时,伺服电动机通过自带的编码器,发出与其旋转角度所匹配的脉冲数,该脉冲数直接反馈给伺服驱动器。伺服驱动器则根据 PLC 的速度和位移信息,计算出伺服电动机需要多少脉冲,以及伺服电动机在实际运动中返回多少脉冲,非常精确地控制伺服电动机的旋转,从而实现滚珠丝杠滑台位移的精确控制。

1. SIMATIC S7 – 1200 PLC

S7 – 1200 PLC 可以通过多种方式来控制伺服驱动器,最常用的是 PROFIdrive 方式、PTO 方式以及模拟量方式。如果采用 PTO 方式,则需要配有板载高速输入输出的 DC/DC/DC 型 CPU;若选择继电器输出型 CPU,则需要专门增配具有高速数字输出的信号板。

本例采用 PROFIdrive 方式,它是一种基于 PROFIBUS (或 PROFINET) 总线的驱动技术

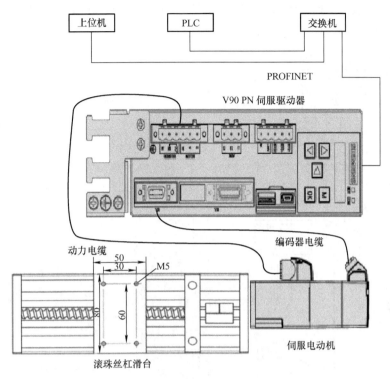

图 8-19 伺服控制系统组成示意图

标准，收录于国际标准 IEC61800 - 7 中。PROFIdrive 定义了一个运动控制模型，包含多种设备，设备之间通过报文进行数据交换，这些报文就是 PROFIdrive 的消息帧。每一个消息帧都要符合统一规定的标准结构。PROFIdrive 消息帧功能强大，它可以将控制字、状态字、设定值和实际值传输到相应的设备。

2. SINAMICS V90 PN 伺服驱动器

伺服驱动器用于驱动伺服电动机，带动伺服电动机输出轴的转动。SINAMICS V90 是西门子推出的一款小型、高效便捷的伺服驱动器。SINAMICS V90 驱动器与 SIMOTICS S - 1FL6 伺服电动机组成的伺服系统是面向标准通用伺服市场的驱动产品，覆盖 0.05 ~ 7kW 的功率范围。带 PROFINET 接口的 V90 驱动器，配合西门子 PLC，能够组成一套完善的、经济的、可靠的运动控制解决方案，可以轻松实现位置控制、速度控制、转矩控制等多种控制方式。

SINAMICS V90 PROFINET（PN）版本的伺服驱动器有两个 RJ45 接口用于与 PLC 或其他设备的 PROFINET 通信连接，支持 PROFIdriver 运动控制协议，可以集成到 TIA 博途中与 S7 - 1200/1500PLC 连接。博途 V14 版本后，还可以与 S7 1500 T - CPU 连接，用于复杂的运动控制系统。

在本例中，SINAMICS V90 PN 伺服驱动器通过 PROFINET 总线方式与 S7 - 1200 PLC 进行组态。V90 PN 被配置为 S7 - 1200 的 IO 设备，定位控制功能由 S7 - 1200 中的过程轴控制模块实现。PLC 与伺服驱动器之间主要通过 PROFIdrive 报文进行通信连接。其中，定位轴的设定值以及编码器的实际值都通过 PROFIdrive 报文 3 传输。

V90 PN 分为两个系列，400V 系列和 200V 系列。如图 8-20 所示为 200V 系列、外形尺寸为 FSB 的 V90 PN 驱动器的硬件连接示意图。

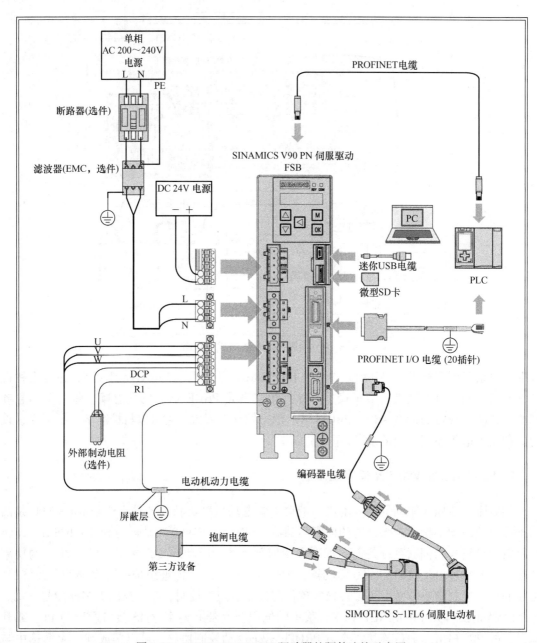

图 8-20　SINAMICS V90 PN 驱动器的硬件连接示意图

3. SIMOTICS S - 1FL6 低惯量伺服电动机

SIMOTICS S - 1FL6 系列伺服电动机是西门子公司推出的伺服控制系统专用电动机，包括低惯量与高惯量两种类型。本例使用的是低惯量伺服电动机，订货号为 1FL6022 - 2AF21 - 1A01。其主要技术数据如表 8-5 所示。

表 8-5 1FL6022－2AF21－1A01 低惯量伺服电动机主要技术数据

订货号1FL60＊＊-2AF21－1A□1	22	24	32	34	42	44	52	54
额定功率/kW	0.05	0.1	0.2	0.4	0.75	1	1.5	2
额定转矩/Nm	0.16	0.32	0.64	1.27	2.39	3.18	4.78	6.37
最大转矩/Nm	0.48	0.96	1.92	3.81	7.17	9.54	14.34	19.11
额定转速/rpm	3000							
最高转速/rpm	5000							
额定频率/Hz	200							
额定电流/A	1.2	1.2	1.4	2.6	4.7	6.3	10.6	11.6
最大电流/A	3.6	3.6	4.2	7.8	14.1	18.9	31.8	34.8
转动惯量/(10^{-4}kgm^2)	0.031	0.052	0.214	0.351	0.897	1.15	2.04	2.82
转动惯量（带抱闸）/(10^{-4}kgm^2)	0.038	0.059	0.245	0.381	1.06	1.31	2.24	2.82
推荐的负载惯量与电动机惯量比	最大30				最大20		最大15	
运行温度/℃	1FL602＊、1FL603＊、1FL604＊：0~40（无功率降级） 1FL605＊：0~30（无功率降级）							
存放温度/℃	－20~+65							
最大噪声级别/dB	60							
抱闸 额定电压/V	24（1±10%）							
抱闸 额定电流/A	0.25		0.3		0.35		0.57	
抱闸 抱闸转矩/Nm	0.32		1.27		3.18		6.37	
抱闸 最大打开时间/ms	35		75		105		90	
抱闸 最大关闭时间/ms	10		10		15		35	
抱闸 最大急停次数	2000①							
油封寿命/h	3000~5000							
编码器寿命/h	>20000②							
电动机主体防护等级	IP65							
电动机端电缆接头防护等级	IP20							
重量 带抱闸	0.45	0.6	0.99	1.37	2.86	3.43	5.44	6.65
重量 不带抱闸	0.66	0.8	1.43	1.7	3.63	4.22	6.94	8.15

① 允许采取急停操作，从转速为3000r/min计算开始可以以300%转子转动惯量作为外部转动惯量进行最多2000次抱闸操作，而不会磨损抱闸。

② 该使用寿命仅供参考，当电动机保持以80%额定值运行且环境温度在30℃时，该编码器使用寿命有效。

4. 滚珠丝杠滑台

滚珠丝杠是在机械工程上经常使用的一种传动元件，它的主要功能是让旋转运动转换成线性运动，方便测量和计算。因为其良好的性能和结构，滚珠丝杠具有工作效率高、控制精度高、具有可逆性等优点。

本系统选用的双光轴滚珠丝杠滑台的型号为1605－500。其中，16 表示螺杆的直径为

16mm，05 表示螺距（即电动机旋转一圈的距离为 5mm），500 表示滑块的有效行程为 500mm（即轴承件之间的总长度减去滑块的长度）。材质为铝合金加不锈钢材料，定位精度 为 0.03mm/300mm，速度控制范围为 40～100mm/s。外形如图 8-21 和图 8-22 所示。

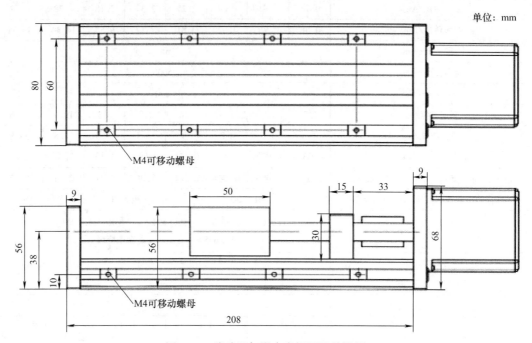

图 8-21 滚珠丝杠滑台底视图及前视图

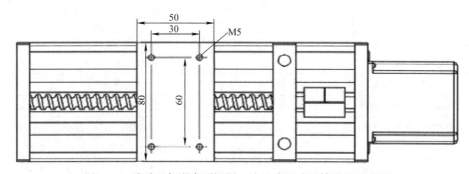

图 8-22 滚珠丝杠滑台顶视图、法兰片尺寸及轴承片尺寸图

5. SINAMICS V‑ASSISTSNT

SINAMICS V‑ASSISTSNT 是西门子公司专门为 V90 伺服驱动器开发的一款软件。在这 个软件中，可以对 V90 伺服驱动器进行一系列的设置和测试。

进入 V‑ASSISTSNT 主界面，其工作模式分为在线和离线。在线模式下，可以对 V90 伺 服驱动器进行设置和调试；离线模式下，可以对 V90 伺服驱动器设置的参数进行查看，同 时可以看到 V90 伺服驱动器的订货号。

连接上 V90 PN 驱动器及伺服电动机，进入在线模式，展现出来的是 SINAMICS V‑AS-

SISTSNT 的一级功能目录，分别是选择驱动、设置 PROFINET、设置参数、调试和诊断，如图 8-23 所示。

图 8-23　V－ASSISTSNT 操作页面示意图

在"选择驱动"的目录下，SINAMICS V－ASSISTSNT 自动识别驱动和电动机的基本信息。可以设置 V90 伺服驱动器的控制模式，包括速度控制和 EPOS 控制两种模式。设置完工作模式后，还可以通过该目录下的 Jog 功能，测试电动机的通信连接情况。

在"设置 PROFINET"的目录下，可以设置 V90 伺服驱动器报文及网络配置。在选择报文的二级目录下，除了可以设置报文外，还可以查看 PZD 结构及数值；在网络配置的二级目录下，可以设置 V90 伺服驱动器的 PN 站名及 IP 地址。

在"设置参数"的目录下，可以对 V90 伺服驱动器配置斜坡功能、设置极限值、输入输出以及查看所有参数。

在"调试"的目录下，可以对 V90 伺服驱动器进行监控状态的查看，也可以测试电动机和优化驱动。在监控状态的二级目录下，可以进行 I/O 仿真和查看 DI、DO 的信号状态；在测试电动机的二级目录下，可以测试电动机的通信，查看实时速度和转矩；在优化参数的二级目录下，可以对已经设置的增益参数、速度环滤波器参数、转矩环滤波器参数进行一键自动优化和实时自动优化。

在"诊断"的目录下，可以查看监控状态、滤波信号、测量机械性能。在监控状态的二级目录下，可以查看实时的运动数据；在滤波信号的二级目录下，可以对其时域和频域图进行查看，准确直观；在测量机械性能的二级目录下，可以对电动机的三个功能进行测试，分别是速度控制器设定值频率响应、速度控制系统、电流控制器设定值频率响应。

8.2.3　系统软件实现

首先需要根据如图 8-19 所示的伺服控制系统组成示意图，将上位机、S7－1200 PLC、V90PN 伺服驱动器、伺服电动机及丝杠滑台连接完毕；然后使用 SINAMICS V－ASSISTSNT 配置 V90PN 伺服驱动器；再通过 TIA 博途对 PLC 与 V90PN 进行设备组态、添加工艺对象与软件编程；最后通过上位机监控系统的运行。

1. V90 PN 配置

1）打开 V–ASSISTSNT 软件，在选择驱动程序的目录中将 V90 PN 伺服驱动器的控制模式设置为"速度控制（S）"，如图 8-24 所示。

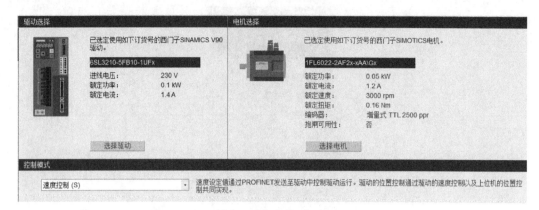

图 8-24　V90 PN 伺服驱动器的控制模式设置

2）设置 V90 PN 伺服驱动器的报文和 IP 地址。在设置 PROINET 的目录下打开选择报文，选择"标准报文 3，PZD–5/9"。根据实际情况，如果需要来连接系统的急停按钮，可以将 DI1～DI4 之间的一个数字量输入端定义为"EMGS"功能，如图 8-25 所示。

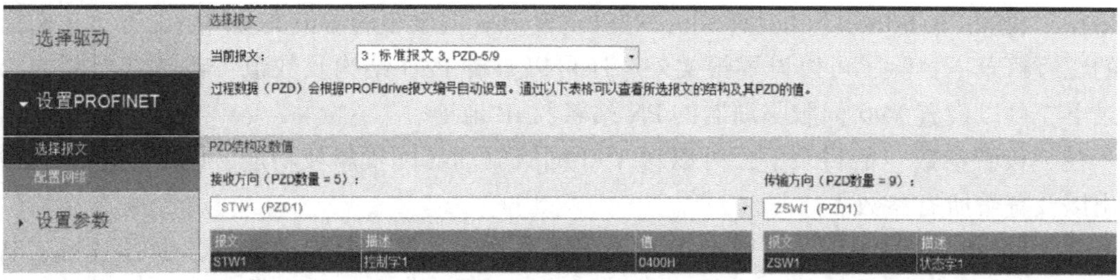

图 8-25　V90 PN 伺服驱动器的报文设置

在配置网络的二级目录下设置 PN 站名称为"V90–pn"，设置 V90 PN 伺服驱动器的 IP 地址为"196.168.1.30"。需要注意的是，设置的设备名称和 IP 地址一定要和 S7–1200 项目中设置的相同，参数保存后，重新启动设备，激活设置，如图 8-26 所示。

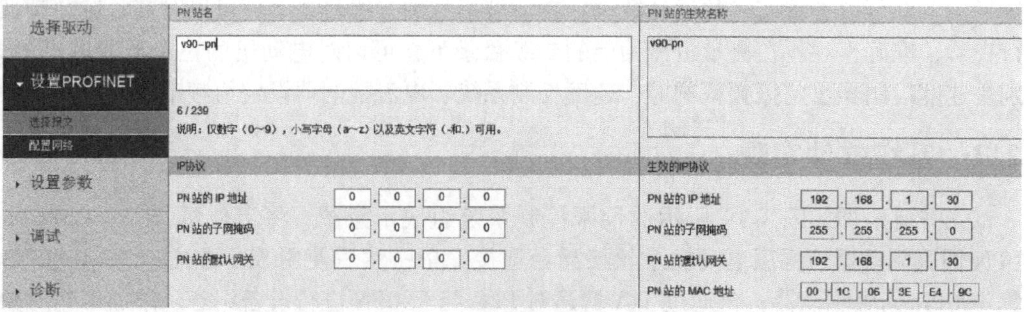

图 8-26　V90 PN 伺服驱动器的报文设置

3）在线测试。在调试目录下，通过电动机的点动模式，以某个给定速度运行伺服电动机，如果电动机能正常工作，说明 V90 PN 伺服驱动器的配置正确。

2. PLC 端设备组态

1）打开 TIA 博途，生成一个名为"V90 PN 伺服控制"的新项目。

2）根据实际 PLC 型号添加 PLC 设备，如图 8-27 所示。

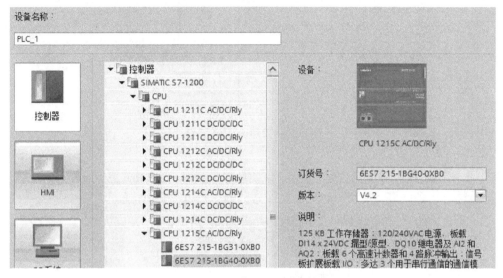

图 8-27　添加 S7 - 1200 PLC

3）安装 V90 PN 的 GSD 文件。首先在西门子官网上下载该文件，然后在项目视图页面单击"选项"，在下拉菜单中找到"管理通用站描述文件（GSD）（D）"选项，单击"源路径"目录查找 V90 PN 的 GSD 文件，单击安装，如图 8-28 所示。

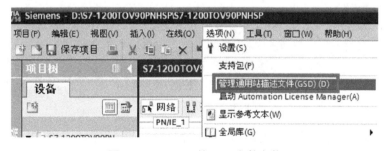

图 8-28　V90 PN 的 GSD 文件安装

4）添加 V90 PN 设备。在右边栏目中找到"硬件目录"，单击"其他现场设备"，找到它目录下面的"PROFINET IO"，单击后选择该目录下的"Drives"，双击后打开"SINAM-ICE"，将该目录下的设备"SINAMICE V90 PN V1.0"拖拽到画面中。之后与 PLC 建立通信连接，如图 8-29 所示。

5）配置 S7 - 1200 PLC 网络。在"网络视图"下单击 CPU 的 PROFINET 接口，在属性页面下填写"以太网地址"192.168.1.1，子网掩码 255.255.255.0，如图 8-30 所示。

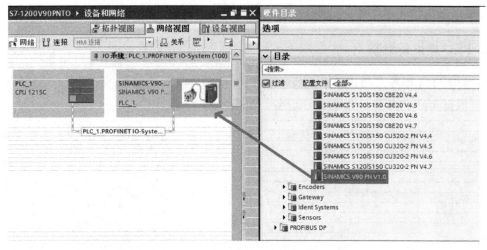

图 8-29 添加 V90 PN 设备

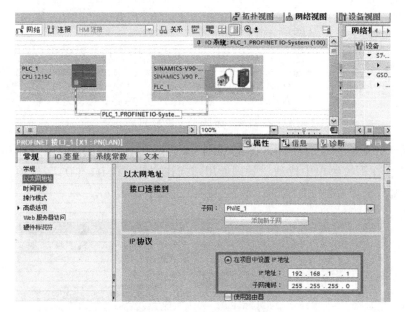

图 8-30 添加 V90 PN 设备

6）配置 V90 PN 伺服驱动器的网络。在"网络视图"下单击 V90 PN 的 PN – IO 接口，在属性页面下填写"以太网地址"192. 168. 1. 30，子网掩码 255. 255. 255. 0。去除"自动生成 PROFINET 设备名称"勾选项，并将 PROFINET 设备名称设置为"V90PN"。注意，IP 地址和设备名称必须与 SINAMICS V – ASSISTSNT 软件中设置的相同。

7）配置 V90 PN 伺服驱动器报文。打开 V90 PN 伺服驱动器的设备视图，在最右面的"硬件目录"选项中打开"子模块"的选项，将其目录下的"标准报文 3，PZD – 5/9"拖拽到中间的"设备概览"视图的"模块"栏目下，如图 8-31 所示。至此，完成设备组态。

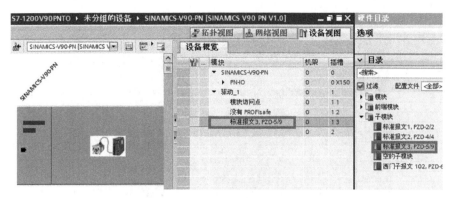

图 8-31　配置 V90 PN 伺服驱动器报文

3. 添加工艺对象

添加工艺对象实际就是在 PLC 编程之前插入一个运动控制轴。

1）添加轴。在"工艺对象"目录下打开"新增对象"，在弹出的页面中，单击"运动控制"，选择运动控制下的"轴控制"选项。

2）驱动器配置。首先是常规参数的设置，"驱动器"选择"PROFIdrive""位置单位"为"mm"，"仿真"选择"不仿真"。然后对"驱动器"进行设置，在"选择连 PROFIdrive 驱动装置"的"数据连接"选择"驱动器"，"驱动器"选择"SINAMICS - V90 - PN -驱动-1"。"驱动器报文"选择"DP TEL3 STANDARD"。之后将"参考转速"设置为"3000.0 1/min"，将"最大转速"同样设置为"3000.0 1/min"，如图 8-32 所示。

图 8-32　控制轴的驱动器配置

3）配置编码器，在"编码器选择"的栏目中，找到"PROFIdrive 编码器"选项，选择"SINAMICS - V90 - PN -驱动-1 -编码器 1"，然后勾选"自动传送设备中的编码器参数"，如图 8-33 所示。

4）使用控制面板测试轴的运行。打开"调试"选项，在轴控制页面中，激活控制，选择运动模式，并测试轴的运动；在"调节"页面中，可以优化参数；在"诊断"目录下，可以在线查看轴的状态和错误位。自此，工艺对象添加完毕。

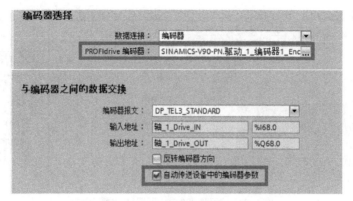

图 8-33　控制轴编码器配置

4. 程序编写

完成所有设置后，编写程序。由于篇幅限制，这里主要介绍使用工艺中的"Motion control"库中的指令模块完成运动控制编程，其他逻辑方面的程序不再赘述。

1）添加指令块"MC_Power"，指令名称叫做"启用/禁用轴"，如图 8-34 所示。使用该模块要注意的是，在程序里要一直调用，并且要求在其他所有运动控制指令之前调用，并使能。其中，"EN"是 MC_Power 指令块的使能端，并非轴的使能端。"Axis"是轴名称，可以将之前组态的轴添加上去。"Enable"是轴使能端，当 Enable = 0 时，会根据设置的停止方式来停止轴的运行；当 Enable = 1 时，将接通驱动器的电源。"Start Mode"是轴起动模式，Mode = 0 时，启用位置不受控的定位轴，Mode = 1 时，启用位置受控的定位轴。"Stop Mode"是轴停止模式，Mode = 0 时，紧急停止；Mode = 1 时，立即停止；Mode = 2 时，它是一个带加速度控制的紧急停止。"ENO"是启用输出，"Status"是轴的使能状态。"Error"会标记运动控制指令 MC_Power 或相关工艺对象发生错误。

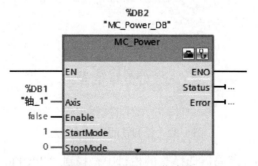

图 8-34　MC_Power 指令块

2）添加指令块"MC_Reset"，指令的名称为"确认故障，重新启动工艺对象"。注意，在该指令块中，"Execute"是 MC_Reset 起始位，由上升沿触发。

3）添加指令块"MC_MoveJog"，指令名称为"在点动模式下移动轴"，其作用是在点动模式下以指定的速度连续移动轴。"JogForward"是正向点动，当 JogForward = 1 时，轴运行；当 JogForward = 0 时，轴停止。"JogBackward"是反向点动。需要注意的是正向点动和反向点动不能同时触发。"Velocity"是点动速度，它的数值可以实时修改，实时生效。"InVelocity"，当输出速度达到参数"Velocity"中指定的速度时 = 1。如图 8-35 所示。

4）添加指令块"MC_Home"，指令名称为"使轴归位，设置参考点"，该指令功能是将轴归位并设置参考点以使轴坐标与实际物理驱动器位置相匹配。应该注意的是，必须在绝对定位轴之前触发 MC_Home 指令。"Position"是完成回原点操作之后，轴的绝对位置，"Mode"是回原点模式，它们相互配合使用。当 Mode = 0 时，表示轴绝对直接归位，此时"Position"是轴的绝对位置值；当 Mode = 1 时，表示轴相对直接归位，此时"Position"是当前轴位置的校正值；当 Mode = 2 时，表示轴被动归位，此时"Position"是轴的绝对位置值；当 Mode = 3 时，表示轴主动回零点，此时"Position"是轴的绝对位置值。该模块如图 8-36 所示。

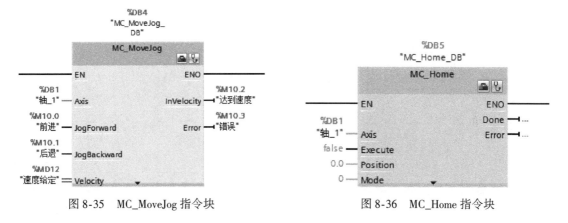

图 8-35 MC_MoveJog 指令块　　　　　图 8-36 MC_Home 指令块

5）添加监控表。将用到的变量添加到监控表中，下载后，就可以在线监控，实时查看和修改变量的状态和数值。

6）在线测试。转为在线模式，测试点动、回零等功能。

5. 组态上位机

根据系统的工作原理，组态上位机监控画面。需要注意的是，本系统没有外接启动停止按钮，因此系统的启动、停止、左移、右移、回中等控制功能主要在监控系统里面完成，如图 8-37 所示。

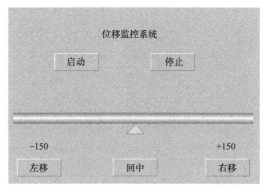

图 8-37 控制轴监控表示意图

参 考 文 献

[1] 廖常初. S7-1200 PLC 编程及应用 [M]. 3 版. 北京：机械工业出版社，2017.

[2] 段礼才. 西门子 S7-1200 PLC 编程及使用指南 [M]. 北京：机械工业出版社，2018.

[3] 李长久. PLC 原理及应用 [M]. 2 版. 北京：机械工业出版社，2016.

[4] 王时军. 零基础轻松学会西门子 S7-1200 [M]. 北京：机械工业出版社，2014.

[5] 侍寿永. 西门子 S7-1200 PLC 编程及应用教程 [M]. 北京：机械工业出版社，2018.